中国水利教育协会　组织

全国水利行业"十三五"规划教材（职工培训）

水库运行管理

主　编　杜守建
主　审　张智涌

U0238385

中国水利水电出版社
www.waterpub.com.cn
·北京·

内 容 提 要

为切实加强水库安全管理，确保水库的安全运行和效益的充分发挥，针对当前我国水库管理现状，以及新形势下职工培训的需求，根据《关于公布全国水利行业"十三五"规划教材名单的通知》（水教协〔2016〕16 号），编写本教材。本教材的主要内容包括水库基本知识、管理制度与标准体系、调度运用、检查监测、养护与维修、防汛抢险、规范化管理等。教材注重水库管理需要，突出通俗性、实用性，便于学习和掌握。

本书主要供水利行业职工培训使用，也可作为基层水利管理单位技术人员的自学参考书。

图书在版编目（CIP）数据

水库运行管理 / 杜守建主编. -- 北京：中国水利
水电出版社，2018.6
　全国水利行业"十三五"规划教材. 职工培训
　ISBN 978-7-5170-6552-4

Ⅰ.①水… Ⅱ.①杜… Ⅲ.①水库管理－安全管理－
职工培训－教材 Ⅳ.①TV697

中国版本图书馆CIP数据核字(2018)第140541号

	全国水利行业"十三五"规划教材（职工培训）
书　　名	**水库运行管理** SHUIKU YUNXING GUANLI
作　　者	主　编　杜守建 主　审　张智涌
出版发行	中国水利水电出版社 （北京市海淀区玉渊潭南路 1 号 D 座　100038） 网址：www. waterpub. com. cn E-mail：sales@waterpub. com. cn 电话：(010) 68367658（营销中心）
经　　售	北京科水图书销售中心（零售） 电话：(010) 88383994、63202643、68545874 全国各地新华书店和相关出版物销售网点
排　　版	中国水利水电出版社微机排版中心
印　　刷	天津嘉恒印务有限公司
规　　格	184mm×260mm　16 开本　11.75 印张　279 千字
版　　次	2018 年 6 月第 1 版　2018 年 6 月第 1 次印刷
印　　数	0001—2000 册
定　　价	**33.00 元**

前言

我国是一个干旱缺水严重的国家，多年平均年水资源总量为 28370 亿 m^3，人均水资源量只有世界人均占有量的 1/4，是全球人均水资源最贫乏的国家之一，且分布极不均衡。近年来，随着经济的快速发展、城市化进程加快、人口急剧增加，对水的需求量也急剧增加，水资源供需不平衡对社会发展的制约也越发凸显。

水库是水利工程体系的重要组成部分，具有防洪、灌溉、发电、生态等多种功能，是调控水资源时空分布、优化水资源配置最重要的工程措施之一，是拦、排、滞、分水相结合的江河防洪体系的重要枢纽，也是保障经济社会发展的供水安全工程。根据最新全国水利普查数据，目前我国共有水库 98000 多座，这些水库对于保障我国粮食安全和供水安全、发展经济、改善人民生产生活条件和生态环境、稳定社会秩序等都起到了巨大的作用。如何科学、规范地进行水库运行管理，成为目前水库工作亟须解决的重要课题。

本书主要介绍了水库运行管理的基本知识、法律法规、技术标准及工作制度，水库的蓄水调度、防洪调度、兴利调度、综合调度方法，土石坝、混凝土坝、溢洪道、闸门及坝下涵管的检查监测技术及养护维修措施，水库的防汛抢险技术，水库的规范化管理等内容。

本书编写人员及编写分工如下：第一章由杨勇（山西水利职业技术学院）编写；第二章由杜守建（山东水利职业学院）、管恩军（五莲县洪凝街道农业综合服务中心）编写；第三章由王娟（山东水利职业学院）、赵鲁斌（山东水利职业学院）、解学相（莒县仕阳水库管理处）编写；第四章由佟欣（辽宁水利职业学院）编写；第五章由蒋买勇（湖南水利水电职业技术学院）、佟欣（辽宁水利职业学院）编写；第六章由孙友良（辽宁水利职业学院）、杜守建（山东水利职业学院）编写；第七章由王娟（山东水利职业学院）、周长勇（山东水利职业学院）编写。全书由杜守建担任主编并负责全书统稿；杨勇、佟欣、蒋买勇、王娟担任副主编。

在本书的编写过程中，各编写人员所在单位给予了大力支持，本书参考并引用了各种教材和文献资料，除已列出外其余未能一一注明，在此一并表示感谢。

由于编者水平有限，不足之处在所难免，敬请读者批评指正。

编者

2017 年 5 月

目　录

第一章 基 本 知 识

第一节 水库的概念、类型与作用

一、水库的概念及类型

1. 水库的概念

水库是指在河流沟谷上，为达到灌溉、供水、发电、防洪、养殖、旅游等目的，修建挡水建筑物而形成的具有一定容积的人工水域。

2. 水库的类型

水库可以根据其总库容的大小划分为大、中、小型水库，其中大型水库和小型水库又各自分为两级，即大（1）型、大（2）型以及小（1）型、小（2）型。因此，水库按其规模的大小分为五等，见表1-1。

表1-1 水库的分等指标

等级	I	II	III	IV	V
规模	大（1）型	大（2）型	中型	小（1）型	小（2）型
总库容/亿 m³	>10	10～1	1～0.1	0.1～0.01	0.01～0.001

注 总库容是指校核洪水位以下的水库库容。

水库具有防洪、发电、灌溉、供水、航运、养殖、旅游等作用，当具有多种作用时即为多目标水库，又称为综合利用水库，只具有一种作用的即为单目标水库。我国的水库一般都是属于多目标水库。

根据水库对径流的调节能力，水库可分为日调节水库、周调节水库、季调节水库（或年调节水库）、多年调节水库。

根据水库在河流上位置的地形状况，水库可分为山谷型水库、丘陵型水库、平原型水库等三类。

此外，水库还有地上水库和地下水库之分。

二、水库的作用

1. 防洪作用

水库是我国防洪广泛采用的工程措施之一。在防洪区上游河道适当位置兴建能调蓄洪水的综合利用水库，利用水库库容拦蓄洪水，削减进入下游河道的洪峰流量，达到减免洪水灾害的目的。水库对洪水的调节作用有两种不同方式：一种起滞洪作用；另一种起蓄洪作用。

（1）滞洪作用。滞洪就是使洪水在水库中暂时停留。当水库的溢洪道上无闸门控制，水库蓄水位与溢洪道堰顶高程平齐时，则水库只能起到暂时滞留洪水的作用。

（2）蓄洪作用。溢洪道未设闸门的情况下，在水库管理运用阶段，如果能在汛期前用水，将水库水位降到水库限制水位，且水库限制水位低于溢洪道堰顶高程，则限制水位至溢洪道堰顶高程之间的库容，就能起到蓄洪作用。蓄在水库的一部分洪水可在枯水期有计划地用于兴利需要。

当溢洪道设有闸门时，水库就能在更大程度上起到蓄洪作用，水库可以通过改变闸门开启度来调节下泄流量的大小。由于有闸门控制，所以这类水库防洪限制水位可以高出溢洪道堰顶，并在泄洪过程中随时调节闸门开启度来控制下泄流量，具有滞洪和蓄洪双重作用。

2. 兴利作用

水库的兴利作用就是进行径流调节，蓄洪补枯，使天然的水能在时间上和空间上较好地满足用水部门的要求。如：水库蓄水可抬高水位，取得水头，进行发电；可改善河道航运条件；促进发展养殖业和旅游业；保证城市生活供水和工农业供水。

第二节 水库主要建筑物

一、挡水建筑物

为拦截水流、抬高水位、调蓄水量，或为阻挡河水泛滥、海水入侵而兴建的各种闸、坝、堤防、海塘等水工建筑物，称为挡水建筑物。河床式水电站的厂房、河道中船闸的闸首、闸墙和临时性的围堰等，也属于挡水建筑物。仅用以抬高水位的、高度不大的闸、坝也称为壅水建筑物。不少挡水建筑物兼有其他功能，也常列入其他水工建筑物，如溢流坝、拦河闸、泄水闸常列入泄水建筑物，进水闸则列入取水建筑物，如图 1-1、图 1-2所示。

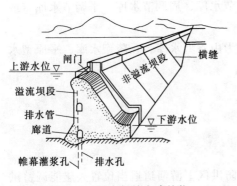

图 1-1 重力坝挡水建筑物

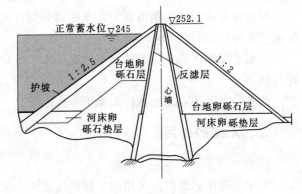

图 1-2 土石坝挡水建筑物

1. 挡水建筑物的类型

挡水建筑物按材料不同可分为土石坝、混凝土坝、浆砌石坝；按结构不同可分为重力坝、土石坝、拱坝。

2. 挡水建筑物的构成

挡水建筑物可用混凝土、钢筋混凝土、钢材、木材、橡胶等构筑而成，也可用土料填筑或石料砌筑、堆筑而成。其主要形式有重力式和拱式两种。混凝土重力坝、浆砌石重力坝和大头坝、支墩坝，主要依靠本身的重量抵抗水平推力来保持稳定，其体积相对较大，属于重力式结构。土坝和堆石坝都有边坡稳定问题，但就其整体稳定的性能来说，也属于重力式结构。各种形式的拱坝，依靠拱的作用将大部分水平推力传至两岸，只有小部分水平推力传至河床地基，属于拱式结构，坝体体积相对较小。连拱坝的拱形挡水面板属于拱式结构，但就其整体来讲，仍属于重力式结构。除这两种基本形式外，有些临时性或半永久性的中小型低水头挡水建筑物，如一些围堰工程、壅水坝、导流坝等，使用嵌固式的板桩结构，利用桩在地基内的嵌固作用来抵抗水平推力以保持稳定，可称为嵌固式挡水建筑物。

3. 挡水建筑物的作用

挡水建筑物所承担的任务，在其所从属的水利工程的总体规划中已基本确定。挡水建筑物的形式、轮廓尺寸、建筑材料、地基处理等的设计，需遵照规定的设计程序，通过水力、结构等的计算分析和方案比较来确定。挡水建筑物的设计必须特别注意水的作用。对于混凝土浇筑、浆砌石砌筑的挡水建筑物，水压力、浪压力、扬压力等可能影响整体稳定；对于土石堆筑的挡水建筑物，渗流可能影响上下游边坡的稳定，并可能使建筑物本身或地基产生危害性的管涌与流土；兼有泄水作用的闸、坝，其下泄水流对河床、岸坡乃至建筑物本身可能产生有害的甚至破坏性的冲刷和磨损，高速水流还可能引起建筑物和闸门的空蚀和振动。针对这些水的作用，挡水建筑物除必须采取适当的体形和轮廓尺寸外，还常需在防渗排水、消能防冲、防空蚀、抗振动等方面采取有效措施。

二、泄水建筑物

为宣泄水库、河道、渠道、涝区超过调蓄或承受能力的洪水或涝水，以及为泄放水库、渠道内的存水以利于安全防护或检查维修的水工建筑物，称为泄水建筑物。泄水建筑物是保证水利枢纽和水工建筑物的安全、减免洪涝灾害的重要水工建筑物。

1. 常用的泄水建筑物

常用的泄水建筑物有以下几种：

（1）低水头水利枢纽的滚水坝、拦河闸和冲沙闸。

（2）高水头水利枢纽的溢流坝、溢洪道、泄水孔、泄水涵管、泄水隧洞。

（3）由河道分泄洪水的分洪闸、溢洪堤。

（4）由渠道分泄入渠洪水或多余水量的泄水闸、退水闸。

（5）由涝区排泄涝水的排水闸、排水泵站。

2. 泄水建筑物的泄水方式

泄水建筑物的泄水方式有堰流和孔流两种。通过溢流坝、溢洪道、溢洪堤和全部开启的水闸的水流属于堰流；通过泄水隧洞、泄水涵管、泄水（底）孔和局部开启的水闸的水流属于孔流。

溢流坝、溢洪道、堰流堤、泄水闸等泄水建筑物的进口为不加控制的开敞式堰流孔或由闸门控制的开敞式闸孔。泄水隧洞、坝身泄水（底）孔、坝身泄水涵管等泄水建筑物的进口淹没在水下，需设置闸门，由井式、塔式、岸塔式或斜坡式的进口设施来控制启闭。

3. 泄水建筑物的布置

泄水建筑物的布置、形式和轮廓设计等取决于水文、地形、地质以及泄水流量、泄水时间、上下游限制水位等任务和要求。设计时，一般先选定泄水形式，拟定若干个布置方案和轮廓尺寸，再进行水利和结构计算，与枢纽中其他建筑物进行综合分析，选用既满足泄水需要又经济合理、便于施工的最佳方案。必要时采用不同的泄水形式，进行方案优选。

三、输水建筑物

输水建筑物指向用水部门送水的建筑物。输水建筑物包括引（供）水隧洞、输水管道、渠道、渡槽及涵洞等，是灌溉、水力发电、城镇供水、排水及环保等工程的重要组成部分。

输水建筑物除洞（管、槽）身外，一般还需包括进口和出口两个部分（发电引水隧洞在洞身后接压力水管）。有时受地形条件限制，在进口前或出口后还需增设引水渠或尾水渠。渠道线路上的输水隧洞或通航隧道，只有洞身段，但前后洞脸部分需增加护砌。

输水建筑物需要满足以下各项要求：

（1）具有设计规定的过流能力。对无压洞（管），为保证洞内为无压流态，水面以上应有足够的净空；对有压洞，为保证洞内为压力流，要求沿洞线顶部的压力余幅不小于2m；渠堤顶或边墙在水面以上需留有足够的超高。

（2）结构布置和体形设计得当，出流平稳，水头损失小，不出现过大的负压和空蚀破坏。

（3）不同用途的输水建筑物对水流流速各有不同的要求。发电引水隧洞的经济流速一般为 $3\sim5m/s$。为保持渠道不冲、不淤、不生水草，需结合渠道土质、水深和水流悬浮泥沙的颗粒直径，确定适宜的流速范围。

（4）渠线上输水隧洞、暗渠等的纵坡应略陡于渠道纵坡，以减小断面和免遭淤积。

（5）对坝下埋管，为防止由于温度变化和不均匀沉降导致管身开裂、接缝漏水或沿管身与坝体填土间产生集中渗流，应将管身置于较坚实的地基上，沿管线每隔一定距离设置带有止水的伸缩缝，并在管壁外侧做截流环。

（6）满足水工建筑物的一般设计要求。具有足够的强度和稳定性，结构简单，施工简便，有利于运行和管理，造价低，外形美观等。

第三节 水库运行管理

一、水库运行管理概述

水库运行管理是指采取技术、经济、行政和法律的措施，合理组织水库的运行、维修和经营，以保证水库安全和充分发挥效益的工作。

自中华人民共和国成立以来，我国水库工程管理还相对落后，长期以来，重建轻管现象突出，加上一些中小型水库交通通信不畅、管理队伍业务素质不高，给管理工作带来很大困难。

自党的十八大以来，习近平总书记提出的"节水优先、空间均衡、系统治理、两手发力"的新时期治水思路，为水利工作赋予了新内涵、新任务、新要求。经济社会的快速发展，一方面无疑对水库工程管理有着促进作用，另一方面对水库工程管理水平的现代化有着迫切的需要，今后水库工程管理将有一个新的更大的飞跃。水库管理规章制度不断完善，水库管理工作将走向科学化、规范化、标准化、制度化、信息化。

二、水库运行管理的意义

水库的建设为工农业发展创造了有利的条件，如何加强水库的运行管理，确保水库工程的安全和完整，充分发挥水库工程的经济效益，保障城乡居民的用水安全，是水库运行管理工作的重点。水库管理得好坏，直接影响水库效益的高低，如果管理不善，水库效益不能正常发挥，甚至可能还会造成严重的事故，给国家和人民的生命财产带来不可估量的损失。加强水库运行管理的意义主要体现在以下几个方面：

（1）通过加强管理，可以及时发现安全隐患，确保人坝安全。

（2）通过加强管理，可以充分发挥水库的综合效益。

（3）通过对水库中的水工建筑物安全监测，可以验证设计依据，提高设计水平。

（4）在管理中，注意资料的收集整理，为科学研究提供资料。

三、水库运行管理的任务

水库运行管理的主要任务包括以下几个：

（1）保证水库安全运行、防止溃坝。

（2）充分发挥规划设计等规定的防洪、灌溉、发电、供水、航运以及发展水产、改善环境等各种效益。

（3）对工程进行维修养护，防止和延缓工程老化、库区淤积、自然和人为破坏，延长水库使用年限。

（4）不断提高管理水平。

四、水库运行管理的工作内容

按照水库工程管理考核标准，水库工程管理主要包括组织管理、安全管理、运行管理、经济管理四个类别，其中，水库的运行管理是主要内容，包括工程检查、工程观测、工程养护、机电设备维护、工程维修、报汛及洪水预报、防洪调度、兴利调度、操作运行、管理现代化等内容。本书主要介绍水库的控制运用、检查监测、养护修理和防汛抢险等方面的内容。水电站运行管理参见本丛书的《小型水电站运行与维护》。

（一）水库控制运用

水库控制运用又称为水库调度，包括防洪调度和兴利调度。水库控制运用的任务，就是根据水库工程承担的水利任务、河川径流的变化情况以及国民经济各部门的用水要求，利用水库的调蓄能力，在保证水库枢纽安全的前提下，制订合理的水库运用方案，有计划地对入库天然径流进行控制蓄泄，最大限度地发挥水资源的综合效益。水库控制运用是水库工程运行管理的中心环节。合理的水库控制运用，还有助于工程的管理、保持工程的完整、延长水工建筑物的使用寿命。

水库控制运用的内容包括：掌握各种建筑物和设备的技术状况；了解水库实际蓄泄能力和有关河道的过水能力。

（1）收集水文气象资料的情报、预报以及防汛部门和各用水户的要求。

（2）编制水库调度规程，确定调度原则和调度方式，绘制水库调度图。

（3）编制和审批水库年度调度计划，确定分期运用指标和供水指标，作为年度水库调节的依据。

（4）确定每个时段（月、旬或周）的调度计划，发布和执行水库实时调度指令。

（5）在改变泄量前，通知有关单位并发出警报。

（6）随时了解调度过程中的问题和用水户的意见，以调整调度工作。

（7）搜集、整理、分析有关调度的原始资料。

（二）检查监测

水库的检查观测包括水库的巡视检查和仪器监测。

1. 巡视检查

巡视检查是用眼看、耳听、手摸等直观方法并辅以简单的工具，对水工建筑物外露的部分进行检查，以发现一切不正常现象，并从中分析、判断建筑物内部的问题，从而进一步进行检查和观测，并采取相应的修理措施。人工巡视检查是大坝安全监测的重要内容，能较好地弥补仪器观测的局限性，但这种检查只能进行外表检查，难以发现内部存在的隐患。

巡视检查工作分为日常巡视检查、年度巡视检查和特别巡视检查三类。

（1）日常巡视检查是指在常规情况下，对大坝进行的例行巡视检查。日常巡查应根据大坝的具体情况和特点，制定切实可行的巡查制度，具体规定巡查的时间、部位、内容和要求，并确定日常巡回检查路线和顺序，由有经验的技术人员负责，并相对固定。

（2）年度巡视检查是在每年汛前汛后、用水期前后、第一次高水位、冻害地区的冰冻期和融冰期、有蚁害地区的白蚁活动显著期、高水位低气温时期等条件下进行的巡视检查。

（3）特别巡视检查是当大坝发生比较严重的险情或破坏现象，或发生特大洪水、大暴雨、7级以上大风、有感地震、水位骤升骤降等非常运用情况下进行的巡视检查。

2. 仪器监测

水库水工建筑物在施工及运行过程中，受外荷载作用及各种因素影响，其状态不断变化，这种变化常常是隐蔽、缓慢、不易察觉的。为了监视水工建筑物的安全运行状态，通常在坝体和坝基内埋设各种监测仪器，以定期或实时监测埋设仪器部位的变形、应力应变和温度、渗流等，并对这些监测资料进行整理分析，评价和监控水工建筑物的安全状况。然而，在出现隐患、病害的部位不一定预埋监测仪器，或者因仪器使用寿命而失效，因此需要用巡视检查和现场检测加以弥补。

根据大坝安全监测的目的，仪器监测项目可以归纳为环境量监测，变形监测，渗流监测，结构内部应力、应变、温度监测，水力学监测，地震监测等六大类。

（三）养护修理

水工建筑物在运用中，受到各种外力和外界因素的作用，随着时间的推移，将向不利的方向转化，逐渐降低其工作性能，缩短工程寿命，甚至造成严重事故。因此，对水工建筑物进行妥善的养护，对其病害进行及时有效的维修，使不安全的因素向有利的方向转化，确保工程安全，使水工建筑物长期地充分发挥其应有的效益，这就是加强养护维修的重要意义。工程实践告诉我们，只要加强检查观测和养护维修工作，病险水库就可以转危为安，发挥正常效益；否则势必造成严重事故，严重威胁人民生命财产的安全。

水库养护的范围主要包括坝顶的养护、坝体及护坡养护、溢洪道的养护、闸门及启闭设备的养护修理。

养护是指保持工程完整状态和正常运用的日常维护工作，它是经常、定期、有计划、有次序地进行的。

本着"经常养护，随时维修；养重于修，修重于抢"的原则，养护维修工作一般可分为经常性的养护维修、岁修、大修和抢修四种。

（1）经常性的养护维修。根据检查观测发现的问题而进行的日常保养维修和局部修理，以保持工程的完整。

（2）岁修。在每年汛后检查发现工程问题，编制岁修计划，报批后进行的修理。

（3）大修。工程发生较大损坏，修复工作量大，技术较复杂，管理单位报请上级主管部门批准，邀请设计、施工和科研单位共同研究制订修复计划，报批后修理。

（4）抢修。工程发生事故，危及工程安全时，管理单位应立即组织力量进行抢险，同时上报主管部门，采取进一步的处理措施。

无论是经常性的养护维修，还是岁修、大修或抢修，均以恢复或局部改善原有结构为原则；如需扩建改建，应列入基本建设计划，按基建程序报批后进行。

（四）防汛抢险

防汛是在汛期掌握水情变化和建筑物状况，做好调动和加强建筑物及其下游的安全防范工作；抢险是在建筑物出现险情时，为避免工程失事而进行的紧急抢护工作。防汛抢险是水利工程管理的一项重要工作，内容包括：各级机构应建立防汛机构，组织防汛队伍，准备物资器材，立足于防大汛、抢大险，确保工程安全。不断总结抢险的经验教训，及时发现险情，准确判断险情的类型和程度，采取正确措施处理险情，迅速有力地把险情消灭在萌芽状况，是取得防汛抢险胜利的关键。工程出现险情时，应在党和政府的统一领导下，充分发动群众，立即进行抢护。在防汛抢险中，应随时做好防大汛、抢大险的准备，制定相应的抢险方案，尽可能地减少洪灾造成的损失。

第二章　管理制度与标准体系

水库管理涉及领域广泛，我国水库数量大，管理基础条件差、水平不高，管理体制需要进一步改革发展，这些都需要通过法规与标准的手段加以规范和引导，水库管理法规与技术标准体系建设也是水库管理工作的重点。

20世纪80年代以前，水库管理主要依赖行政手段，以各种形式的行政文件指导、实施水库管理。进入80年代，尤其是1988年1月《中华人民共和国水法》正式颁布，开始了水库法规与技术标准体系化建设进程，标志着我国水库管理法律法规体系建设真正起步。经过几十年的发展，以《中华人民共和国水法》《中华人民共和国防洪法》为基础，以《中华人民共和国水库大坝安全管理条例》为核心，相应部门规章和规范性文件，有关技术标准配套，形成了一套较完整的、适合我国国情的、能满足社会发展需要的水库管理法规与技术标准体系。

第一节　法律法规与规章

一、法律法规

水库管理的法律法规主要是明确水库在国民经济中的地位、业主的职责、政府的监管、建设与管理的要求、安全保障、效益促进等方面的原则规定。水库的效益与安全在一定程度上是矛盾的，即提高效益可能意味着降低安全，怎样促进水库安全与高效的合理与统一，是水库管理的重要任务，也是水库管理法规与技术标准应当发挥的重要作用之一。

法律是国家制定或认可，由国家强制力保证实施，以规定当事人权利和义务为内容的具有普遍约束力的社会规范。水库管理依据的国家法律以《中华人民共和国水法》《中华人民共和国防洪法》为基础，涉及《中华人民共和国水土保持法》《中华人民共和国水污染防治法》《中华人民共和国环境保护法》《中华人民共和国环境影响评价法》《中华人民共和国防震减灾法》《中华人民共和国安全生产法》《中华人民共和国土地管理法》等相关法律共9部，法律结构框图如图2-1所示。

行政法规是国务院为执行法律的规定，依照立法权限制定的具有普遍约束力的行为规范。它对法律条文规定加以具体化，对没有立法的事项进行规范化，它的效力低于法律，而高于地方性法规和部门规章。行政法规中水库管理的专门法规是《水库大坝安全管理条例》，其次是《中华人民共和国防汛条例》，再次是相关法律的实施细则或实施条例等。水库管理重要法规性文件有《水利工程管理体制改革实施意见》《国家突发公共事件总体应急预案》《国家防洪抗旱应急预案》等。相关的行政法规有《中华人民共和国水土保持法实施条例》等，如图2-2所示。

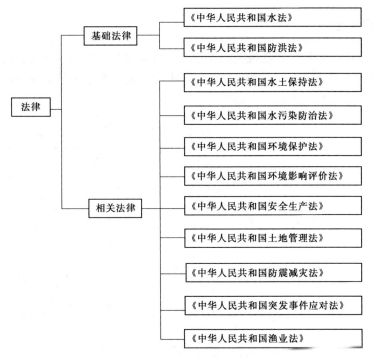

图 2-1 水库管理法律结构框图

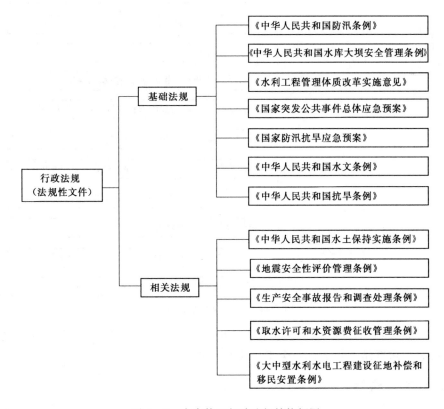

图 2-2 水库管理行政法规结构框图

二、部门规章

部门规章是由国家行政管理机关根据法律和国务院制定的行政法规、决定、命令、规定而制定的具有普遍约束力的行为规范，以部令的形式发布，也包括规范性文件。水库管理的部门规章主要由水利部制定，如图2-3所示。

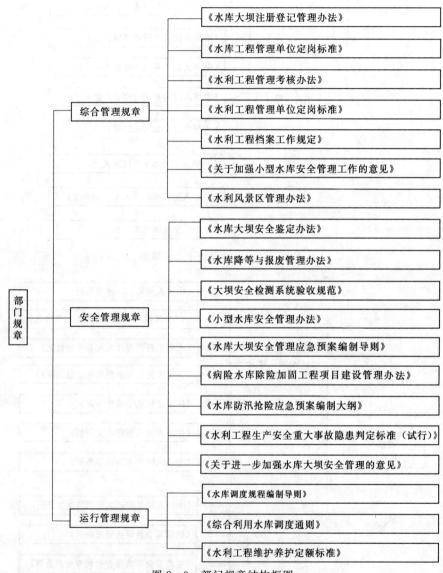

图2-3　部门规章结构框图

此外，国家能源局也制订了水电站管理的相关规章，如《水电站大坝安全定期检查监督管理办法》《水电站大坝运行安全监督管理规定》等。

三、地方性法规

地方性法规由省、自治区、直辖市和较大的市的人民代表大会及其常务委员会，根据本行政区域的具体情况和实际需要在不与宪法、法律、行政法规相抵触的前提下制定，由大会主席团或者常务委员会用公告公布施行的文件。地方性法规仅在本行政区域内有效，其效力低于法律和法规。但相对而言，地方性法规更符合地方的水情、工情，针对性强，对于水行政主管部门、水库管理单位有着明确而具体的指导意义。

第二节 技 术 标 准

一、水库管理技术标准体系

水库管理技术标准数量众多，标准体系基本完善，见表2-1。

表2-1　　　　　　　　　　　水 库 管 理 技 术 标 准

类 别		名 称	编 号
综合管理		《水库工程管理通则》	SLJ T02—81
		《水库工程管理设计规范》	SL 106—2017
		《中国水库名称代码》	SL 259—2000
		《防洪标准》	GB 50201—2014
		《水利水电工程等级划分及洪水标准》	SL 252—2017
		《已成防洪工程经济效益分析计算及评价规范》	SL 206—2014
		《水利工程基础信息代码编制规程》	SL 213—2012
组织管理		《水利行业岗位规范》	SL 301.3—93
		《水利工程管理单位编制定员试行标准》	SLJ 705—81
安全管理	安全评估	《水库大坝安全评价导则》	SL 258—2017
	降等报废	《水利水电工程金属结构报废标准》	SL 226—98
运行管理	调度管理	《水库洪水调度考评规定》	SL 224—98
		《防汛储备物资验收标准》	SL 297—2004
		《防汛物资储备定额编制规程》	SL 298—2004
		《大中型水电站水库调度规范》	GB 17621—1998
	检查观测	《土石坝安全监测技术规范》	SL 551—2012
		《土石坝安全监测资料整编规程》	DL/T 5256—2010
		《混凝土大坝安全监测技术规范》	SL 601—2013
		《大坝安全自动监测系统设备基本技术条件》	SL 268—2001
	维修养护	《土石坝养护修理规程》	SL 210—2015
		《混凝土坝养护修理规程》	SL 230—2015
		《水利水电工程闸门及启闭机、升船机设备管理等级评定标准》	SL 240—1999
		《水工金属结构防腐蚀规范》	SL 105—2007

二、水库管理常用技术标准

技术标准在水库管理过程中使用最为频繁，它是对技术的统一规定。水库管理的技术标准数量较多，且由于水库所属部门不同，对同一个技术可能制定有不同的标准，因而在使用过程中除国家标准外，一般以水库所属部门指定的技术标准为主，若本部门未制定相关标准，可参照使用其他部门制定的技术标准，如图 2-4 所示。

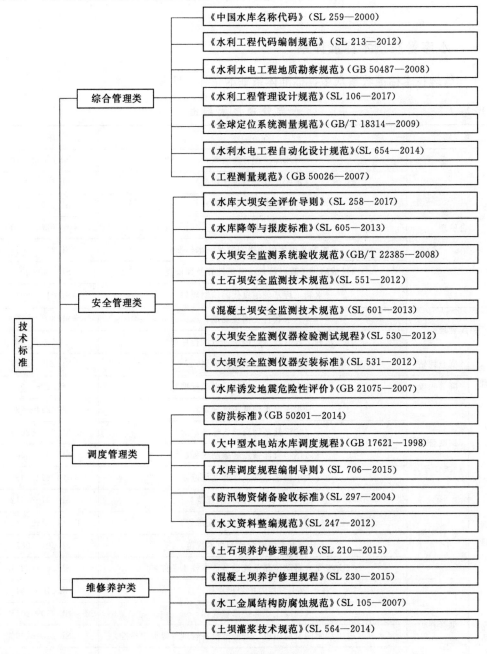

图 2-4 技术标准结构框图

第三节　工　作　制　度

一、水库安全管理基本制度

按照《水库大坝安全管理条例》的规定，水库安全管理实行政府行政领导负责制，明确责任主体，落实安全责任。小型水库安全管理的责任主体包括相应的地方人民政府、水行政主管部门、水库主管部门或水库所有者（业主）及水库管理单位；农村集体经济组织所有的小型水库，所在地的乡镇人民政府承担其主管部门的职责。因此，小型水库应确定一名相应的政府行政领导为安全责任人，对水库安全负总责，协调有关部门做好水库安全管理工作，包括建立管理机构、配备管理人员、筹措管理经费、组织抢险和除险加固等；水库主管部门或所有者（业主）负责组织水库管理单位进行大坝注册登记、安全鉴定、管理人员培训、实施年度检查、除险加固等，每座小型水库要确定一名技术责任人；水库管理单位负责水库安全管理的日常工作，包括巡视检查、工程养护、水库调度、抢险救灾及水毁工程修复等；无专门管理机构的小型水库，水库主管部门或所有者（业主）应明确管护人员，采取有效的管理方式，将安全管理的日常工作落到实处。除按要求落实各类责任人的具体责任外，还应明确相应的责任追究制度。

二、注册登记与安全鉴定制度

1. 大坝注册登记制度

《水库大坝安全管理条例》规定，"大坝主管部门对其所管辖的大坝应当按期注册登记，建立技术档案"；《水库大坝注册登记办法》规定，"县一级各大坝主管部门负责所管辖的库容在 10 万～1000 万 m^3 的小型水库大坝"。

凡已建成投入运行符合注册等级要求的水库大坝由管理单位（无管理单位的由乡镇水利站）到指定的注册登记机构申报注册登记，通过注册登记对水库的基本情况，产权现状，安全状况等逐一查清登记，建立档案。已建成投入运行的水库，不按期申报注册登记的属违章运行，不受法律保护，造成大坝事故或遇到民事纠纷的按有关规定处理。为使水库安全管理工作顺利进行，水库管理单位和有关部门要根据工程管理现状及其变化情况及时做好水库大坝的注册登记、信息变更等工作。

2. 大坝安全鉴定制度

大坝安全鉴定是加强水库大坝安全管理、保证大坝安全运行的一项重要基础工作。《水库大坝安全管理条例》规定，"大坝主管部门应当建立大坝定期安全检查、鉴定制度"。为进一步加强水库安全管理，水利部颁布了《水库大坝安全鉴定办法》，明确规定坝高 15m 以上或库容 100 万 m^3 以上水库大坝应当进行安全鉴定，坝高小于 15m 或库容在 10 万～100 万 m^3 的小型水库大坝可参照执行。

小型水库主管部门和管理单位应结合实际按照规定的时限权限、基本程序、主要内容等，组织开展大坝安全鉴定工作。无正当理由不按期鉴定的，属违章运行，导致大坝事故的，按《水库大坝安全管理条例》等法规的有关规定处理。

大坝实行定期安全鉴定制度，首先安全鉴定应在竣工验收后 5 年内进行，以后应每隔 6～10 年进行一次。运行中遭遇特大洪水、强烈地震、工程发生重大事故或出现影响安全的异常现象后，应组织专门的安全鉴定。县级以上地方人民政府水行政主管部门对大坝安全鉴定意见进行审定。大坝安全鉴定包括大坝安全评价、大坝安全鉴定技术审查和大坝安全鉴定意见审定等三个基本程序：

（1）鉴定组织单位负责委托有资质的大坝安全评价单位对大坝安全状况进行分析评价，并提出大坝安全评价报告和大坝安全鉴定报告书。

（2）由鉴定审定部门或委托有关单位组织并主持召开大坝安全鉴定会，组织专家审查大坝安全评价报告，通过大坝安全鉴定报告书。

（3）鉴定审定部门审定并印发大坝安全鉴定报告书。

大坝安全评价应由相应资质的鉴定承担单位完成，主要内容包括工程质量评价、大坝运行管理评价、防洪标准复核、结构安全评价、渗流安全评价、抗震安全复核、金属结构安全评价和大坝安全综合评价等，小型水库可结合工程实际情况，参照《水库大坝安全评价导则》（SL 258—2000）及其他有关规程规范的要求执行。经安全鉴定确定为二类坝或三类坝的病险水库，必须采取应急处理、限制运用、除险加固等措施，三类坝应立即委托有资质的设计单位进行除险加固设计，报有关部门审批立项，组织对水库进行除险加固。

水库除险加固完成后，蓄水运行前，必须按照《水利部关于加强中小型水库除险加固后初期蓄水管理的通知》（水建管〔2013〕138 号）和《水利部关于印发加强小型病险水库除险加固项目验收管理指导意见的通知》（水建管〔2013〕178 号）要求验收后方可投入蓄水运用。

三、水库降等与报废制度

由于淤积严重或工程病害复杂，有的水库已部分或完全丧失了按原设计标准运行管理的作用和意义，或丧失了原有的功能，甚至对下游安全构成极大风险，进行除险加固技术上已不可行，经济上也不合理，对这部分水库应根据《水库降等与报废管理办法（试行）》《水库降等与报废标准》（SL 605—2013）进行降等或报废。

县级以上人民政府水行政主管部门按照分级负责的原则对水库降等与报废工作实施监督管理。水库主管部门（单位）负责所管辖水库的降等与报废工作的组织实施；乡镇人民政府负责农村集体经济组织所管辖水库的降等与报废工作的组织实施。水库降等与报废工作的组织实施部门（单位）、乡镇人民政府，统称为水库降等与报废工作组织实施责任单位。水库降等与报废，必须经过论证、审批等程序后实施。这些程序包括编制论证报告、降等与报废申请、降等与报废审批、降等与报废组织实施、组织验收。经验收后，应当按照《水库大坝注册登记办法》的有关规定，及时办理变更或注销手续。

1. 水库降等条件

符合下列条件之一的水库，应当予以降等：

（1）因规划、设计、施工等原因，实际工程规模达不到《水利水电工程等级划分及洪水标准》（SL 252—2000）规定的原设计等别标准，扩建技术上不可行或者经济上不合理的。

（2）因淤积严重，现有库容低于《水利水电工程等级划分及洪水标准》（SL 252—2000）规定的原设计等别标准，恢复库容技术上不可行或者经济上不合理的。

（3）原设计效益大部分已被其他水利工程代替，且无进一步开发利用价值或者水库功能萎缩已达不到原设计等别规定的。

（4）实际抗御洪水标准不能满足《水利水电工程等级划分及洪水标准》（SL 252—2014）规定或者工程存在严重质量问题，除险加固经济上不合理或者技术上不可行，降等可保证安全和发挥相应效益的。

（5）因征地、移民或者在库区淹没范围内有重要的工矿企业、军事设施、国家重点文物等原因，致使水库自建库以来不能按照原设计标准正常蓄水且难以解决的。

（6）遭遇洪水、地震等自然灾害或战争等不可抗力造成工程破坏，恢复水库原等别在经济上不合理或技术上不可行，降等可保证安全和现阶段实际需要的。

（7）因其他原因需要降等的。

2. 水库报废条件

符合下列条件之一的水库应当予以报废：

（1）防洪、灌溉、供水、发电、养殖及旅游等效益基本丧失或者被其他工程替代，无进一步开发利用价值的。

（2）库容基本淤满，无经济有效措施恢复的。

（3）建库以来从未蓄水运用，无进一步开发利用价值的。

（4）遭遇洪水、地震等自然灾害或战争等不可抗力，工程严重毁坏，无恢复利用价值的。

（5）库区渗漏严重，功能基本丧失，加固处理技术上不可行或者经济上不合理的。

（6）病险严重，且除险加固技术上不可行或者经济上不合理，降等仍不能保证安全的。

（7）因其他原因需要报废的。

四、水库日常运行管理基本制度

依据《水库大坝安全管理条例》《小型水库安全管理办法》等的有关规定，小型水库日常运行管理应建立和落实调度运用、巡视检查、工程监测、维修养护、应急管理、安全生产、技术档案等基本制度，这是实现水库管理规范化、制度化的基础，是水库安全运行的制度保障。

1. 调度运用制度

小型水库主管部门和管理单位应依据《水库调度规程编制导则（试行）》，组织编制水库调度运用规程和调度运用计划，按照管辖权限由县级以上水行政主管部门审批。调度运用涉及两个或两个以上行政区域的水库，其编制的调度运用规程和调度运用计划，应由上一级水行政主管部门或流域机构审批。水库主管部门和管理单位负责执行调度指令，建立调度值班、检查观测、水情测报、运行维护等制度，做好调度信息通报与调度值班记录。

2. 巡视检查制度

小型水库管理单位（或业主）应参照《水库工程管理通则》等规程规范制定并落实巡

视检查制度，具体规定巡视的时间、部门、内容和方法，并确定其路线和顺序，由有经验的技术人员负责进行。开展巡视检查时，要重点检查水库水位、渗流量和主要建筑物工况等，做好工程安全检查记录、初步分析、及时报告、记录存档等工作。

3. 工程安全监测制度

依据水利部《关于加强水库大坝安全监测工作的通知》（水建管〔2013〕250号）及有关规定，小型水库应设置水位、渗流监测设施，并根据需要增加其他必要的安全监测项目，对重要小型水库，应开展大坝变形观测。南方地区土石坝还应增加对白蚁危害的监测。

小型水库管理单位或所有者（业主）应根据《土石坝安全监测技术规程》（SL 551—2012）和《混凝土坝安全监测技术规程》（SL 601—2013）的要求制定相关制度，定期开展大坝安全监测工作，及时整理各种监测项目的原始数据记录，定期组织相关技术人员或委托专业机构，认真做好大坝安全监测资料的整编，开展综合分析，科学评估大坝工作状态，提出加强大坝安全管理的建议。

4. 维修养护制度

小型水库管理单位（或业主）要按照《水库大坝安全管理条例》中"大坝管理单位必须做好大坝的养护工作，保证大坝和闸门启闭设备完好"的要求，依据《土石坝养护修理规程》《混凝土坝养护修理规程》制定水库大坝维修养护制度，及时组织开展维修养护工作，使大坝工程、设施设备处于完好状态，延长工程使用寿命。

5. 档案管理制度

重要小型水库应建立工程基本情况、建设与改造、运行与维护、检查与观测、安全鉴定管理制度等技术档案，对存在问题或缺失的资料应查清补齐。其他小型水库应加强基本技术资料积累和管理。

6. 应急管理制度

为了提高水库突发事件的应对能力，切实做好遭遇突发事件时防洪抢险调度和险情抢护工作，最大程度保障人民群众生命安全、减少财产损失，小型水库应按照《大坝安全管理条例》《中华人民共和国防洪条例》《国务院突发公共安全事件总体应急预案》以及《水库大坝安全管理应急预案编制导则（试行）》《水库防洪抢险应急预案编制大纲》等要求，制定大坝安全管理应急预案、防洪抢险应急预案，以保证水库在遭遇超标准洪水、工程严重隐患和险情、地震灾害、地质灾害、溃坝、水质污染、战争或恐怖袭击等重大安全事件时有章可循、有效应对。根据水库应急管理的需要及有关规定，预案内容应当包括事件分析、组织体系、运行机制、应急响应、应急保障、宣传培训与演练、监督管理等内容。应急预案原则上按照管理权限由同级人民政府审批并组织落实。

7. 安全生产管理制度

水库安全生产管理主要是指水库在日常运行阶段，防止和减少操作运行、检查观测、维修养护等生产环节可能发生的安全事故，消除或控制危险和有害因素，保障水库运行及管理人员安全，保障水库大坝和设施免遭破坏。小型水库管理应当按照安全生产有关规定，明确安全生产责任机构，落实安全生产管理人员和相应责任，通过采取有效安全生产措施、开展安全生产培训、建立安全生产档案等，形成事故防控、报告与处置、责任追究的安全生产制度体系。小型水库管理单位应根据工程特点，制定水库运行管理及设备安全操作规程；对有关人员进行安全生产宣传教育；特种作业人员应经专业培训、考核并持证上岗；除防汛检查外，应定期进行防火、防爆、防暑、防冻等专项安全检查，及时发现和解决问题。发生安全生产事故后，应及时向上级主管部门报告，迅速采取措施，防止事故扩大。无专门管理机构的小型水库，地方人民政府应负责明确水库安全生产责任部门和责任人及其职责，组织实施安全生产检查，对管护人员进行必要的业务和技能培训，督促水库业主、租赁承包人和管护人员履行职责，组织和协调开展安全生产管理工作并加强监督指导。

第三章 调度运用

第一节 调度运用概述

一、水库调度的意义

天然来水在时空分配上是不均匀的。年际之间、月际之间来水极不平衡，不适应工农业生产的用水需要。兴建水库为解决来水与用水的矛盾创造了条件。根据河川径流的特点和用水部门的需要，充分利用水库的调蓄能力，正确处理好防洪与兴利、蓄水与泄水以及各用水部门之间的关系。而根据径流预报和用水计划，结合工程的实际能力和上下游防洪要求，制定合理的水库运用方案的过程称为水库调度。水库调度运用就是运用水库的调蓄能力，科学地调度天然用水使之适应人们的用水需要达到兴利除害的目的。水库调度得当，就能充分利用水库的调蓄能力，合理地安排蓄、泄关系，多次重复使用调蓄库容，做到多蓄水，少弃水，充分发挥工程效益。尤其小型水库多具有地理环境复杂、气候条件特殊、汇流时间短、洪峰流量大等特点，如果调度不当，盲目蓄泄，造成需要水时没有水，不用水时又大量弃水，给下游带来不应有的灾害，甚至对人民生命和财产造成巨大的损失。因此，水库调度管理是水库管理工作的一项重要任务。

二、水库调度分类

水库调度可按不同用途、不同目标进行分类，一般有以下几种方式。

1. 按水库目标划分

（1）防洪调度。防洪调度的任务是在确保工程本身及上下游防洪安全的前提下，对水库的调洪库容和兴利库容进行合理安排，以充分发挥水库的综合效益。防洪调度方式是根据河流上下游防洪及水库的防洪要求、自然条件、洪水特性、工程情况而合理拟定的。为此必须绘制防洪调度线，该线是指为安全拦蓄设计洪水的要求，汛期各时刻水库必须预留的库容指示线，其作用是指示何时需要启闭泄洪闸门运行泄洪控制。

（2）兴利调度。兴利调度的任务是充分利用水库的调蓄能力对河川径流在时空上进行重新分配，来满足用水的需要。兴利调度一般包括发电调度、灌溉调度以及工业、城市供水与航运对水库调度的要求等。

（3）综合利用调度。如果水库担任有发电、防洪、灌溉、给水、航运等方面的任务，则在绘制调度曲线时，根据综合利用原则使国民经济各部门要求得到较好的协调，使水库获得较好的综合利用效益。

2. 按调度周期划分

对有水库调节能力的水电站，按照水库的调节性能可分为以下几种类型。

（1）日调节。在一昼夜内将天然径流进行重新分配的调节，调节周期为 24h。

（2）周调节。可在一周内完成水库充满到放空的循环，即水库具有可调节一周内河川径流的能力。

（3）季调节。在一个季度内完成水库充满到放空的循环，能承担一个季度内河川径流调节的任务。

（4）年调节。分为完全年调节和不完全年调节。能将年内全部来水量按用水要求重新分配而不发生弃水的径流调节称为完全年调节；反之则为不完全年调节。

（5）多年调节。多年内完成充满到放空水库的循环，能将多年期间的丰水年份多余水量存在水库中，以补枯水年份水量的不足，这种调节称为多年调节。

3. 按水库数目划分

按水库数目可分为单一水库调度及水库群的联合调度。水库群联合调度就其结构形式又可有并联水库、低级水库群（串联水库群）及混联水库群调度。

三、水库调度运用指标

1. 水库特征指标

水库特征指标包括正常蓄水位、汛期限制水位、防洪高水位、设计洪水位、校核洪水位、死水位等特征水位，以及总库容、兴利库容、防洪库容、调洪库容等特征库容，如图 3-1 所示。

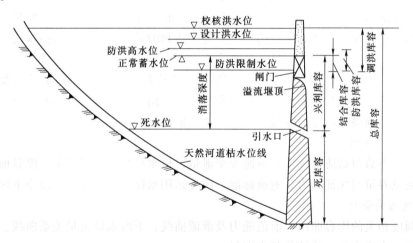

图 3-1　水库特征水位和相应库容示意图

水库死水位（$Z_死$）及死库容（$V_死$）。水库在正常运用情况下允许消落的最低水位，又称设计低水位。水库正常蓄水位与死水位之间的变幅称水库消落深度。死库容是指死水位以下的水库容积，又称垫底库容。一般用于容纳淤沙、抬高坝前水位和库区水深。在正常运用中不调节径流，也不放空。只有因特殊原因，如排沙、检修和战备等，才考虑泄放这部分容积。

水库正常蓄水位（$Z_正$）及兴利库容（$V_兴$）。水库的正常蓄水位是水库在正常运用情况下，为满足兴利要求应在开始供水时蓄到的高水位，又称正常高水位、兴利水位。它决定水库的效益和调节方式，也在很大程度上决定水工建筑物的尺寸、型式和水库的淹没损失，是水库最重要的一项特征。当采用无闸门控制的泄洪建筑物时，它与泄洪堰顶高程相同；当采用有闸门控制的泄洪建筑物时，它是闸门关闭时允许长期维持的最高蓄水位，也是挡水建筑物稳定计算的主要依据。兴利库容，即调节库容，是正常蓄水位至死水位之间的水库容积，用以调节径流，提供水库的供水量或水电站的出力。

防汛限制水位（$Z_限$）和结合库容（$V_结$）。水库在汛期允许兴利蓄水的上限水位，是预留防洪库容的下限水位，在常规防洪调度中是设计调洪计算的起始水位。防洪限制水位与正常蓄水位之间的库容称结合库容（$V_结$），此库容在汛末要蓄满为兴利所用。在汛期洪水到来后，此库容可作滞洪用，洪水消退时，水库尽快泄洪，使水库水位迅速回降到防洪限制水位。

水库防洪高水位（$Z_防$）和防洪库容（$V_防$）。水库的防洪高水位是水库遇到下游防护对象的设计标准洪水时，在坝前达到的最高水位。只有当水库承担下游防洪任务时，才需确定这一水位。防洪库容是防洪高水位至防洪限制水位之间的水库容积，用以控制洪水，满足下游防护对象的防洪标准。当汛期各时段分别拟定不同的防洪限制水位时，这一库容指其中最低的防洪限制水位至防洪高水位之间的水库库容。

允许最高洪水位（$Z_允$）。在汛期防洪调度中，为保障水库工程安全而允许充蓄的最高洪水位。一般情况下，如工程能按设计要求安全运行，则原设计确定的校核洪水位即可作为水库在汛期的最高控制水位，在实时调度中除在发生超设计标准洪水时不应突破。

水库设计洪水位（$Z_设$）。水库设计洪水位是当水库遇到大坝的设计洪水时，在坝前达到的最高水位。它是水库在正常运用情况下允许达到的最高水位，也是挡水建筑物稳定计算的主要依据。

水库校核洪水位（$Z_校$）及调洪库容（$V_调$）。水库校核洪水位是水库遇到大坝的校核洪水时，在坝前达到的最高水位，它是水库在非常运用情况下，允许临时达到的最高洪水位，是确定大坝顶高及进行大坝安全校核的主要依据。

2. 水库调度参数

水库调度参数包括防洪标准及下游安全泄量、供水量与供水保证率、灌溉面积和灌溉保证率、装机容量与保证出力、通航标准、防凌运用水位、生态基流或最小下泄流量等。

3. 其他相关资料

水库调度相关的库容曲线、泄流能力及泄流曲线、下游水位流量关系曲线、电站水轮出力限制线、入库水沙、冰情等基本资料。

汛期限制水位是防洪调度中的一个关键性指标，既关系到水库安全度汛，又影响到水库兴利蓄水，应根据大坝安全状况、下游河道行洪能力、当地洪水规律等情况，综合考虑确定。可以分段确定不同的汛期限制水位，使防洪与兴利相互兼顾，使水库最大程度地发挥效益。

四、水库调度运用基本资料

为做好水库的控制运用工作，水库管理部门需进行深入的调查，整理相应的资料，主要包括以下几个方面。

1.工程规划设计方面

（1）本水库工程在流域中的地位和作用、兴建目的以及对水库运用上的要求等。

（2）水库工程的设计、校核标准及安全系数，工程的主要结构及其规模（包括工程设计的有关特性曲线及图纸）；水库的各种特征水位及其相应库容，如设计水位、校核水位、正常高水位及死水位；水位与面积、容积及泄流量等关系曲线，以及工程验收、鉴定文件等。

（3）闸门启闭设备性能和泄流能力，工程的操作规程及各有关部门的协作和协议。

2.水库工程现状及特征方面

（1）库区内人口迁移、土地征用、淹没、浸没、坍岸及回水影响的高程范围，库区土地利用和生产经营情况。

（2）工程现状、运用期间的观测资料、工程的养护维修资料等。

3.流域内自然地理及水文气象方面

（1）流域内地形、地貌及干支流情况，森林植被现状及其变化情况。

（2）水库上游地区水土保持措施现状及其规划，对来水来沙变化规律的影响。

（3）流域内及邻近流域的水文气象站网分布及测报、预报情况。

（4）库区内水量的补给、渗漏及水文地质情况等特别是对蓄水及运用的影响。

（5）历年水文气象观测、调查及特征统计资料有关暴雨中心移动方向，不同地区同时出现暴雨的可能性及最大暴雨量的分析，有关洪水分析资料包括历年洪水发生规律，各时期洪峰、洪量的频率计算及典型洪水过程线的选择等。

（6）下游有一定防洪任务的水库，还应搜集下游河道堤防允许泄量及有关洪水遭遇组合流量，保护城镇人口，重要的公路、铁路、学校文物等方面的资料。

当资料欠缺时，应向规划设计及施工等有关部门搜集。必要时，还应组织力量进行勘测调查分析积累。

第二节　蓄　水　管　理

一、水库初期蓄水管理

1.初期蓄水条件

新建水库和完成除险加固的水库，在首次蓄水前，需满足以下条件：

（1）挡水、泄水、引水建筑物和基础处理等影响工程安全的建设内容已按批准的设计要求建设完成，主体工程所有单位工程（或分部工程）验收合格，满足蓄水要求，具备投入正常运行的条件。

（2）有关的电力、通信、道路、检测、观测设施等已按设计要求基本完成安装和调试。

（3）可能影响蓄水后安全运行的问题已基本处理完毕。

（4）水库初期蓄水方案、工程调度运行方案和度汛方案已编制完成，并经由管辖权的水行政主管部门批准。

（5）水库安全运行管理规章制度已建立，运行管护主体、人员已落实，大坝安全管理应急预案已报批。

凡不满足蓄水基本条件的水库，一律不得擅自蓄水。

2. 有序进行初期蓄水

（1）新建或在除险加固后，投入使用前，水库主管部门或单位应督促项目法人组织设计等单位根据设计方案或除险加固内容、运行条件等情况，编制初期蓄水方案，并报请有管辖权的水行政主管部门审查批准。

（2）批准后的初期蓄水方案由水库管理单位或管护人员具体实施，水库主管部门或单位负责监督。

（3）初期蓄水方案应明确初期蓄水期限，如需分阶段蓄水，应进一步明确阶段蓄水历时、阶段蓄水控制水位、下阶段继续蓄水的条件等。同时做好安全监测和巡查观测的具体安排，制定应急抢险措施等。

（4）任何单位和个人不得擅自采取抬高溢洪道堰顶高程等措施超标准蓄水。

3. 加强安全检测和巡查观测

设置必要的大坝安全检测和观测设施，落实大坝检测和观测人员。水库初期蓄水期间应加密安全检测和巡查观测的测次，突出穿（跨）坝建筑物、软硬结合部、溢洪道、大坝前后坡面、坝坡脚、启闭设备等关键部位的巡查，并做好检测和巡查观测记录，进行必要的资料分析，组织有关人员对初次蓄水运行情况做结论性评价。水库主管部门或单位、水库管理单位或管护人员要加强初期蓄水期的安全值守工作，对水库位于高水位或其他特殊时段，要 24h 不间断值守。

4. 保障措施

（1）落实大坝安全管理政府行政责任、主管部门（业主）技术责任和管理单位或管护人员责任，并明确具体责任人。

（2）明确管理主体和管护人员，每座水库要有专门的管护人员。

（3）水库的主管部门或单位应根据水库大坝安全管理应急预案，建立突发事件报告和预警制度，备足必要的抢险物料和设备，并组织管理单位或管理人员演练。

（4）建立并严格实行责任追究制度。

二、水库洪水期蓄水管理

汛期，所有水库都必须降到汛限水位，腾出库容，拦蓄洪水，削减洪峰，减免洪水灾害，尽可能为下游防洪和排涝提供有利条件。

汛前必须组织责任部门、主管部门、技术部门责任人联合对枢纽工程进行检查，对存在的问题定项目、定方案、定责任人、定完成时间，汛期定时检查，大水后及时复核，汛后分析总结，整理归档。

小型水库应建立汛期每日巡查、观测制度，管理单位或管护人员要把每天的巡查情况、观测结果、发现问题等情况一一记录在案。水库主管单位或管护人员要加强汛期蓄水安全值守工作，洪水期蓄水时应加密安全监测和巡查观测的频次，每天至少进行一次巡视检查，大暴雨及特殊情况要 24h 不间断值守。要根据水库各建筑物的布置，制定巡查路线，逐一检查大坝、防水设施、溢洪道等建筑物，并做好监测和巡查观测记录，进行必要的资料分析。如发现异常情况，一般问题及时处理，严重问题应立即报告上级主管部门。

小型水库泄洪主要通过开敞式溢洪道和泄洪闸泄洪，对开敞式溢洪道，水库发生洪水时，溢洪道自由出流，管理人员应按规定加强巡视，加密库水位观测次数，以便掌握水位上涨速度，从而判断洪水强度；当库水位接近设计洪水位时，应立即报告上级主管部门，进入紧急状态，启动防汛应急预案，做好迎战更大洪水的准备；一旦库水位接近校核洪水位，在上级主管部门领导下实施紧急抢险措施，应对可能出现的超标准洪水，确保工程和水库下游居民的安全。对泄洪闸泄洪的水库，应根据预先规定的调洪原则，进行泄洪闸门启闭操作，库水位上涨接近设计洪水位、校核洪水位，应按上述开敞式溢洪道水库一样加强巡查，加密库水位观测次数，向上级主管部门报告，启动防汛应急预案，确保工程和水库下游居民的安全。

水库管理人员必须对汛期的水雨情记录整理，对日降雨量（也可根据气象、水文部门提供）、库水位（有降雨时可设为 1h 或 0.5h 一次）、溢洪道水位（有溢洪时可设为 1h 或 0.5h 一次）、输水设施的开启和关闭时间进行记录和描述，进行水量平衡计算，按规定要求整理归档。

如遇特大暴雨洪水或工程发生重大险情危及大坝安全，同时通信中断无法与上级取得联系时，水库管理单位要采取措施，迅速通知下游地方人民政府组织群众安全转移，同时采取已批准的非常措施，确保大坝安全。事后应立即报告上级主管部门。

第三节 防 洪 调 度

一、水库防洪调度方案

水库的防洪调度也称为水库汛期控制运用，是指水库度汛过程中，有计划地对洪水进行的控制、调节的蓄泄安排。其主要任务，一是在确保水库安全的前提下，避免或减轻下游洪水灾害；二是在满足防洪要求的前提下，尽量多蓄水，最大限度地发挥水库的综合效益。由于洪水的随机性及防洪和兴利要求的矛盾性，调节不好，则会出现只顾防洪，而蓄不上水；或者只顾多蓄水，而忽视防洪，造成不应有的洪水损失。由于水库的防洪调度涉及水库上下游的安全和综合效益的发挥，对国民经济产生很大的影响。因此，这项工作受到各级政府的重视。

水库防洪调度方案，在设计阶段就已拟定，但那是为了检查水库主要参数的合理性，估算防洪效益。由于当时的资料相对较少，对水库实际调度中的影响因素考虑不够，所以在设计阶段拟定的防洪调度方案，一般难以完全实施。水库投入运行以后，水库的规模及设备的主要参数已定，随着运行年限的增长、各种资料的增加、水库特性及下游防洪要求的变化，每年都要结合现时的具体要求和来水情况，制定防洪调度的方案和措施，满足国民经济建设的要求。

防洪调度图是制定防洪调度方案的主要内容，它是由水库在汛期各个时刻的蓄水指示线所组成，如图 3-2 所示。汛期内为了拦蓄洪水，保障工程安全，水库水位不能超过指

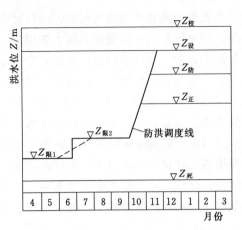

图 3-2 防洪调度图

示线，若洪水来临时已超过指示线，则应根据调度规则，将库水位降低至指示线以下，以确保水库有一定的防洪库容，以便调蓄下一场洪水。防洪调度图是由校核洪水位、设计洪水位、防洪高水位、各分期防洪限制水位的连接线所组成。此连接线又称防洪调度线，是根据下游防洪标准的设计洪水过程线，从防洪限制水位开始，进行调洪计算而得出的水库蓄水指示线。各分期防洪限制水位线以上的空间，是水库在汛期所必须预留出来的防洪库容。

在防洪调度图中的校核洪水位、设计洪水位、防洪高水位，都是以防洪限制水位为起调水位，分别对水库的校核洪水、设计洪水及相应于下游防洪标准的洪水进行调洪计算推求而来的。图 3-2 中的防洪限制水位 $Z_{限}$ 是假定不同时段的起调水位，分别对校核洪水、设计洪水过程线，进行顺时序调洪演算，求出相应的校核、设计洪水位，且考虑兴利的要求后，进行比较确定的。

防洪调度图反映各时刻蓄水位的高低和变化过程，以及各时刻为防洪安全而必须留出的防洪库容，它是指导防洪调度工作的工具。但是，防洪调度图是按照某种特定条件绘制的，而实际上，已建水库的调度运行，应根据大坝安全状况以及水库上下游情况等综合确定各水库年度运行控制的特征水位。如大坝鉴定为一类坝，且上下游相关条件符合水库规划与设计要求的，一般按照水库设计的特征水位及调度要求开展运行调度即可；若库区土地征用、移民安置等尚未按设计要求全面处理完成，或者下游河道建设未按规划要求实施完成，或者大坝鉴定为二类坝或三类坝即水库工程自身存在一定的缺陷隐患且未实施加固改造或除险加固之前，则应根据实际情况，综合分析研究确定水库的年度调度运行控制水位及其相关的调度原则，这是目前水库运行调度的难点，也是一项比较复杂的工作。因此，不能机械地运用防洪调度图，而要根据当时的雨、水情和天气变化等具体情况，以及上级机关的指示和有关政策，合情合理地运用调度图。

二、水库防洪调度运用方式

水库汛期防洪调度直接关系到水库安全及对下游防洪效益的发挥，并影响汛末蓄水，是水库管理中一项十分重要的工作。要搞好防洪调度，必须先拟定合理而又实际可行的防洪调度方式、泄流量及相应的泄洪闸门启闭规则等。

总的原则是：在保证大坝安全的前提下，与下游河道堤防和分洪滞洪区防洪体系联合运用，按下游防洪需要对洪水进行调蓄；汛期限制水位以上的防洪库容调度运用，应按各级防汛抗旱指挥部门的调度权限，实行分级调度。

（1）对于无闸门控制溢洪道，洪水调度应根据水库规划及除险加固设计核定的水库安全标准和下游防护对象的防洪标准，遇标准内洪水，水库对入库洪水进行调蓄，保障大坝和下游防洪安全。遇超标准洪水应力求确保大坝安全，并尽量减轻下游的洪水灾害。在洪水调度时，考虑汛期预腾库容迎洪峰洪水，当库水位高于汛限水位时，开启涵管闸孔预泄，在库水位达到正常高水位（堰顶）时，溢洪道自由泄洪调度。

（2）对于有闸门控制的溢洪道，闸门的启闭必须严格按照批准的调度运用计划和上级主管部门的指令进行，不得接受任何其他部门或个人有关启闭闸门的指令。运用时，要求按照规定程序下达通知，由专职人员按操作规程进行启闭。

水库的防洪调度方式随水库承担的防洪任务、洪水特性的不同而有所不同，基本上可分为自由泄流、固定下泄、补偿调节 3 种类型。以下按下游有防洪任务和无防洪任务两种情况分别予以介绍。

（一）下游有防洪任务的水库调度方式

一般的水库都负有下游地区的防洪任务，这样水库就存在着两种防洪标准：一是水库本身的防洪标准；二是下游防护对象的防洪标准。因此，对这类水库不但要分别拟定出水库本身及下游防洪各自的调度方式，而且还要考虑两者如何统一调度的问题。

对于下游有防洪任务的水库调度方式，根据水库距下游防洪控制点的远近不同，可分为考虑区间来水及不考虑区间来水两种情况。

1. 不考虑区间来水的调度方式

当水库距下游防洪控制点较近，区间来水较少，可忽略不计时，就可以采用固定下泄的调度方式。固定下泄流量，视下游防护对象的重要性及抗洪能力而定。如果下游各防护对象的抗洪能力有明显差别，且受灾后的损失也轻重不同，就宜分为几个固定下泄量分级控制。但分级不宜过多，以免造成调度上的困难。对这类分级固定下泄流量的调度方式，原则上是由小洪水到大洪水逐级调节控制。如某水库其下游不同防洪标准的洪水过程线如图 3-3 所示，其安全泄量分别为 $q_{安1}$、$q_{安2}$，调洪时首先对最小一级的洪水进行调节计算，控制水库下泄流量等于 $q_{安1}$，求出相应的防洪库容 $V_{防1}$ 和防洪高水位 $z_{防1}$。然后，对次小一级的下游防洪标准的洪水进行调节计算，开始先控制下泄流量为 $q_{安1}$，到 t_2 时刻，水库蓄水量已达 $V_{防1}$，此时开始按 $q_{安2}$ 下泄，并求出防洪库容 $V_{防2}$ ［图 3-3（b）］及其相应的防洪高水位 $z_{防2}$，之后再对更高一级标准的洪水进行调节计算等。当来水超过下游防洪标准之后，则以保坝为主，即刻加大泄量成为自由泄流 ［图 3-3（c）］。

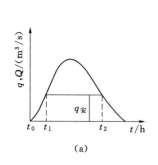
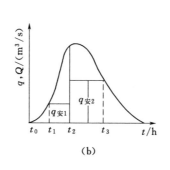
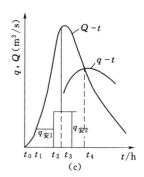

图 3-3 分级调洪示意图

由图 3-3（c）可以看出，这种固定下泄的调度方式，在调洪过程中，当利用闸门控制，使泄流量不变时，在 t_0 至 t_1 时刻泄流量等于来水流量，库水位不变；t_1 至 t_2 时刻泄

流量为 $q_{安1}$，t_2 至 t_3 时刻泄流量为 $q_{安2}$，这样时段初末的泄量为一固定值。因此，调洪演算的基本方程式

$$\frac{V_1}{\Delta t} - \frac{q_1}{2} = \frac{V_2}{\Delta t} - \frac{q_2}{2} - \overline{Q} + \overline{q_2} \qquad (3-1)$$

可写成如下形式：

$$V_1 = \overline{q}\Delta t - \overline{Q}\Delta t + V_2 \qquad (3-2)$$

或

$$\frac{V_2}{\Delta t} = \frac{V_1}{\Delta t} - \overline{q} + \overline{Q} \qquad (3-3)$$

这样在调洪计算中，对固定下泄流量的演算，可利用式（3-3）进行。自由泄流部分，可用列表试算法或半图解法推求。

2. 考虑区间来水的调度方式

当水库距下游防洪控制点较远，区间集水面积较大（图3-4），在调度时对区间的来水就不可忽略，要充分发挥防洪库容的作用，采用补偿调节的调度方式。

（1）补偿调节。补偿调节是指水库的下泄流量 q_A，加上区间来水 Q_B，要小于或等于下游防洪控制点 C 允许的安全泄量 $q_{安}$。

水库为使下游防洪控制点的泄量不超过允许的安全泄量 $q_{安}$，就必须在区间洪水通过防洪控制点时减少泄量，如图3-5所示。图中令 $Q_{区}-t$ 为区间洪水过程线，$Q_{库}-t$ 为入库洪水过程线，区间 B 洪水到防洪控制点 C 的洪水传播时间为 t_{BC}，水库泄量到 C 的传播为 t_{AC}，两者相差 $\Delta t = t_{BC} - t_{AC}$。在图3-5中，将 $Q_{区}-t$ 移后 Δt，倒置于 $q_{安}$ 下，则水库各时刻的下泄量过程，即如图3-5中 $abcd$ 线所示。水库的入流过程线与 bcd 曲线所夹的面积，即为满足下游防洪要求所需的防洪库容。图3-5中阴影部分面积称为补偿库容。

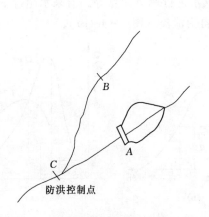

图3-4 水库与防洪控制点位置示意图

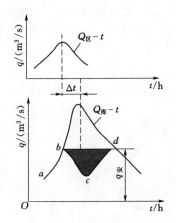

图3-5 补偿调节示意图

在无预报的情况下，能实现补偿调节的条件是水库泄流到防洪控制点的时间，小于或等于区间洪水的传播时间，即 $t_{AC} < t_{BC}$。

当 $t_{AC}<t_{BC}$ 时，如区间洪水能进行预报，且预见期 $t_{预}$ 与 t_{BC} 之和大于或等于 t_{AC} 时，也可进行补偿调节。

【例 3-1】 某水库由坝址至下游防洪控制点 C 的传播时间为 8h，区间支流控制站 B 至 C 的汇流时间为 12h，防洪控制点 C 的安全泄量 $q_{安}=100\text{m}^3/\text{s}$，一次洪水入库流量过程如表 3-1 中②栏，区间洪水过程如表 3-1 中③栏，按补偿计算水库的泄流过程如⑤栏。

表 3-1　　　　　　　　　　　　补偿调节计算表

时　间	入库洪水 /(m³/s)	区间洪水 /(m³/s)	区间洪水后移 4h /(m³/s)	水库下泄流量 /(m³/s)	说　　明
①	②	③	④	⑤	⑥
7月1日	40	25		40	
12时	100	75		100	$q_{安}=100\text{m}^3/\text{s}$
14时	140	55	25	75	1 日 10 时、12 时水
16时	200	30	75	25	库泄量等于来量。
18时	175	10	55	45	14 时以后按 $q=$
20时	140		30	70	$100-q_{区}$ 下泄过程见
22时	110		10	90	⑤栏
24时	85			85	
7月2日	30			30	

由表 3-1 可以看出，采用补偿调节的调度方式，必须注意，当防洪控制点出现防洪标准的洪水时，入库洪水与区间洪水的组成和遭遇问题，区间洪水预报的预见期、预报误差以及河槽的槽蓄、顶托等问题。

对于地区洪水组成的问题，工程上常采用"典型洪水的同倍比法"，其出发点是："稀遇洪水与流域实测大洪水的地区组成，在水文上存在相似性"。具体做法是，通过统计实测暴雨洪水资料及调查历史洪水，从中了解地区洪水的组成特性，选择具有代表性的实测大洪水，作为地区洪水组成的典型，然后进行缩放。

例如，汉江中下游地区，通过洪水资料分析，认为 1935 年洪水为实测记录中的大洪水，暴雨中心在丹江口附近，对附近中下游威胁很大。因此，1935 年被选为该地区洪水组成的典型。

（2）错峰调节。当区间洪水汇流时间太短，水库无法根据区间洪水过程逐时段放水时，为了使水库泄流量与区间来水之和不超过允许的安全泄量，只能根据预报区间出现的洪峰，水库在一定的时间内关闸控制，错开洪峰，以满足下游防洪的要求。

例如，大伙房水库抚顺站连续暴雨 3h 雨量超过 60mm，或不足 3h 雨量超过 50mm 时，即关闸错峰。

（3）涨率调度法。这种调度方式是根据水库至下游防洪控制点间的一个或几个控制站的洪水大小与涨率来决定水库的蓄泄，属于一种经济调度。它是根据已经发生的各种典型洪水情况，拟定一些调度原则，经过反复试算，找出比较有效的调度规则，作为调度的依据。

（二）下游无防洪任务的水库调度方式

对于不承担下游防洪任务的水库，可以采用自由泄流或敞开泄洪调度的方式，即在调度时，只需考虑水库工程本身的防洪安全，下泄流量不受限制。现以下游溢洪道有闸门与无闸门两种情况的泄流方式为例予以介绍。

1. 无闸门控制的泄流方式

水库溢洪道上不设闸门，其泄流方式最为简单，当库水位到达堰顶高程以后，水库即开始泄流，下泄流量的大小仅取决于当时库水位的高低。

2. 有闸门控制的泄流方式

某些水库虽无下游防洪任务，但为了抬高兴利蓄水位和增加水库泄洪时的初始流量，在溢洪道上也设有闸门，使防洪限制水位高于溢洪道的堰顶。因闸门的调节性能不同，泄流方式又可分为以下两种。

（1）闸门不能调节流量的泄流方式。

如闸门不能逐步开启调节流量，则遇到洪水起涨，就要完全开闸门泄流。由于开始入库的洪水流量小，而下泄流量较大，所以库水位下降，预泄了一部分防洪库容，随着库水位的降低，下泄流量逐渐减小。如图3-6中 ab 段，b 点以后，入库的洪水流量大于水库的下泄流量，库水位又开始回升，腾空的部分库容得到充蓄，泄量也随之增大，直到出现最大泄流量。水库全部泄流及库水位变化过程如图3-6所示。

采用这种泄流方式，可以及早腾空部分防洪库容，对水库防洪安全有利，而且闸门的操作方式简便。但是由于开闸后下泄流量较大，水位下降较快，可能会影响后期蓄水。所以，宜在有洪水预报的情况下采用。

（2）闸门能够调节流量的泄流方式。

如闸门能够逐步开启进行调节流量，在洪水开始起涨时，逐渐开启闸门，控制水库下泄量等于入库流量，使库水位维持在防洪限制水位，如图3-7中 ab 段，到 t_b 时刻，入库的流量等于防洪限制水位下的下泄流量，此时将闸门全部打开，水库自由泄流，其全部泄流及水位变化过程如图3-7所示。

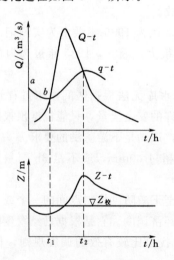
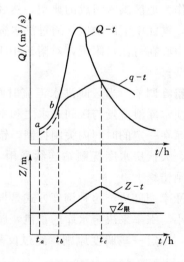

图3-6　闸门不能调节流量的泄流方式　　图3-7　闸门能够调节流量的泄流方式

采用这种泄流方式，在水库整个泄流过程中，水库蓄水位不会低于防洪限制水位，因此，它不会因后期洪水变小而影响蓄水。在无洪水预报或预报精度不高的情况下，采用这种方式比较稳妥可靠。但闸门操作比较频繁，因此要求闸门的启闭必须灵活。

某些水库的闸门不能调节流量，但闸门的孔数较多，可采用逐个开启闸门的方式，即在洪水刚开始入库时，先开一孔闸门，随着入库流量的增加，再逐个开启，用这种方式同样也可达到上述效果。

（三）入库洪水的判别

拟定合理的防洪调度方式，是实现水库对洪水进行合理调节与适时的蓄泄，确保水库安全，提高水库综合效益的重要环节。而合理防洪调度方式的实现，决定于对入库洪水判别的正确与否。现将判别方法介绍如下。

1. 以入库流量作为判别条件

用入库流量判别入库洪水的标准，是以各种频率的洪峰流量作为判别条件。在设计和复核阶段，曾对各种频率的洪水进行分析，求出了各种频率洪峰洪量等。在实际工作中，要求根据预报的洪峰洪量，来判别入库洪水的标准，因此要求水文预报不仅要及时而且精度要高。或者按水量平衡原理，根据库水位的涨率反推入库洪水流量。

采用入库流量作为判别条件，一般适用于调洪库容小，洪峰流量对库水位的变化起主要作用的水库。

例如，湖北陆水水库控制陆水全流域面积的 86%，水库距防洪控制点仅 3km，区间洪水比重很小，因此根据水库下游保护区的重要性及防洪能力，以入库流量作为判别条件，对 20 年一遇以下洪水按 20 年一遇（$Q_m = 5400 \text{m}^3/\text{s}$）和 5 年一遇（$Q_m = 3400 \text{m}^3/\text{s}$）分两级固定泄流调度。

其调度方式为：入库流量在 2100m^3/s 以下时，泄量等于来水量；入库流量在 2100～3400m^3/s 时，泄量为 2100m^3/s；入库流量在 3400～5400m^3/s 时，泄量为 2500m^3/s；入库流量超过 5400m^3/s 时，以保大坝安全为主，溢洪道敞开泄流。

2. 以库水位作为判别条件

当水库的防洪库容较大，下游的防洪任务较重时，宜采用以各种频率洪水的调洪最高库水位作为判别条件。调度时，根据实际库水位来判别出现洪水的大小，由此来决定泄流量的大小。

用库水位作为判别条件，一般不会发生未达到标准就加大泄量的情况。但由于加大泄量较迟，对泄洪时机的掌握较晚，因而水库需要有较大的防洪库容。

例如，浙江省某水库为百年一遇设计，千年一遇校核，下游的防洪标准分为五级，采用库水位作为判别条件，泄流方式见表 3-2。

表 3-2   某 水 库 泄 流 方 式

设计频率	20	10	5	1	0.1
库水位/m	≤123	123～124	124～126	126～129	>129
泄量/(m³/s)	0	50	≤100	≤200	全力泄洪

3. 以峰前量作为判别条件

由以上两种方法可知，采用库水位作判别条件较稳妥，但加大泄水相对较迟，所需防洪库容较大；以入库流量作为判别条件，可以早一些判别洪水频率，但可靠性差。故提出了"峰前量法"作为判别条件，其调度方式如下。

如图 3-8 所示，当泄量为 q 时，需防洪库容为 $V(V=V_1+V_2)$，峰前蓄水量 V_1，如等待这次洪水，水库蓄水量达到 V 以后，才认为这次洪水已超过标准，虽然判别可靠，但时间较迟，考虑到洪水的持续性，当入库流量出现洪峰 Q_m，前段按 q 泄水，水库已蓄满 V_1 后，必然还会有退水部分的一部分水量入库，并需要水库继续蓄水 V_2。若选择的洪水典型且有足够的可靠性，则在峰前部分已蓄水 V_1 的情况下，就可以判别这次洪水总的蓄水量将达到 V，于是在实际运用时，若某次洪水峰前蓄水量超过了 V_1，即可认为洪水已超过标准，可以改按下一级标准调度。这样，较单纯以全部防洪库容相应的库水位作为判别条件更为有利。

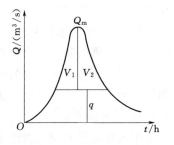

图 3-8 峰前量法示意图

【例 3-2】 河北省岳城水库下游防洪标准采用三级控制。3 年一遇洪水控制下泄量为 500m³/s，30 年一遇洪水控制下泄量为 1500m³/s，50 年一遇洪水控制下泄量为 3000m³/s。为了使峰前蓄水量的计算成果较为可靠，能够适应各种不同类型的洪水，选择了峰高量小，峰低量大，峰量同频率的 1936 年、1937 年、1956 年、1963 年的洪水作为典型洪水，分别将它们缩放为 3 年、30 年、50 年一遇的洪水过程。对各类型的洪水先以泄量 500m³/s 作为计算条件，计算 3 年一遇洪水的峰前量（为留有余地计算至主峰出现后 2h），然后以此蓄水量作为限泄 500m³/s 的条件，计算 30 年一遇洪水的峰前量，再以 3 年、30 年一遇的峰前量作为控制，计算 50 年一遇洪水的峰前量，其结果见表 3-3。根据以上结果，编制成调度规则，见表 3-4。

表 3-3　　　　　　　　　　不同频率各典型年峰前量计算结果

重现期 /年	控制泄量 /(m³/s)	各典型年峰前量 V_1/亿 m³				采用值 /亿 m³
		1956 年	1963 年	1937 年	1936 年	
3	500	0.46	0.63	0.35	0.40	0.70
30	1500	3.03	2.63	2.37	2.36	3.20
50	3000	3.72	3.20	3.59	2.04	3.80

由表 3-4 可以看出，对采用不同判别条件所需要的防洪库容进行比较，结果采用峰前量法作为判别条件，较采用库水位法作为判别条件所需要的防洪库容小，这是因为用峰前量提前判断了洪水的机遇，提前加大了泄量的缘故。

（四）启用非常泄洪设施的调度方式

一般水库的泄洪设施分为正常和非常泄洪设施两部分，正常泄洪设施的泄洪能力应能满足正常运用时的泄洪要求，当水库遭遇到特大洪水时，要启用非常泄洪设施，以满足非常运用时的泄洪要求，保证大坝安全。因为正常运用标准与非常运用标准相差较大，所以

表 3-4　　　　　　　　　　　　防洪调度规则表

重现期/年	控制方法	起调水位/m	泄量/(m³/s)	水库水位控制/m	入库洪峰控制/(m³/s)
3	峰前量法	132.0	500	<134.9	≤2150
	库水位法			<136.3	
30	峰前量法	132.0	1500	135~143.2	>2150
	库水位法			<153.6	≤9200
50	峰前量法	132.0	3000	143.2~144.9	>9200
	库水位法			<155.1	≤10900

非常运用的泄洪设施一般都采用临时措施解决（如爆破副坝）。启用非常措施后，将会使下游遭受一定的淹没损失，影响水库效益的发挥，且汛后还必须修复，因此，应根据水库的规模、重要性、地形地区条件及启用非常措施后对下游影响程度等方面，慎重拟定启用标准。例如，河南省鸭河口水库的正常运用标准为 500 年一遇，非常运用标准为可能最大洪水。对 $p=0.02\%$、0.01% 及 0.1% 洪水再加大两成，三个方案进行比较后，采用 0.01% 洪水再加大两成的洪水，为非常溢洪道的启用标准。

因为启用非常措施的后果严重，故判别条件应十分可靠，如果水库调洪能力较大，可采用以库水位高于相应启用标准的库水位作为启用非常措施的判别条件。如河南省鸭河口水库最高水位 180.3m，启用非常措施的水位为 178.5m，这样既安全又比较明确，如果水库调洪能力不大，入库的洪峰与洪量有一定相关关系的水库，可采用按入库流量及库水位相结合作为判别条件。

水库非常泄洪设施可采用非常溢洪道及非常泄洪洞，也有采用爆破副坝或自溃坝等非常泄洪措施的。鸭河口水库拟定当库水位达到 178.5m 时启用非常设施，其具体办法就是爆破副坝。但爆破副坝泄洪，不仅每年要准备炸药，管理费用大，而且在狂风暴雨下难以实施。为解决这个问题，有的水库采用引冲自溃坝泄洪的措施，但一般都须经过模型试验。

总之，每年汛前，各个水库都必须做好防御特大洪水的准备，对防汛队伍、物料和通信、照明设施、爆破办法及如何及时向下游报警和群众安全转移等，均要做出具体安排，以保证人民生命财产的安全。

第四节　兴　利　调　度

一、水库兴利调度的任务和原则

水库兴利用水项目主要包括：生活用水（城乡居民生活用水、医院等公共单位用水），工业用水（重要产业、一般产业），农业灌溉用水，发电用水，其他用水（航运、旅游、生态等为目的的用水等）。

水库兴利调度的主要任务是利用水库调蓄能力，按批准的计划进行蓄水；根据水库实际蓄水量，预报来水量和各部门不同时期的用水量；通过综合平衡制定供水计划，加强用水管理，充分发挥水资源的综合效益。

水库兴利调度的原则如下：

（1）在制订计划时，要首先满足城乡居民生活用水，既要保重点任务又要尽可能兼顾其他方面的要求，最大限度地综合利用水资源。

（2）要在计划用水、节约用水的基础上核定各用水部门供水量，贯彻"一水多用"的原则，提高水的重复利用率。

（3）兴利调度方式，要根据水库调节性能和兴利各部门用水特点拟定。

（4）库内引水，应纳入水库水量的统一分配和统一调度。

二、调度图编制

（一）年调节水库灌溉调度图

为满足农作物生长需要，合理安排水库灌溉供水过程，称为水库灌溉调度，每年天然来水有丰有枯，农作物的缺水量也不一样，灌溉期开始时水库的蓄水量有多有少。所以需要在保证水库工程安全的前提下，通过水库灌溉调度，适当地处理来水、用水、蓄水三者之间的关系，以达到合理、充分、科学地利用水资源的目的。

1. 选择代表年

采用实际代表年法或设计代表年法绘制年调节水库的灌溉调度图。

（1）实际代表年法。从实测的年来水量和年用水量系列中，选择年来水量和年用水量都接近灌溉设计保证率的年份3～5年。其中应包括不同年内分配的来水和用水典型，如灌溉期来水量偏少、偏前、偏后等各种情况。兴利调节计算，原设计用长系列法求得兴利库容 $V_{兴设}$ 与现在求得的 $V_兴$ 可能不同，编制调度图时，如果调度线的最高蓄水位低于正常蓄水位，可选取所需最大蓄水量略高于 $V_{兴设}$ 的某一个年份作代表年之一。

（2）设计代表年法。将上述所选择的实际代表年来水量、用水量都分别缩放，转换为与设计保证率相应的设计年来水量、用水量。所求得的各种设计代表年的年来水量、用水量都是相等的，只是其年内分配各不相同而已。若兴利调节计算原设计代表年法求得兴利库容为绘制调度图时，所选取的代表年应包括原设计时的代表年。

2. 计算与绘制兴利调度图

采用上述两种方法选出代表年后，对所选择的代表年来水量、用水量作年调节计算。方法与兴利计算相同，从死水位开始，逆时序逐月进行水量平衡，遇亏水相加，遇余水相减。一直计算到水库开始蓄水位的时刻为止，即可得出各月末应蓄水量及其相应的库水位。之所以从死水位开始逆时序调节，是因为年调节水库每年供水期末都可降至死水位，只要求供水期开始时水库所蓄水量，能满足用水就可以了。

分别对每个代表年都以同样的方法进行调节计算，得到若干条水库水位与时间的关系线（即调度线），如图3-9所示。连接各月水位的最高点得外（上）包线；连接各月水位的最低点得内（下）包线。外包线与内包线之间，作为正常供水区。外包线以上为加大供水区，因为按保证率供水，水库蓄水量不必再多于外包线。如果外包线以上再有多余的水，就可加大供水，故外包线称为加大供水线；否则在外包线以下加大供水，就可能引起

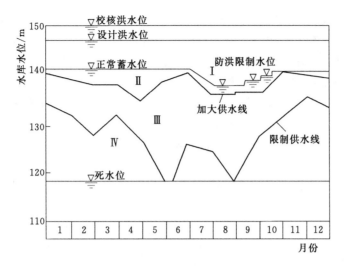

图 3-9 某水库年调节调度图

Ⅰ—调洪区；Ⅱ—加大供水区；Ⅲ—正常供水区；Ⅳ—减少供水区

正常灌溉供水的破坏，故外包线又称为防破坏线。内包线以下为减少供水区，因为水库蓄水若低于内包线水位，按保证率供水就没有保证，故应限制供水，尽可能使库水位保持在正常供水区内，故内包线称为限制供水线。

（二）多年调节水库灌溉调度图的绘制

多年调节水库灌溉调度图绘制的基本原理与年调节水库灌溉调度图相同，都是通过水量平衡调节计算，求出加大供水线和限制供水线。所不同的地方在于多年调节的灌溉供水量超过了完全年调节的供水量，需要将丰水年的水量蓄在水库里供枯水年使用。故多年调节水库，一方面调节年内来水量，另一方面调节年际之间的来水量。为此多年调节水库调度图与年调节比较，不仅反映出供水量增多，而且正常供水区的范围也较大。

多年调节水库灌溉调度线，仍为加大供水线和限制供水线，其绘制方法也采用代表年法。

1. 多年调节水库加大供水和限制供水的条件

判断多年调节水库加大供水的两个条件：①多年库容已经蓄满；②年来水量大于供水量，有多余水量。为保证枯水年用水，在不动用多年库容 $V_{多年}$ 蓄水量的条件下，有余水才能加大供水。

判断多年调节水库限制供水的条件：①多年库容已经放空；②年来水量小于供水量，须限制供水。在第一个条件的情况下，年来水量又不能满足年供水要求，则只好限制供水量。

根据上述分析，必须先知道多年库容 $V_{多年}$ 是多少，为此需要按年来水量和年供水量相当的年份进行调节计算，求出年库容 $V_{年}$ 和一年的库存水位变化过程，才能将兴利库容 $V_{兴}$ 划分为多年库容 $V_{多年}$ 与年库容 $V_{年}$。

2. $V_{多年}$ 和 $V_{年}$ 的确定

确定 $V_{多年}$ 和 $V_{年}$ 的方法是：先计算出 $V_{年}$，则 $V_{多年}＝V_{兴}－V_{年}$。选择几个来水量等于用水量的年份，分别进行调节计算，所求得的几个 $V_年$ 可能相差较大。为了使水库在运行过程中不运用多年库容，可初步选较大的 $V_年$。$V_年$ 取得较大，则 $V_{多年}$ 较小，所求得的加大供水线是否合理，应通过长系列操作检验，必要时需作适当调整。

3. 灌溉调度线的调节计算与绘制

(1) 推求加大供水线。推求加大供水线可采用代表年法。该法选择代表年的方法有两种：一种方法是选择几个年来水量略等于年供水量的年份，其中应包括确定 $V_年$ 的那一年；另一种方法是"虚拟代表年法"，它确定代表年的来、用水过程，是根据历年净来水量 $W_净$ 和毛供水量 $W_毛$ 分别计算出两条经验频率曲线，其交点处 $W_净 = W_毛$，将第一种方法的各代表年都缩放为交点处的水量，得来水、供水相等的不同年内分配的代表年。

对上述所选择的代表年，分别从供水期末开始逆时序调节计算，得出各年各月所需的蓄水量，取各月所需蓄水量的同期最大值，再加上 $V_{多年}$，换算为库水位，得外包线，即加大供水线。要注意所绘的加大供水线年初、年末要相衔接；否则需作适当修改。

(2) 推求限制供水线。限制供水线的推求，是根据限制供水的条件，对各代表年从供水期末逆时序调节计算，求得各年各月末所需的蓄水量，取同期最小值，再加上死库容，换算为库水位，得内包线，即限制供水线。

(三) 年调节水库发电调度图的绘制

发电调度图的绘制一般要研究下列几方面的问题，并达到相应的要求：

(1) 水电站的保证运行方式，以保证遇到设计枯水年份能按照保证出力工作，不使正常工作遭受破坏。

(2) 利用多余水量的运行方式，合理利用丰水、平水年多余水量，争取多发电，少弃水。

(3) 特枯水年的运行方式，当遇到设计保证率以外的特殊枯水年时，尽量减轻正常工作的破坏程度。

(4) 其他方面的要求，要兼顾防洪、洪水、灌溉、养殖、排沙放淤等方面的要求，以获得最大的综合利用效益。

1. 调度图的组成

发电调度图是由基本调度线及附加调度线组成。

基本调度线包括上基本调度线（又称防破坏线）、下基本调度线（又称限制出力线），它体现了水电站保证运行方式。附加调度线包括一组加大出力线、降低出力线和防弃水线，是体现水电站在丰水年对多余水量的利用方式及在枯水年的利用方式。上述调度线将全图划分为保证出力区、降低出力区、防洪区。

2. 基本调度线的绘制

基本调度线的作用是在设计保证率范围内，能保证正常供水而不遭受破坏。也就是来水大于或等于设计枯水年情况下能够保证正常供水，直到供水期末水量正好用完。因此基本调度线的绘制，只需选择年水量不小于设计枯水年的那些年份，自供水期末，根据保证出力的要求，由死水位开始进行逆时序水能计算，求出各时刻的水库蓄水量，便可绘出库水位过程线。在研究基本调度线绘制时，要先将供水期与蓄水期分开，分别绘制供水期与蓄水期的基本调度线。

（1）供水期基本调度线的绘制。

1）选择符合设计保证率的若干典型年，并修正其流量过程。选择典型年的条件是：供水期的平均出力应等于设计保证出力，供水期的终止月份与大多数年份的终止月份相同。

2）对修正后的各年供水期的来水过程，按保证出力自供水期末死水位开始逐时段（月）进行逆时序计算，至供水期初，求得各典型年份保证出力时的水库蓄水指示线。

3）将各年的水库蓄水指示线点绘在同一张图上，取各年蓄水指示线的上、下包线，如图 3-10（a）所示，即得到上、下基本调度线。

考虑到运行中可能遇到这样的枯水年份，即从供水期开始时，水库就不得不沿着下基本调度线 dc 按保证出力工作，结果至 t_c 时刻，水库就被放空。若该年 t_c 以后来水仍较少，水库就无法补充供水，那样就只能以很枯的天然来水工作致使正常供水量遭受较大的破坏。为避免这种情况发生，对下基本调度线可作以下修正：令供水期的结束点与上基本调度线重合于 a 点，以 da 线作为下基本调度线，如图 3-10（b）所示。

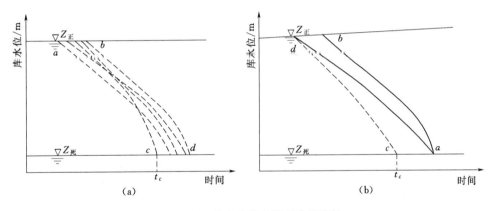

图 3-10 供水期基本调度线的绘制

（2）蓄水期基本调度线的绘制。

蓄水期水库发电调度图的任务是：在保证水电站正常工作和水库蓄满的前提下，应尽量利用多余水量加大出力，以增加水电站的发电量。蓄水期基本调度线的绘制方法，与供水期基本调度线的绘制方法一样，也是根据各典型年的设计来水过程，从各年的蓄水期末，自正常蓄水位开始，按保证出力进行逆算，求得各年相应的水库蓄水指示线，同样取上、下包线为上、下基本调度线，如图 3-11（a）所示。关于下基本调度线的起点 h，为了防止由于汛期来得较迟，而过早地降低出力可能引起正常工作的破坏，常将 h 点向后移至汛期出现最迟的时刻 h' 点，如图 3-11（b）所示。

将供、蓄水期基本调度线合并，并绘于一张图上，便得到水电站水库的基本调度图，如图 3-12 所示。

以上是基本调度线按供、蓄水期分别绘制方法。有时也可按整个调节期（年）连续绘制，其做法是从供水期末死水位开始，逆时序计算至供水期初，又接着推算至蓄水期。库水位回落到死水位为止，然后取上下包线，并进行修正得出上、下基本调度线。两种绘制

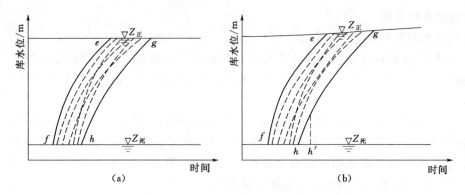

图 3-11　蓄水期基本调度线的绘制

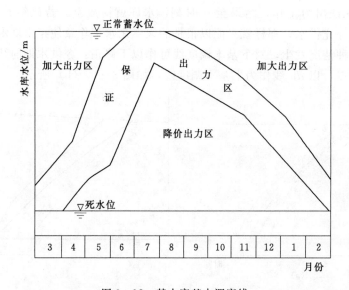

图 3-12　某水库基本调度线

方法的成果基本是一致的。对于在径流年内分配特性不大稳定的河流上，可多选几个径流年内分配不利的典型年进行计算，以提高防破坏线的可靠性。

（四）多年调节水库发电调度线的绘制

多年调节水库水电站的基本调度线原则上也可按年调节水电站水库相同的原理和方法来绘制，所不同的是将设计枯水年组代替设计枯水年，即将连续的枯水年当作供水期，连续的丰水年组当作蓄水期，构成一个调节周期，以发出保证出力电能进行逆时序的多年调节计算，绘成库水位过程线，即水库多年调节蓄水指示线。

但是在有限的水文资料中，多年调节周期数只有几个，用上述方法作出的基本调度线来指导水库调度是不可靠的，同时这种绘制方法也很繁杂，实际上常采用简化的方法，即以典型年法来绘制多年调节水库的基本调度线。

为了保证连续枯水年组内都能按水电站保证出力图工作，只有当多年库容蓄满后还有多余水量时才允许加大出力。在多年库容放空后而来水不足以发电保证出力时，才允许降低出力，根据上述要求，用计算典型年法绘制多年调节水库基本调度线时，不研究多年调节的整个调节周期，而只研究其供水期的第一年（又称第一计算年）和最后一年（又称第二计算年），多年调节水库的上基本调度线和下基本调度线，应该以第一计算年和第二计算年能够发现保证出力的天然来水，以年度为单位进行绘制。

应该指出，第一计算年和第二计算年的选用条件（发出保证出力的水量）虽然相同，但它们的年水量是不相等的，第二计算年的年水量比第一计算年要大，因为前者水头较低（多年库容放空），后者水头较高（多年库容已蓄满），尽管它们的发电出力相同，但是由于水头的影响，下基本调度线的年消落深度比上基本调度线的要大一些。

如果将多年调节水电站水库的基本调度图，同年调节水电站的基本调度线图作一对照，可以看出，其主要区别就在于多年调节水库的保证工作区扩大了，扩大的范围正好同多年库容部分相当。

三、调度实施

在实施调度中，应根据应时的库水位和前期来水情况，参照调度图和水文气象预报，调整调度计划。

（1）当实时库水位落在加大供水区时，水库可加大发电或作其他要求供水（加大下游水生态用水等）。

（2）当实时库水位落在限制供水区时，按用水部门的重要程度，以"保重点、限中等、停一般"的原则进行控制。通常按以下次序进行：

1）保证城镇居民生活用水、医院等公共单位正常用水。

2）保证重要工业（不能因停水而停产）正常用水。

3）压缩农业灌溉用水。

4）压缩其他用水。

（3）当实时库水位或在城乡生活供水区时，按用水部门的重要程度，以"限重点、停中等和一般"的原则进行控制。通常按以下次序进行：

1）压缩城镇居民生活用水、医院等公共单位用水。

2）压缩重要工业（不能因停水而停产）用水。

3）停止农业灌溉用水。

4）停止一般工业用水。

5）停止其他用水。

也可根据各水库实际情况，必要时由当地政府调度供水。

另外，随着水库实测水文系列的增加，出现了更为不利的年内径流分配，或下游用水量发生较大变化，或水库出现险情隐患，需临时降低蓄水情况时，均应及时计算修正水库兴利调度图，使之更趋于现实性、可靠性和合理性。

对于多年调节水库，在正常蓄水情况下，一般应控制调节年度末库水位不低于规定的年消落水位，为连续枯水年的用水储备一定的用水量。

当遇到特殊的干旱年，水库水位已落于兴利调度图的限制供水区时，应根据当时具体情况核减供水量，重新调整各用水部门的用水量，经上级主管部门核准后执行。

四、水库供水调度

供水调度以初步设计供水任务为基础，考虑经济社会发展保障流域或区域生活生产供水基本需求。结合水资源状况和水库调节性能，明确城镇供水、灌溉供水、工业供水和农村引水保障等不同供水任务的优先顺序，做好供水任务之间的协调。高效利用水资源与节约用水；发生供水矛盾时，应优先保障生活用水。

以供水为主要任务的水库，应首先满足供水对象的用水要求。当水库承担多目标供水任务时，应明确各供水对象的用水权益、供水顺序、供水过程及供水量。水库供水调度遇干旱等特殊供水需求时，应当服从有调度权限的防汛抗旱指挥部门调度，并严格执行经批准的所在流域或区域抗旱规划和供水调度方案要求。

根据初步设计确定的河流生态保护目标和生态蓄水流量，拟定满足生态要求的调度方式及相应控制条件。

五、水库发电、航运和泥沙调度

1. 发电调度

（1）应明确发电调度的任务、原则，以及发电调度与其他调度的关系。

（2）根据水库调节性能、入库径流、电站在电力系统中的地位和作用，合理控制水位和调配水量，结合电力系统运行要求，协调与其他用水部门以及上下游水电站的联合运行关系，合理确定调度方式。

（3）水轮机应按照运行特性曲线选择较好的工况运行。

（4）年调节和多年调节电站的调度应根据蓄水及来水情况采用保证出力、加大出力、机组预想出力、降低出力等不同运行方式并绘制发电调度图，按调度图进行调度。

（5）水电站的发电调度应按照水行政主管部门审定的调度指标，根据入网条件确定合理的调度方式。

2. 航运调度

（1）航运调度的任务与原则，在保证枢纽工程安全和其他防护对象安全的基础上，按设计要求发挥水库上、下游的航运效益。

（2）以航运为主要任务的水库，应根据航道水深、水位变幅或流速的要求，确定相应的调度方式；兼顾航运任务的水库，在满足主要调度任务的情况下，确定相应的航运调度方式。

（3）有船闸、升船机等过坝通航建筑物的水库，应确定过坝航运调度方式，明确洪水期为保障大坝和通航安全，对航道和过坝设施采取限航或停航的有关规定。

3. 泥沙调度

（1）根据水库泥沙调度的任务与原则，在保证防洪安全和兴利调度的前提下，减少水库的泥沙淤积和下流河道的淤堵。

（2）多沙河流水库宜合理拦沙，以排为主，排拦结合；少沙河流水库应合理排沙，以拦为主，拦排结合。泥沙调度应以主汛期和沙峰期为主，结合防洪及其他调度合理排拦泥沙。

（3）减少库区淤积而设置的排沙及其控制条件，或为减少下游河道淤积而设置的调水调沙库容及其判别条件。

（4）制定泥沙淤积监测方案，对泥沙淤积情况进行评估，为优化泥沙调度方式提供依据。

第五节 综合运用调度

一般来说，水库可能担负的任务包括防洪、灌溉、发电、供水、航运、防凌、养殖、旅游等。凡是担负两种或两种以上任务的水库，均属综合利用水库。对于综合利用水库，水库综合利用调度是解决各部门之间矛盾，更好地发挥水库综合效益的一种重要途径和措施。

综合利用水库各用水部门有各自的用水要求，各用水部门在用水数量、时间和质量方面除有互相适应的一面外，还有互相矛盾的一面。

举例来说，筑坝抬高水位，使水电站落差增大，使引水灌溉的控制面积增大，上游航深增加，航线也缩短；同时由于水库调节性能增加，使枯水期通航流量、发电流量也增加，这些都是互相适应的一面。但另一方面，由于灌溉、航运的需要，可能限制水库消落深度，使调节性能降低，于发电不利；电站下游日调节时的不稳定水流，又可能增加航运困难；至于防洪与兴利要求之间，则往往矛盾更多。因此，从经济意义来看，为了最大限度地发挥水库的综合经济效益，无论在规划设计中还是运行调度中都应着重研究如何协调各用水部门的要求，研究有关参数（如库容、供水量等），以更好地发挥和实现水库的综合利用。如何处理各用水部门之间的矛盾，调整它们之间的关系，在最大限度满足各用水部门要求的基础上，达到综合效益最大，就是水库综合利用调度的最终目的。由于灌溉、发电、防洪各自的调度方法，在前面已作介绍。本节着重简述防洪与兴利关系的处理；多沙河流水库的控制运用及国民经济其他部门对水库调度的要求。

一、防洪与兴利结合的水库调度

担负有下游防洪任务和兴利（发电、灌溉等）任务的水库，调度的原则是在确保大坝安全的前提下用防洪库容来优先满足下游防洪要求，并充分发挥兴利效益。在这一原则指导下，拟定防洪与兴利结合的运行方案。

（一）防洪库容与兴利库容的结合形式

兼有防洪和兴利任务的水库，其防洪库容和兴利库容结合的形式主要有以下三种：

（1）防洪库容与兴利库容完全分开。这种形式即防洪限制水位和正常蓄水位重合，防洪库容位于兴利库容之上，如图 3-13（a）所示。

（2）防洪库容与兴利库容部分重叠。这种形式即防洪限制水位在正常蓄水位和死水位之间，防洪高水位在正常蓄水位之上，如图 3-13（b）所示。

（3）防洪库容与兴利库容完全结合。这种形式中最常见的是防洪库容和兴利库容完全重叠的情况，即防洪高水位与正常蓄水位相同，防洪限制水位与死水位相同，如图 3-13（c）所示。

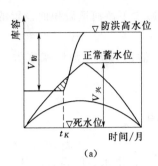 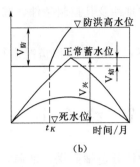 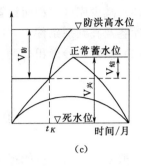

图 3-13 防洪库容与兴利库容的结合形式

此外，还有防洪库容是兴利库容的一部分和兴利库容是防洪库容的一部分两种情况。前者是防洪高水位与正常蓄水位重合，防洪限制水位在死水位与正常蓄水位之间。后者是防洪限制水位与死水位重合，防洪高水位在正常蓄水位之上。

三种形式中的第一种，由于全年都预留有满足防洪要求的防洪库容，防洪调度并不干扰兴利的蓄水时间和蓄水方式，因而水库调度简便、安全。但其缺点是由于汛期水位往往低于正常蓄水位，实际运行水位与正常蓄水位之间的库容可用于防洪，因而专设防洪库容并未得到充分利用。所以，这种形式只在降雨成因和洪水季节无明显规律、流域面积较小的山区河流水库，或者是因条件限制，泄洪设备无闸门控制的中、小型水库才采用。至于后两种形式，都是在汛期才留有足够的防洪库容，并且都有防洪与兴利共同的库容，正好弥补了第一种形式的不足。但也正是有共用库容，所以需要研究同时满足防洪与兴利要求的调度问题。我国洪水在年内分配上都有明显的季节性，如长江中游主汛期为 6—9 月，黄河中下游主汛期为 7—9 月。因此，水库只需在主汛期预留足够的防洪库容，以调节可能发生的洪水，而汛后可利用余水充蓄部分或全部防洪库容，从而提高兴利效益。所以，对于降雨成因和洪水季节有明显规律的水库，应尽量选择防洪库容和兴利库容相结合的形式。

（二）防洪和兴利结合的水库调度

1. 防洪和兴利结合的水库调度措施

兼有防洪和兴利任务的综合利用水库，在水库调度中，协调防洪与兴利矛盾的原则应是在确保水库大坝安全的前提下，尽量使兴利效益最大。为此，需要在研究掌握径流变化规律的基础上，采取分期防洪调度方式或利用专用防洪库容兴利和利用部分兴利库容防洪等措施。而在一次洪水的调度中，则可以利用短期径流预报和短期气象预报，采用预蓄预泄措施。因防洪需要提前预泄时，应尽量和兴利部门的兴利用水结合起来增加兴利效益。对于临近汛期末的预泄，在确保大坝安全的前提下，可适当减缓库水位的消落速度，延长消落至防洪限制水位的时间，以提高汛后蓄满兴利库容的概率。

对于分期洪水大小有明显区别、洪水分期事件稳定的水库：

（1）在不降低工程安全标准和满足下游防洪要求的前提下，可设置分期防洪限制水位。根据分期洪水设置汛期分期防洪限制水位时，分析洪水时段的划分应根据洪水成因和雨情、水情的季节变化规律确定，时段不宜过短，两期限制水位的衔接处宜设为过渡段。

（2）库区有重要防护对象的水库，可设置库区防洪控制水位。设置库区防洪控制水位时，应分析其对水库防洪任务的影响，并兼顾防洪和兴利要求拟定水库调度方式。

2. 防洪和兴利结合的水库调度图绘制与调度方式

防洪和兴利相结合的水库，其正常运行方式也需要通过水库调度图来控制实现，即也需要利用水库调度图来合理解决防洪和兴利在库容利用上的矛盾，并以调度图作为依据，来编制水库兴利年度计划和拟定防洪调度方式。因此，研究防洪和兴利相结合的水库调度，也需要从正确地拟定其调度图开始。对于防洪和兴利相结合的水库，其重点在于防洪调度线与兴利调度线组合在一起时，如何来调整两者之间不协调的问题。

对于防洪库容和兴利库容完全分开的综合利用水库，防洪调度线与兴利调度线并不相互干扰，可按之前单一任务的方法分别设置，如图3－14（a）所示。

对于防洪和兴利有重叠库容的综合利用水库，在分别绘制防洪调度线和兴利调度线后，如两种调度线不相交或仅相交于一点，如图3－14（a）、（b）所示，则它们就是既满足防洪要求又满足兴利要求的综合调度图。在这种情况下，汛期因防洪要求而限制的兴利蓄水位，并不影响兴利的保证运行方式，而仅影响发电水库的季节性电能。

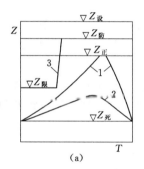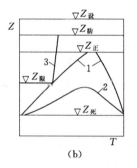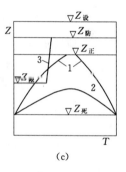

图3－14 防洪和兴利综合调度示意图

1—防破坏线；2—限制供水线；3—防洪调度线

若防洪调度线和兴利的防破坏线（即上基本调度线）各自包围的运行区相交，如图3－14（c）所示，则表示汛期若按兴利要求蓄水，蓄水位将超过防洪限制水位，而不能满足下游的防洪要求；若汛期控制蓄水位不超过防洪限制水位，汛后将不能保证设计保证率以内年份的正常供水，影响到兴利效益的发挥，对于这种兴利和防洪不相协调的情况，可做相应处理。

若水库以兴利为主，则兴利保证运行方式应予以保证，即不变动原设计的防破坏线位置，调度图如图3－15（a）所示。可根据防洪限制蓄水的截止时间 t_p，求得防破坏线相应时间的 b 点，b 点水位为满足水库充蓄的防洪限制水位。如仍要满足防洪要求，则防洪高水位必须抬高，使修改后的防洪库容还等于原设计的防洪库容，则图3－15（b）即为修改后的调度图。显然，前者将降低防洪效益，后者要看水库条件是否允许。

若水库以防洪为主，在满足防洪要求的情况下，各兴利调度方式如下：

（1）保证运行方式。来水效率在各开发任务设计保证率范围内的时段，应使各开发任务达到正常供水量；来水频率在各开发任务设计保证率中间的时段，设计保证率高于等于水库来水频率的开发任务正常供水，其他开发任务减少供水；水库来水频率高于各开发任

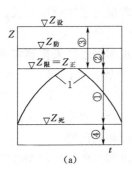 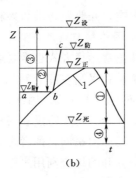 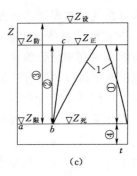

图 3-15 防洪与兴利调度线协调组合示意图
1—防破坏线；2—限制供水线；3—防洪调度线

务设计保证率时，按降低供水方式调度设计。

（2）加大供水方式。在丰水年或丰水段，应根据水库能力按开发任务次序向各兴利任务加大供水。

（3）降低供水方式。特枯年份或时段，可按各兴利任务的次序和保证率的高低分别减少供水。在这种供水方式下，应保持防洪调度线不变，修正兴利调度线，即将防破坏线下移，正常蓄水位降低，所调整后的调度图如图 3-15（c）所示。显然，修正后的调度图降低了兴利效益，但满足了防洪要求。具体调整方法是：以设计枯水年入库径流资料为来水过程，以降低后的用水为供水过程，以 a 点作为控制点进行调节计算，所得的与防洪调度线正好相交于 a 点的防破坏线及降低后的正常蓄水位线即是。

一座综合利用水库各用水部门有各自的用水要求，防洪与兴利间存在着一定的矛盾，调整各用水部门之间的关系、处理防洪与兴利之间矛盾的原则是：在确保工程安全的前提下，使水库的综合利用效益最大。要做好这项工作，必须要理论联系实际，因地制宜，要根据河川径流变化的特征和水库调蓄的能力决定防洪与兴利结合的形式。

例如，江西某水库，其多年平均年径流量为 300 亿 m^3，库容系数为 3%（兴利库容 10.2 亿 m^3），是一座以发电为主，兼顾防洪、灌溉的水库。水库的特点是：水量大、库容小，汛后蓄水有保障。为减少上游的淹没损失，决定防洪高水位与正常蓄水位齐平、防洪限制水位与死水位相等，即采用防洪库容与兴利库容完全结合的形式。

又如，东北某水库也是一座以发电为主的综合利用水库，其多年平均年径流量为 143 亿 m^3，库容系数为 0.37。它的防洪限制水位与正常蓄水位一致，防洪库容与兴利库容完全分开。其主要特点是，防洪库容除防洪外，又可拦蓄大水年份、或汛后来水较丰、遭遇汛末来洪的余水量，其超蓄库容达 20 多亿 m^3，有效地减少了蓄水期的弃水，增加了供水期的电能，提高了综合利用效益。

总之，要做好防洪与兴利结合的调度工作，必须是在保障安全的情况下，在研究掌握径流变化规律的基础上，结合上下游的防洪要求、库容的调蓄能力、提高汛后蓄满兴利库容的概率，从而充分利用水资源。

二、多沙河流水库调度

多沙河流上的水库为了控制泥沙淤积，在调节径流的同时还必须进行泥沙调节。在很多情况下，泥沙调节已成为选择多沙河流水库运用方式的控制因素。

（一）水沙调节运用类型

多沙河流水库的运用方式，按水沙调节程度的不同，可分为蓄泄运用、蓄清排浑运用、缓洪运用三种。

1. 蓄泄运用

蓄泄运用又称为拦洪蓄水运用。其特点是汛期拦蓄洪水，非汛期拦蓄基流。水库的蓄、放水只考虑兴利部门的要求，年内只有蓄水和供水两个时期，而没有排沙期。根据汛期洪水调节程度的不同，又分为蓄洪拦沙和蓄洪排沙两种形式，前者汛期洪水全部拦蓄，泥沙也全部淤在库内；后者汛期仅拦蓄部分洪水，当库水位超过汛限水位时排泄部分洪水，并利用下泄洪水进行排沙。蓄泄运用方式，由于水库对入库泥沙的调节程度较低，因而泥沙淤积速度较快，只适用于库容相对较大、河流含沙量相对较小的水库。

2. 蓄清排浑运用

蓄清排浑运用的特点是：非汛期拦蓄清水基流，汛期只拦蓄含沙量较低的洪水，洪水含沙量较高时则尽量排出库外。

蓄清排浑运用根据对泥沙调节的形式不同，又分为汛期滞洪运用、汛期控制低水位运用和汛期控制蓄洪运用三种类型。

（1）汛期滞洪运用。汛期滞洪运用是汛期水库空库迎汛，水库对洪水只起缓洪作用，洪水过后即泄空，利用泄空过程中所形成的溯源冲刷和沿程冲刷，将前期蓄水期和滞洪期的泥沙排出库外的运用方式。

（2）汛期控制低水位运用。汛期控制低水位运用是汛期不敞泄，但限制在某个一定的低水位（称排沙水位）下控制运用的方式。库水位超过该水位后的洪水排出库外，以排除大部分汛期泥沙，并尽量冲刷前期淤积泥沙。

（3）汛期控制蓄洪运用。汛期控制蓄洪运用是汛期对含沙量较高的洪水，采取降低水位控制运用，对含沙量较低的小洪水，则适当拦蓄，以提高兴利效益的运用方式。当水库泄流规模较大，汛期水沙十分集中，汛后基流又很小时，这种方式有利于解决蓄水与排沙的矛盾。

蓄清排浑运用方式是多沙河流水库常采用的运用方式，特别是我国北方地区干旱与半干旱地带的水库，水沙年内十分集中，采用这种方式，实践证明可以达到年内或多年内的冲淤基本平衡。

3. 缓洪运用

缓洪运用是由上述两种运用方式派生出来的一种运用方式，汛期与蓄清排浑运用相似，但无蓄水期。实际上，它又分为自由滞洪运用和控制缓洪运用两种形式。

（1）自由滞洪运用。自由滞洪运用是水库泄流设施无闸门控制，洪水入库后一般穿堂而过，水库不进行径流调节，只起自由缓滞作用的运用方式。水库大水年淤，平枯水年冲；汛期淤，非汛期冲；涨洪淤，落洪冲，冲淤基本平衡。

（2）控制缓洪运用。控制缓洪运用是有控制地缓洪，用以解决河道非汛期无基流可蓄，而汛期虽有洪水可蓄但含沙量高，不适于完全蓄洪的矛盾。

（二）水库的泥沙调度方式

1. 以兴利为主的水库的泥沙调度方式

泥沙调度是以保持有效库容为主要目标的水库，宜在汛期或部分汛期控制水库水位调沙，也可按分级流量控制库水位调沙，或不控制库水位采用异重流或敞泄排沙等方式。以引水防沙为主要目标的低水头枢纽、引水式枢纽，宜采用按分级流量控制库水位调沙或敞泄排沙等方式。多沙河流水库初期运用的泥沙调度宜以拦沙为主；水库后期的泥沙调度宜以排沙或蓄清排浑、拦排结合为主。采用控制库水位调沙的水库应设置排沙水位，研究所在河流的水沙特性、库区形态和水库调节性能及综合利用要求等因素，综合分析确定水库排沙水位、排沙时间。兼有防洪任务的水库，排沙水位应结合防洪限制水位研究确定。防洪限制水位时的泄流能力，应不小于两年一遇的洪峰流量。应根据水库泥沙调度的要求设置调沙库容。调沙库容应选择不利的入库水沙组合系列，结合水库泥沙调度方式通过冲淤计算确定。采用异重流排沙方式，应结合异重流形成和持续条件，提出相应的工程措施和水库运行规则。对于承担航运任务的水库，调度设计中应合理控制水库水位和下泄流量，注意解决泥沙碍航问题。

2. 以防洪、减淤为主的水库的泥沙调度方式

调水调沙的泥沙调度一般可分为两个大的时期：一是水库运用初期拦沙和调水调沙运用时期；二是水库拦沙完成的蓄清排浑调水调沙的正常运用时期。

水库初期拦沙和调水调沙运用时期的泥沙调度方式，应研究该时期水库下游河道减淤对水库运用和控制库区淤积形态及综合利用库容的要求，并统筹兼顾灌溉、发电等其他综合利用效益等因素。研究水库泥沙调度方式指标，综合拟订该时期的泥沙调度方式。

（1）水库初始运用起调水位应根据库区地形、库容分布特点，考虑库区干支流淤积量、部位、形态（包括干、支流倒灌）及起调水位下蓄水拦沙库容占总库容的比例、水库下游河道减淤及冲刷影响、综合利用效益等因素，通过方案比较拟订。

（2）调洪流量要考虑下游河道河势及工程险情、河道主槽过流能力、河道减淤效果及冲刷影响、水库的淤积发展及综合利用效益等因素，通过方案比较拟订。

（3）调控库容要考虑调水调沙要求、保持有效库容要求、下游河道减淤及断面形态调整、综合利用效益等因素，通过方案比较拟订。

水库正常运用时期蓄清排浑调水调沙运用的泥沙调度方式，要重点考虑保持长期有效库容和水库下游河道要继续减淤两个方面的要求，并统筹兼顾灌溉、发电等其他综合利用效益等因素。研究水库蓄清排浑调水调沙运用的泥沙调度指标和泥沙调度方式，保持水库长期有效库容以发挥综合利用效益。

3. 梯级水库的泥沙调度方式

梯级水库联合防沙运用，一般应根据水沙特性和工程特点，拟订梯级运行组合方案，采用同步水文泥沙系列，分析预测泥沙冲淤过程，通过方案比较，选择合理的梯级泥沙联合调度方式。

梯级水库联合调水调沙运用，应根据水库下游河道的减淤要求、水沙特性和工程特点，拟订梯级联合调水调沙方案，采用同步水文泥沙系列，分析预测库区淤积、水库下游河道减淤效益及兴利指标，通过综合分析，提出梯级联合调水调沙调度方式。

三、其他方面的水库调度

综合利用以取得最大综合效益是水库调度的基本原则。水库除了担任防洪、发电、给水、灌溉的任务外，还有航运旅游、水产养殖、环境影响等其他方面的要求。应通过调度运用，最大限度地满足各方面的要求，尽一切可能将不利影响转化为有利影响。由于有些问题比较复杂，需要进行专门的研究，下面仅概略地将其他方面对水库调度的要求做一简要介绍。

1. 航运、旅游对水库调度的要求

航运的燃料消耗远低于公路运输和空运，因此，它是交通事业的一个重要组成部分。水库建成以后，上游形成了一段深水航道，下游由于水库调节了径流，可以增加枯水季节的流量，所以航运对水库调度的基本要求是：下游河段要求水库下泄流量不小于某一个数值（对流速也有一定要求），下游水位的变幅不大于某一个范围。水库的上游，要求尽量保持较长时期的高水位，但要注意避免航道的淤积。

在设计航运调度的时候要遵循以下两条原则：一是水库航运调度设计中应以流域或河段综合利用规划以及航运规划为依据，根据水库工程条件，发挥其航运作用；二是水库航运调度设计中应协调好航运的近期与远期、上游与下游以及干流与支流等多方面的相互关系。

一座水库工程的建成，尤其是建立在山清水秀、风光绮丽的大自然的环境之中的水库，吸引着许多人来观光游览。因此，要求水库在调度工作中要加强水文气象预报工作，使水库洪枯水位的变幅减小，水库周边的淹没痕迹显露时间周期最短，以充分照顾周围景物的协调。

2. 防凌工作对水库调度的要求

在一定的气候条件和特定的环境下，在封河时期和开河时期，江河因结冰和融化而造成壅水出现的汛情，称为凌汛。利用水库防御凌汛来部分地改变发生凌汛的某些因素，从而达到减缓和免除凌汛的目的，就是防凌工作的水库调度。

水库防凌调度运用方式，应根据水库所承担的防凌任务和水库大坝本身及上、下游河道的防凌要求，结合凌汛期气象、水情、冰清等因素合理拟定。水库对大坝本身的防凌安全调度应根据设计来水、来冰过程，结合泄水建筑物的泄流规模，按满足大坝防凌安全的设计排凌水位排凌运用。水库对上游河道的防凌调度应根据水库末端冰凌壅水影响程度，按满足水库上游河道防凌调度要求的设计库区防凌控制水位运用。水库对下游河道防凌调度应根据气象条件、上游来水情况以及下游河道凌情，按满足水库下游河道防凌调度要求的设计防凌限制水位运用，并结合凌汛期不同阶段下游河道冰下过流能力和防凌安全泄量控泄流量。凌汛期应实行全过程调节。

如黄河某水库在每年12月至次年2月凌汛之前，蓄水5亿～7亿 m^3，在下游河道封冻前夕，利用这部分水量加大下泄流量，以推迟下游河道的封冻时间，抬高形成冰盖的水位，增大冰盖下的过水能力，直到1月中旬至2月底，水库限制下泄水量，进入防凌蓄水，以确保下游河道防凌的安全。

3. 工业城市供水对水库调度的要求

我国目前工业及城市用水水平比起发达国家还很低，但随着工业的发展及人民生活水平的提高，用水量必将大大增加。而目前水源已经十分紧张，相当多的大中型城市已经受到缺水的威胁，天津市在引滦入津工程完成以前便是突出的例子。因此，工业及城市供水的任务必将变得越来越重要。

工业及城市供水的特点是保证程度较高，一般要求保证率在 95% 以上，有的甚至高达 98%、99%，故不少以供水为主要任务的水库为多年调节水库。

此外，年内供水的过程除受季节影响略有波动外，一般是比较均匀的。工业城市供水有比较高的水质要求，应当控制进入水库的污染源，并控制泥沙。

对于工业用水，应当大力推广循环使用，这样可以大幅度减少实用水量，达到节约用水、扩大效益的目的。

4. 水产养殖对水库调度的要求

水位变动频繁库水交换量大是水库的主要特征。水位升降频繁，不仅使鱼类索饵面积发生变化，而且使沿库岸带水生植物和底栖动物的栖息环境恶化。草上产卵的鱼类常因水位骤降而失去产卵附着物，使草上卵子死亡，从而减少种群数量。库水交换量大，交换次数多，大量有机物质和营养盐类流失，也会降低渔产性能。因此，水库在运用调度中应考虑到渔业利用的需要，尽可能为经济鱼类的养殖提供适宜的条件，以提高渔产力。

在水库的坝下游河段，多数鱼类的繁殖期在春末夏初，一些在流水中繁殖的鱼类，需要有一定的涨水条件，而在此时期内，由于水库蓄洪得不到满足，鱼类就得不到相应的繁殖。因此，在水库调度中也应注意到这种情况，尽量使坝下游河段在鱼类的繁殖期有一个涨水的过程。此外，由于筑坝阻隔河道，对一些回游性鱼类产生不利影响，也是个值得注意的问题。

5. 环境保护对水库调度的要求

修建水库无疑会带来巨大的经济效益和社会效益，但也会对周围环境产生相当大的影响。这些影响中有的是积极的，有的却是消极的。例如，库区遗留的无机物残渣增加了库水的浑浊度，影响到光在水中的正常透射，从而打乱了水下无脊椎动物的索饵过程，破坏了原有的生态平衡。库区原有地面植被和土中有机物淹没后在水中分解消耗了水中的溶解氧，而水库深层水中的溶解氧又不易补充，因此水库深层泄放的水可造成下游若干千米以内水生生物的死亡，显著缩小了鱼类的活动范围。而发电总是在底层取水，在春、夏季泄放冷水至下游对灌溉与渔业均不利。水库蓄水期间，泄放流量较小，使下游河道的稀释自净能力降低，加重了水质的恶化，也影响到下游河段的水生生物。水库蓄水后水面的扩大为疟蚊的生长提供了孳生地，也为某些生活周期的全部或部分是在水中传播的某些疾病的媒介物的生存提供了条件等。所有这些消极的影响，有的必须通过工程措施才能解决，有的则可以通过改变水库调度方式来改善或消除。例如，为了改善下游河道水质，可以在查清控制河段污染的临界时期基础上，在临界时期内改变水库的供水方式与供水量，使泄量增加以利于下游稀释和冲污自净。为了解决水库水温结构带来的影响，可以采取分层取水的措施，在下游用水对水温有要求时，通过分层引水口引水来满足。为了防止水库的富营养化，既要控制污染源，防止营养盐类在水库的积累，又要尽可能地采用分层取水的办法将含丰富营养盐类的水流排出库外。为了控制蚊子繁殖，在蚊子繁殖季节，库水位可在一定时间内作必要的升降，就可以破坏蚊子的繁殖条件和生命周期。

第四章 检 查 监 测

水工建筑物的检查监测是水库工程建设和管理中的一个重要环节，是水库工程管理工作中必不可少的组成部分。如果水库管理人员不对水工建筑物进行检查监测，不及时了解工程的工作状况，盲目地进行运用是十分危险的。为确保水库工程安全运行，我国现行的有关水工建筑物的设计、施工以及管理的规范和通则中，对水利工程中建筑物的检查监测的项目、监测仪器设备的布设、检查监测的方法以及对监测设备和监测资料的验收交接都有明确的规定。设计部门在进行工程设计的同时也应进行监测设计，施工部门应指定专人负责安装埋设监测设备。检查监测工作是水库工程管理的重要工作内容，是保证水库能够正常运行的关键。

第一节 土石坝的检查监测

一、土石坝巡视检查的项目与内容

土石坝是指由当地土料、石料或土石混合料、经过抛填、碾压等方法堆筑成的挡水建筑物，其断面示意图如图 4-1 所示。由于填筑坝体的土石料为散粒体，抗剪强度低，颗粒间孔隙较大，因此易受到渗流、冲刷、沉陷、冰冻、地震等方面的影响，因此应加强土石坝的检查监测。

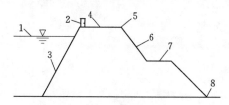

图 4-1 土石坝断面示意图

1—设计洪水位；2—防浪墙；3—迎水坡；
4—坝顶；5—坝肩；6—背水坡；
7—戗台；8—坝脚

土石坝巡视检查的内容可根据各大坝的具体情况经充分分析后确定。根据《土石坝安全监测技术规范》（SL 551—2012），土石坝的巡视检查一般包括以下项目和内容。

1. 坝体主要检查内容

（1）坝顶有无裂缝、异常变形、积水或植物滋生等现象；防浪墙有无变形、裂缝、挤碎、架空、倾斜和错断等情况。

（2）迎水坡护面或护坡是否损坏；有无裂缝、剥落、滑动、隆起、塌坑、冲刷或植物滋生等现象；近坝水面有无冒泡、变浑、漩涡和冬季不冻等异常现象。块石护坡有无翻起、松动、塌陷、垫层流失、架空或风化变质等损坏现象。

（3）混凝土面板堆石坝应检查面板之间接缝的开合情况和缝间止水设施的工作状况；面板表面有无不均匀沉陷，面板和趾板接触处沉降、错动、张开情况；混凝土面板有无破损、裂缝，表面裂缝出现的位置、规模、延伸方向及变化情况；面板有无溶蚀或水流侵蚀现象。

（4）背水坡及坝趾有无裂缝、剥落、滑动、隆起、塌坑、雨淋沟、散浸、积雪不均匀融化、冒水、渗水坑或流土、管涌等现象；表面排水系统是否通畅，有无裂缝或损坏，沟内有无垃圾、泥沙淤积或长草等情况；草皮护坡植被是否完好；有无兽洞、蚁穴等隐患；滤水坝趾、减压井等导渗降压设施有无异常或破坏现象；排水反滤设施是否堵塞和排水不畅，渗水有无骤减骤增和浑浊现象。

2.坝基和坝区主要检查内容

(1) 基础排水设施的工况正常；渗漏水的水量、颜色、气味及浑浊度、酸碱度、温度有无变化；基础廊道是否有裂缝、渗水等现象。

(2) 坝体与岸坡连接处有无错动、开裂及渗水等情况；两岸坝端区有无裂缝、滑动、滑坡、崩塌、溶蚀、隆起、塌坑、异常渗水和蚁穴、兽洞。

(3) 坝趾近区有无阴湿、渗水、管涌、流土或隆起等现象；排水设施是否完好。

(4) 坝端岸坡有无裂缝、塌滑迹象；护坡有无隆起、塌陷或其他损坏情况；下游岸坡地下水露头及绕坝渗流是否正常。

(5) 有条件应检查上游铺盖有无裂缝、塌坑。

3.输、泄水洞（管）主要检查内容

(1) 引水段有无堵塞、淤积、崩塌。

(2) 进水口边坡坡面有无新裂缝、塌滑发生，原有裂缝有无扩大、延伸；地表有无隆起或下陷；排水沟是否通畅、排水孔工作是否正常；有无新的地下水露头，渗水量有无变化。

(3) 进水塔（或竖井）混凝土有无裂缝、渗水、空蚀或其他损坏现象；塔体有无倾斜或不均匀沉降。

(4) 洞身有无裂缝、坍塌、鼓起、渗水、空蚀等现象；原有裂（接）缝有无扩大、延伸；放水时洞内声音是否正常。

(5) 出水口在放水期水流形态、流量是否正常；停水期是否有水渗漏。

(6) 消能工有无冲刷、磨损、淘刷或砂石、杂物堆积等现象，下游河床及岸坡有无异常冲刷、淤积和波浪冲击破坏等情况。

(7) 工作桥是否有不均匀沉陷、裂缝、断裂等现象。

4.溢洪道主要检查内容

(1) 进水段有无坍塌、崩岸、淤堵或其他阻水现象；流态是否正常。

(2) 堰顶或闸室、闸墩、胸墙、边墙、溢流面、底板有无裂缝、渗水、剥落、冲刷、磨损、空蚀等现象；伸缩缝、排水孔是否完好。

5.闸门及启闭机主要检查内容

(1) 闸门有无变形、裂纹、脱焊、锈蚀及损坏现象；门槽有无卡堵、气蚀等情况；启闭是否灵活；开度指示器是否清晰、准确；止水设施是否完好；吊点结构是否牢固；栏杆、螺杆等有无锈蚀、裂缝、弯曲等现象。钢丝绳或节链有无锈蚀、断丝等现象。

(2) 启闭机能否正常工作；制动、限位设备是否准确有效；电源、传动、润滑等系统是否正常；启闭是否灵活可靠；备用电源及手动启闭是否可靠。

6.近坝岸坡主要检查内容

(1) 岸坡有无冲刷、开裂、崩塌及滑移迹象。

(2) 岸坡护面及支护结构有无变形、裂缝及错位。

（3）岸坡地下水露头有无异常，表面排水设施和排水孔工作是否正常。

影响土石坝安全运用的病害，主要有裂缝、渗漏、滑坡等，因此巡查时这些方面应是重点。

二、土石坝监测的项目与内容

（一）土石坝变形监测

对于土石坝而言，必设的变形监测项目是表面水平位移和表面垂直位移监测。

1. 水平位移监测

水平位移常用的监测方法分为两大类：一类是基准线法，是通过一条固定的基准线来测定监测点的位移，常见的有视准线法、引张线法、激光准直法、垂线法；另一类是大地测量方法，主要是以外部变形监测控制网点为基准，以大地测量方法测定被监测点的大地坐标，进而计算被监测点的水平位移，常见的有交会法、精密导线法、三角测量法、GPS观测法等。下面介绍视准线法和GPS观测法。

（1）视准线法。

1）观测原理。视准线法是在坝体两端岸坡上各建立一个工作基点（图4-2），通过两工作基点构成一条基准线，测量坝体某点到基准线的距离，其距离变化量即为该点的坝体位移。

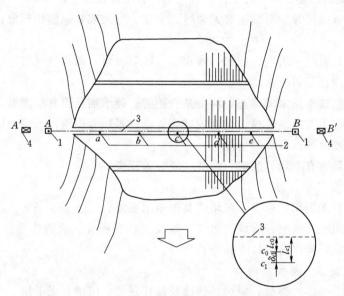

图4-2　视准线法观测水平位移示意图
1—工作基点；2—位移标点；3—视准线；4—校核基点

2）观测仪器和设备。视准线法观测水平位移，通常用经纬仪进行。一般大型水库的土坝水平位移，可使用 J_6 级或 J_2 级经纬仪进行观测。土坝长度超过500m以及比较重要的水库，最好使用 J_1 级经纬仪进行观测。对于视准线长度超过500m（或曲线形坝）的变形观测，可以采用全站仪观测。

观测设备主要包括工作基点、校核基点、位移标点、观测觇标等。

3）观测方法。用视线法观测水平位移，视线长度受光学仪器的限制，一般前视位移标点的视线长度在 250～300m，可保证要求的精度。坝长超过 500m 或折线形坝，则需增设非固定工作基点，以提高精度。观测方法有活动觇牌法和小角法，下面介绍活动觇牌法。

a）坝长小于 500m 时。对于坝长小于 500m 的坝，坝体位移标点可分别由两端工作基点观测，使前视距离不超过 250m。观测时，在工作基点 A 上安置经纬仪，后视另一端的工作基点 B 的固定觇标，固定经纬仪上下盘。然后前视离基点 A 1/2 坝长范围内的位移标点。观测每个位移标点时，用旗语或报话机指挥位于标点的持标者，移动位移标点上的活动觇标，使觇标中心线与望远镜竖丝重合，由持标者读出活动觇标分划尺上位移标点中心所对的读数，读数两次取均值。再倒镜观测一次，取正倒镜两次读数的平均值作为第一测回的成果，正镜或倒镜两次读数差应不大于 2mm。同法再测第二测回，两测回观测值之差应不大于 1.5mm。如此，依次观测工作基点 A 至坝长中点之间的位移标点。再在工作基点 B 上安置经纬仪，后视工作基点 A，依次观测坝长中点至工作基点 B 之间的位移标点。

视准线法观测水平位移的记录表见表 4-1。

表 4-1　　　　　　　　　　　　　　**水平位移观测记录表**

（视准线法）

测站 A　后视 B　　　　观测者：_____　　记录者：_____　　校核者：_____

测点	测回	观测日期			正镜读数			侧镜读数			一测回读数	二测回平均读数	埋设偏距	上次位移量	间隔位移量	累计位移量	说明
		年	月	日	次数	读数	平均值	次数	读数	平均值							
下 39 (0+200)	1	1976	11	25	1	+86.4	+85.4	1	+83.5	+83.0	+84.2	83.8	+78.4	+82.2	+1.6	+5.4	
					2	+84.4		2	+82.5								
	2				1	+84.2	+84.7	1	+81.4	+82.0	83.4						
					2	+85.2		2	+82.6								

注　1. 埋设偏距为位移标点初测成果，即首次观测的平均读数。

　　　2. 位移方向向下游者读数为"＋"，向上游者读数为"－"。

b）坝长大于 500m 时。当坝长超过 500m，观测位移标点的视距超过 250m，因此，需在坝体中间增设非固定工作基点。如图 4-3 所示，在视准线中点附近坝体增设非固定工作基点 M。当坝体发生变形后，M 点也随坝体发生位移至 M'。进行位移观测时，首先由工作基点 A 和 B，测定 M' 点的位移量。观测应进行两个测回，各测回成果与平均值的偏差应不大于 2mm，然后将经纬仪安置在 M' 点后视 A 和 B，观测 M' 点前后各 250m 范围内位移标点的位移量。其他位移标点由固定工作基点 A 和 B 后视 M' 进行观测，如图 4-3 所示。

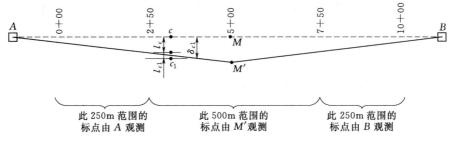

图 4-3　长坝增设非固定工作基点观测位移示意图

由于视准线法观测位移的视线不宜超过 300m，故即使增设非固定工作基点，最大坝长也不宜超过 100m。对坝长超过 1200m 的坝，则应采用其他方法，如前方交会法等进行观测。

（2）GPS 观测法。

GPS 进行水平位移监测应用 GPS 全球卫星定位技术，采用 GPS 技术进行变形监测有以下特点：测站间无需通视、可同时提供测点三维位移信息、可以全天候监测、操作简便。

GPS 系统由一个监测中心和多个野外监测区域构成。每个监测区域设置一个机箱，内含一台 GPS 接收机、一块数据采集器电路板、一个 GSM 数据传输模块以及直流电源等部分；监测中心只包含 GSM 模块和用作 GPS 差分解算的 PC 机。系统工作时将 GPS 接收机安放于监测点的位置上，各点的 GPS 接收机都按预先设定好的时段参数同时进行观测，原始数据暂存于各自采集器的 RAM 中。观测结束后，各监测区依次通过 GSM 模块及 GSM 网络将数据传送至监测中心 PC 机，进行后台差分解算，得出各监测点间基线向量的长度及高程差。若把其中一个或多个监测点设置于绝对固定的参考位置上，则每次解算后均可得到其他监测点较参考点的相对位移值，包括水平位移和垂直位移。在两个或多个观测站同步观测相同卫星的情况下，卫星的轨道误差、卫星钟差、接收机钟差以及电离层和对流层的折射误差等对观测量的影响具有一定的相关性，利用这些观测量的不同线性组合，如在卫星间求差、在接收机间求差或者在不同历元间求差等可有效地消除或减弱相关误差的影响，提高系统的相对定位的精度。

2. 垂直位移监测

垂直位移是大坝安全监测的主要项目之一，常用的方法有精密水准测量法、静力水准测量法、三角高程法及 GPS 技术等。

土石坝垂直位移观测周期与水平位移观测周期一样，通常两项观测同期进行。土石坝、混凝土坝的垂直位移都可用上述几种方法进行观测。为叙述方便、避免重复，在本节统一介绍，下面介绍精密水准测量法。

精密水准测量法是目前大坝垂直位移观测的主要方法。用精密水准测量法监测大坝垂直位移时，应尽量组成水准网。一般采用三级点位，即水准基点、起测基点和位移标点；两级控制，即由起测基点观测垂直位移标点、再由水准基点校测起测基点。如大坝规模较小，也可由水准基点直接观测位移标点。水准基点和起测基点设在大坝两岸不受坝体变形影响的部位，垂直位移标点布设在坝体表面，通过观测位移标点相对水准基点的高程变化计算测点垂直位移值。每次观测进行两个测回，每个测回对测点测读 3 次。观测的往返闭合差按《国家一、二等水准测量规范》（GB/T 12897—2006）的有关规定执行。垂直位移的计算公式为

$$\Delta Z_i = Z_0 - Z_i \tag{4-1}$$

式中　ΔZ_i——第 i 次测得测点的累计垂直位移；

Z_0、Z_i——测点的始测高程和第 i 次测得的高程。

测点的间隔垂直位移由式（4-2）计算，即

$$\Delta Z_{ji} = \Delta Z_i - \Delta Z_{i-1} = Z_{i-1} - Z_i \tag{4-2}$$

式中　ΔZ_{ji}——第 i 次测得的间隔垂直位移；

其余符号意义同式（4-1）。

土石坝垂直位移观测的测点布置要求与水平位移测点布置要求一样。因此，垂直位移测点与水平位移测点常结合在一起，只需在水平位移标点顶部的观测盘上加制一个圆顶的金属标点头。

3. 裂缝观测

根据《土石坝安全监测技术规范》（SL 551—2012）的规定，对已建坝的表面裂缝（非干缩、冰冻缝），凡缝宽大于 5mm，缝长大于 5m，缝深大于 2m 的纵、横向裂缝，以及危及大坝安全的裂缝，均应横跨裂缝布置表面测点进行裂缝开合度监测。裂缝的观测内容包括裂缝的位置、走向、长度、宽度和深度等，详见表 4-2。

表 4-2　　　　　　　　　　　　　　　年度裂缝分布统计表

工程部位：

序号	发现日期	裂缝编号	裂缝位置			裂 缝 描 述					
			桩号/m	轴距/m	高程/m	长度/m	宽度/m	深度/m	走向	倾角/(°)	错距/cm

统计者：　　　　　　　　　　　　　　　　　　　　校核者：

观测裂缝位置时，可在裂缝地段按土坝桩号和距离，用石灰或小木桩画出大小适宜的方格网进行测量，并绘制裂缝平面图。裂缝长度可用皮尺沿缝迹测量。对于缝宽，可在整条缝上选择几个有代表性的测点。在测点处裂缝两侧各打一排小木桩，木桩间距以 50cm 为宜。木桩顶部各打一小铁钉。用钢尺量测两铁钉距离，其距离的变化量即为缝宽变化量。也可在测点处撒石灰水，直接用尺量测缝宽。裂缝深度观测，可在裂缝中灌入石灰水，然后挖坑或钻孔探测，深度以挖至裂缝尽头为准，可量测缝深和走向。对表面裂缝的长度和可见深度的测量，应精确到 1cm，宽度应精确到 0.2mm；对于深层裂缝，除按表面裂缝的要求测量裂缝深度和宽度外，还应测定裂缝走向，精确到 0.5°。

土坝裂缝巡测的测次，应视裂缝发展情况而定。在裂缝发生的初期，应每天巡测 1 次。待裂缝发展缓慢后，可适当延长间隔时间。但在裂缝有明显发展和库水位骤变时，应加密测次。雨后还应加测。特别是对于可能出现滑坡的裂缝，在变化阶段，应每隔 1~2h 巡测 1 次。

（二）土石坝渗流观测

《土石坝安全监测技术规范》（SL 551—2012）对大坝渗流监测的一般要求如下：

（1）大坝渗流监测各项目应相应配合，并同时观测大坝上下游水位、降雨量和大气温度等环境因素。

（2）土石坝浸润线和渗压的观测可采用测压管或渗压计。使用测压管观测，成本低、操作简便，但存在时间滞后的问题，滞后时间主要与坝料的渗透系数 K 有关。若渗透系数 $K \geqslant 10^{-3}$ cm/s，测压管观测的时间滞后影响可以忽略不计；若 10^{-5} cm/s $\leqslant K \leqslant 10^{-4}$ cm/s，则需考虑测压管滞后时间的影响；若 $K \leqslant 10^{-6}$ cm/s，由于滞后时间的影响比较显著，故不宜用测压管进行观测。

（3）使用渗压计监测渗流压力时，精度不得低于总量程的 5/1000。

（4）采用压力表量测测压管水头时，应估计管口可能产生的最大压力值，选用量程合适的精密压力表，保证读数在 1/3～2/3 量程范围内，同时，精度不能低于 0.4 级。

（5）渗流量通常采用体积法或量水堰进行监测。当采用水尺法量测量水堰的堰顶水头时，精度不得低于 1mm；采用量水堰水位计或水位测针量测堰顶水头时，精度不得低于 0.1mm。

1. 坝体渗水压力（浸润线）观测

土坝建成蓄水后，由于水头的作用，坝体内必然产生渗流现象。水在坝体内从上游渗向下游，形成一个逐渐降落的渗流水面，称为浸润面（属无压渗流）。浸润面在土石坝横截面上只显示为一条曲线，通常称为浸润线。土坝浸润面的高低和变化，与土坝的安全稳定有密切关系。土坝设计中先需根据土石坝断面尺寸、上下游水位以及土料的物理力学指标，计算确定浸润线的位置，然后进行坝坡稳定分析计算。由于设计采用各项指标与实际情况不可能完全符合设计要求等，因此，土坝设计运用时的浸润线位置往往与设计计算的位置有所不同。如果实际形成的浸润线比设计计算的浸润线高，就降低了坝坡的稳定性，甚至可能造成滑坡失稳的事故。为此，观测掌握坝体浸润线的位置和变化，以判断土石坝在运行期间的渗流是否正常和坝坡是否安全稳定，是监视土石坝安全运用的重要手段，一般大中型土坝水库都必须予以重视，认真进行。

常用的坝体渗压监测仪器有测压管和渗压计，应根据监测目的、坝料透水性、渗流场特征以及埋设条件等选用。

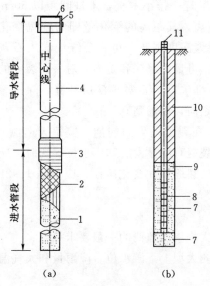

图 4-4 测压管示意图

1—进水孔；2—土工织物过滤层；3—外缠铅丝；4—金属管或硬工程塑料管；5—管盖；6—电缆出线及通气孔；7—中粗砂反滤；8—测压管；9—细砂；10—封孔料；11—管盖

1）上下游水位差小于 20m 的坝、渗透系数 $K \geqslant 10^{-4}$ cm/s 的土中、渗流压力变幅小或防渗体需监视裂缝的部位，宜采用测压管。

2）上下游水位差大于 20m 的坝、渗透系数 $K < 10^{-4}$ cm/s 的土中、非稳定渗流的监测以及铺盖或斜墙底部接触面等不适宜埋设测压管的部位，宜采用渗压计观测，其量程应与测点实际可能出现的渗压相适应。

（1）观测方法。

1）测压管法。测压管法是在坝体选择有代表性的横断面，埋设适当数量的测压管，通过测量测压管中的水位来获得浸润线位置的一种方法。测压管由透水管和导管组成，材料常用金属管或塑料管（图 4-4）。测压管的种类较多，有单管式、双管式和 U 形管式等，其中单管式应用最广。

测压管根据设计要求钻孔埋设。钻孔孔径一般为 100～150mm，测压管管径一般为 50mm。单管式测压管的透水管段结构应能保证渗透水顺利进入管内，同时测点处又不致发生渗透变形，因此通常由反滤层和插入反滤层的透水管组成。透水管长约 2m，在下部约 0.5～1m 长度的管壁上钻有直径为 5～6mm 的梅花状分布的小孔，因此，透水管俗称花管。为便于渗流进入测压管并防止透水管堵塞，在透水管外壁包裹过滤材料，并在透水管底部和四周填充经筛分并冲洗干净的粒径为 6～8mm 的砂卵石形成反滤层。反滤层以上用膨胀土泥球封孔，泥球应由直径为 5～10mm 的不同粒径组成，应风干，不宜日晒或烘烤。封孔厚度不宜小于 4.0m。测压管封孔回填完成后，应向孔内注水进行灵敏度试验。

导管管径与透水管管径相同，连接在透水管上面，一直引出到预定的便于观测的孔口部位。

2）渗压计法。渗压计又称孔隙水压力计，一般埋设在观测对象内部，通过观测测点处的渗透压力来确定测点的渗压水头。目前使用较多的是差动电阻式渗压计和弦式渗压计。

（2）测压管水位的观测方法。

观测测压管水位的仪器很多，目前常用的有测深钟、电测水位计和遥测水位器等。

1）测深钟。测深钟构造最为简单，中小型水库都可自制。最简单的形式为上端封闭、下端开敞的一段金属管，长度为 30～50mm，好像一个倒置的杯子。上端系以吊索（图 4-5），吊索最好采用皮尺或测绳，其零点应置于测深钟的下口。

观测时，用吊索将测深钟慢慢放入测压管中，当测深钟下口接触管中水面时，将发出空筒击水的"嘭"声，即应停止下送。再将吊索稍微提上放下，使测深钟脱离水面又接触水面，发出"嘭、嘭"的声音，即可根据管口所在的吊索读数分划，测读出管口至水面的高度，计算出管内水位高程。

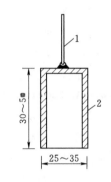

图 4-5 测深钟示意图
（单位：mm）
1—吊索；2—测深钟

测压管水位高程＝管口高程－管口至水面高度

用测深钟观测，一般要求测读两次，其差值应不大于 2cm。

测压管管口高程，在施工期和初蓄期应每隔 3～6 个月校测 1 次；运行期每 2 年至少校测 1 次，疑有变化时随时校测。

2）电测水位计。电测水位计是利用水能导电或者利用水的浮力将导电的浮子托起接通电路的原理制成的。各单位自行制作的电测水位器形式很多，一般由测头、指示器和吊尺组成。测头可用钢质或铁质的圆柱筒，中间安装电极。利用水导电的测头安装有两个电极，也可只安装一个电极，而利用金属测压管作为一个电极，如图 4-6 所示。

电测水位计的指示器可采用电表、灯泡、蜂鸣器等。指示器与测头电极用导线连接。

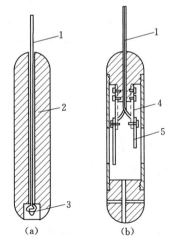

图 4-6 测头构造示意图
1—电线；2—金属短棒；3—电线头；
4—隔电板；5—电极

测头挂接在吊尺上,吊尺可用钢尺。连接时应使钢尺零点正好在电极入水构通电路处,或者用厚钢尺挂接,再加自钢尺零点至电极头的修正值。

观测时,用钢尺将测头慢慢放入测压管内,至指示器反应后,测读测压管管口的读数,然后计算管内水面高程。

$$测压管水位高程=管口高程-管口至水面距离-测头入水引起水面升高值$$

测头入水引起水面升高值可事先试验求得。

用电测水位计观测测压管水位每次需测读两次,两次读数的差值,对大型水库要求不大于 1cm,对中型水库要求不大于 2cm。

3) 遥测水位器。在大型水库测压管水位低于管口较深,测压管数目较多,测次频繁,采用遥测水位器观测管中水位可大大节省人力,而且精度高、效果好,适用于测压管管径不少于 50mm 且安装比较顺直的情况。其原理主要是采用测压管中的水位升降,由浮子带动传动轮和滚筒,观测时,通过一系列电路带动滚筒一侧的棘轮,追踪量测滚筒的转动量,并反映到室内仪表,即可读出管中水位。

上述各种观测方法表明,测读测压管水位高程都要以管口高程作为依据,因此,管内水位高程观测是否正确,不仅取决于观测方法的精度,同时也取决于管口高程是否可靠。

为此,要求定期对测压管管口高程进行校测。在土石坝运用初期,应每月校测一次,以后可逐渐减少,但每年至少一次。测头吊索上的距离刻度标志也要定期进行率定。

2. 渗流量观测

渗流量观测,根据坝型和水库具体条件不同,其方法也不一样。对土石坝来说,通常是将坝体排水设备的渗水集中引出,量测其单位时间的水量。对有坝基排水设备,如排水沟、减压井等的水库,也应将坝基排水设备的排水量进行观测。有的水库土石坝坝体和坝基渗流量很难分清,可在坝下游设集水沟,观测总的渗流量变化,也能据以判断渗流稳定是否遭受破坏。对混凝土石坝和砌石坝,可以在坝下游设集水沟观测总渗流量,也可在坝体或坝基排水集水井观测排水量。

渗流量观测必须与上、下游水位以及其他渗透观测项目配合进行。土石坝渗流量观测要与浸润线观测、坝基渗水压力观测同时进行。混凝土石坝和砌石坝,则应与扬压力观测同时进行。根据需要,还应定期对渗流水进行透明度观测和化学分析。

(1) 观测方法和设备。

观测总渗流量通常应在坝下游能汇集渗流水的地方设置集水沟,在集水沟出口处观测。

当渗流水可以分区拦截时,可在坝下游分区设集水沟进行观测,并将分区集水沟汇集至总集水沟,同时观测其总渗流量。

集水沟和量水设备应设置在不受泄水建筑物泄水影响和不受坝面及两岸排泄雨水影响的地方,并应结合地形尽量使其平直整齐,便于观测。图 4-7 所示为某土坝水库渗流量观测设备布置。

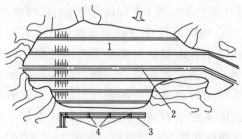

图 4-7 某土坝水库渗流量观测设备布置
1—土坝坝体;2—坝顶;3—集水沟;4—量水堰

观测渗流量的方法,根据渗流量的大小和汇集条件,一般可选用容积法、量水堰法和测流速法。

1)容积法。容积法适用于渗流量小于1L/s或渗流水无法长期汇集排泄的地方。观测时需进行计时,当计时开始时,将渗流水全部引入容器内,计时结束时停止。量出容器内的水量,已知记取的时间,即可计算渗流量。

2)量水堰法。量水堰法适用于渗流量为1～300L/s的情况。量水堰法就是在集水沟或排水沟的直线段上安装量水堰,用水尺量测堰前水位,根据堰顶高程计算出堰上水头H,再由H按量水堰流量公式计算渗流量。安装量水堰时,使堰壁直立,且与水流方向垂直。堰板采用钢板或钢筋混凝土板,堰口做成向下游倾斜45°的薄片状。堰口水流形态为自由式,测读堰上水头的水尺应设在堰板上游3倍以上堰口水头处。

量水堰按过水断面形状分为三角堰、梯形堰和矩形堰三种形式:

a)三角堰。三角堰缺口为一等腰三角形,一般采用底角为直角(图4-8)。三角堰适用于渗流量小于100L/s的情况,堰上水深一般不超过0.35m,最小不宜小于0.05mm。

b)梯形堰。梯形堰过水断面为一梯形,边坡常用1:0.25(图4-9)。堰口应严格保持水平,底宽b不宜大于3倍堰上水头,最大过水深一般不宜超过0～3m。适用于渗流量在10～300L/s的情况。

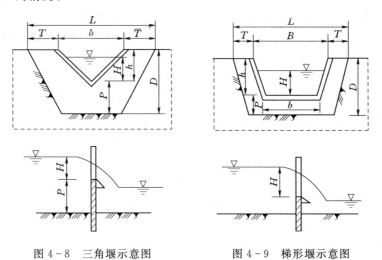

图4-8 三角堰示意图　　　　图4-9 梯形堰示意图

c)矩形堰。矩形堰分为有侧收缩和无侧收缩。矩形堰适用于渗流量大于50L/s的情况。矩形堰堰口应严格保持水平,堰口宽度一般为2～5倍堰上水头,最小水头应大于0.25m,最大应不超过2.0m。

3)测流速法。当渗流量大于300L/s或受落差限制不能设量水堰,且能将渗水汇集到比较规则平直的集水沟时,可采用流速仪或浮标等观测渗水流速v,然后测出集水沟水深和宽度,求得过水断面面积A,按公式$Q=vA$即可计算渗流量。

3. 渗流水质监测

渗流水的透明度测定和水质的化验分析,是了解渗流水源、监测渗流发展状况以及研究确定是否需要采取工程措施的重要参考资料。

（1）渗流水的透明度测定。

清洁的水是透明的，而当水中含有悬浮物或胶体化合物时，其透明度便大大降低。水中悬浮物等的含量越大，其透明度越小。

渗水透明度要固定专人进行测定，以避免因视力不同而引起误差。每次测定时的光亮条件应相同，光线的强弱和光线与视线的角度都应尽量一致，并避免阳光直接照射字板。正常情况下，渗流水的透明度测定可每月（或更长时间）测定一次，但是，发现渗水浑浊或出现可疑现象时，应立即进行透明度测定。透明度测定的方法可分为现场和室内两种。

1）现场测定。渗流水透明度现场测定的仪器由三部分组成：①长度为 150cm 的带有刻度的木质或铁质直杆，杆上刻度的单位为 1cm，最大刻度为 120cm，并以圆盘处为零点；②用搪瓷板、木板或铁板制成的厚 0.5cm、直径为 30cm 的圆盘；③小铅鱼，直杆顶端系绳索，方便测量时上下提放。

测定时，先将透明度测定仪器慢慢沉入水中直至沿杆往下看不见圆盘为止，记录水面与杆相切处的刻度值；再将仪器慢慢上提至看见圆盘为止，再次记录水面与杆相切处的刻度值；如前后两次记录的刻度相差不超过 4cm，则取其平均值作为渗流水的透明度；否则重新进行测定，直到满足要求为止。

2）室内测定。在渗水出水口取得水样后，可按十字法在室内测定渗水的透明度。

室内测定渗水的透明度一般采用透明度测定管，即带有刻度的内径为 3cm、长度为 50cm 或 100cm 的玻璃管，其下放一白瓷片，瓷片上有宽度为 1mm 的黑色十字和 4 个直径为 1mm 的黑点。

测定时，取出透明度测定管，用毛巾将其底部的白瓷片擦干净；然后将振荡均匀的水样缓慢倒入测定管中，自管口垂直往下观察，直到瓷片上的黑色十字完全消失为止；重复操作两次，如果两次读数的差值小于 2cm，则渗水的透明度取两次读数的平均值；否则重复测定至符合要求为止。

（2）渗流水质的化验分析。

渗流水质的化验分析可以了解渗流水的化学性质和对坝体、坝基材料有无溶蚀破坏作用，有时为了探明坝基和绕坝渗流的来源，也可在大坝上游相应位置投放颜料、荧光粉或食盐，然后在下游取水样进行分析。

在下游渗流出口处取 0.5~1.0L 水样，精确分析时取 1~2L。用带玻璃瓶塞的广口玻璃瓶装水样，装入水样前先将玻璃瓶及瓶塞洗干净，再用所取渗流水至少冲洗 3 次。装入水样后，用棉线填满瓶口与瓶塞之间的缝隙，再用蜡进行封闭。最后，在瓶上标明采样地点、日期、时刻、化验分析的项目及目的，并迅速将水样提交化验单位进行分析。

4. 环境量监测

环境量监测的目的是了解环境量的变化规律及对水工建筑物变形、渗流和应力应变等的影响。需监测的环境量主要有上下游水位、降水量、气温、水温、波浪、坝前淤积和冰冻等。环境量监测仪器的安装埋设应在水库蓄水前完成。

（1）水位监测。

水位监测方法有水尺法、浮子式水位计法、压力式水位计法和超声波水位计法等，根据具体地形和水流条件选用。

1）水尺法。水位测量基准值的获取需用到水尺（图4-10），每个水位测点都必须设置水尺，即便采用别的水位观测方法，也应辅以水尺进行观测，并定期比对和校核。水尺要有一定的强度和刚度，温度变形要小，同时耐水性要好，一般由木材、搪瓷或合成材料制作而成。水尺的刻度要求清晰、醒目，刻度分辨率1cm，为方便夜间观测，水尺表面可设荧光涂层。

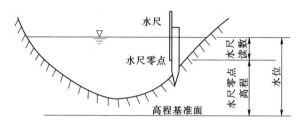

图4-10 水尺观测水位示意图

水尺的安装应尽量避开受回流、涡流、漂浮物以及风浪等影响的区域，还需方便观测人员近身测读水位。水尺的测量范围应大于最高和最低水位各0.5m。

$$水位＝水尺尺底高程＋水尺读数$$

2）浮子式水位计法。浮子式水位计的观测原理是将绕过水位轮的悬索一端固定在漂浮于水位井内浮子上，另一端连接一个重锤，重锤的作用是控制悬索的张紧和位移。当浮子随着水位的升降而升降时，悬索带动水位轮转动，再由转动部件驱动水位编码器（或记录仪）记录数据。

浮子式水位计结构可靠、测量精度高、便于维护。但必须修建水位测井，水位测井造价高，且在有的地方建水位测井比较困难，因而限制了浮子式水位计的应用。

（2）降水量监测。

降水量主要为降雨量。常用的降雨量监测仪器有雨量器、虹吸式和翻斗式雨量计。小型水库较多采用雨量器观测降雨量。

1）雨量器。如图4-11所示，雨量器由承雨器、储水筒、储水器和器盖等组成，并配有专用量雨杯，量雨杯的总刻度为10.5mm。雨量器上部的漏斗口呈圆形，内径20cm，器口是里直外斜的刀刃形，以防雨水溅湿。量水器下部是储水筒，筒内放有收集雨水用的储水器。

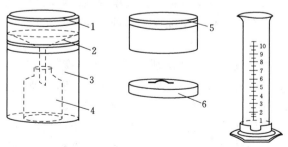

图4-11 雨量器及量雨杯

1—承雨器；2—漏斗；3—储水筒；4—储水器；5—承雪器；6—器盖

2）日记型自记雨量计。日记型自记雨量计需人工更换记录纸，适用于坝址雨量站观测降雨量。按其结构形式可分为两种。

a）虹吸式自记雨量计。如图4-12所示，采用浮子式传感器，机械传动，图形记录降雨量，记录的分辨力为0.1mm。主要由承雨器、浮子室、虹吸管、自记钟、记录笔及外壳等组成。

b）双翻斗式自记雨量计。如图4-13所示，采用翻斗式传感器，电量输出，图形记录和同步数字显示降雨量，记录和记数的分辨力为0.1mm或0.2mm。传感器部分由承雨器、上翻斗、计量翻斗、计数翻斗、转换开关及外壳等组成。记录部分由步进图形记录器、计数器和电子传输线路部件等组成。

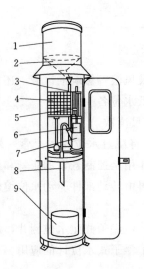

图4-12　虹吸式自记雨量计

1—承水器；2—漏斗；3—笔挡；4—自记钟；
5—自记笔；6—浮子；7—浮子室；
8—虹吸管；9—盛水器

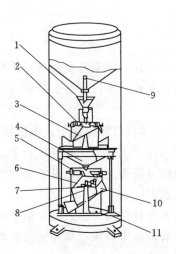

图4-13　双翻斗式自记雨量计

1—漏斗；2—调节定位螺钉；3—上翻斗；4—汇集漏斗；
5—调节定位螺钉；6—计量翻斗；7—干簧管；8—磁钢；
9—过滤器；10—计数翻斗；11—靠钉

（3）气温及水温监测。

常用的温度监测仪器有铜电阻温度计、铂电阻温度计和半导体温度计等。气温监测仪器应放在专门的百叶箱内，百叶箱应依据有关气象观测的规范和标准进行制作。库水温度监测的温度计应牢固固定在测点处，电缆设套管进行保护。

5．大坝渗流自动化观测系统简介

大坝渗流自动化观测系统是将坝体测压管监测点的数据，通过GSM智能遥测终端，将数据送至移动通信服务中心，服务中心将数据转送至水库管理中心接收模块，接收到的数据经软硬件设备分析处理后，可对各监测点实现远程数据定时测报、各种报表资料生成打印、系统数据分析、现场及中心数据双重保存备份、历史数据的查询、远程设备的实时监控及中心指令控制等各项功能，从而实现对大坝测压管水位自动化观测。

该系统结构由监测管理中心、大坝渗压监测站两部分组成，其中监测管理中心包括工控计算机、管理计算机、相关软件等；大坝渗压监测站包括智能一体化水位遥测仪等部分组成，如图 4-14 所示。

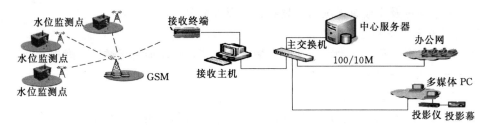

图 4-14　大坝渗流自动化观测系统

第二节　混凝土坝及浆砌石坝的检查监测

一、混凝土及浆砌石坝巡视检查的项目与内容

混凝土坝和浆砌石坝巡视检查的内容应根据各大坝的具体情况经充分分析后确定。根据《混凝土坝安全监测技术规范》（SL 601—2013），混凝土坝巡视检查一般应包括以下内容。

1. 坝体主要检查内容

（1）坝顶、坝面及廊道有无裂缝、错动、沉陷、剥蚀、冻融等破坏现象。

（2）伸缩缝开合情况和止水的工作状况。

（3）排水系统的工作状况。

2. 坝基和坝肩主要检查内容

（1）基础岩体有无挤压、错动、松动和鼓出等现象。

（2）坝体与基岩（岸坡）结合处有无错动、开裂、脱离及渗水情况。

（3）两岸坝肩有无裂缝、滑坡、溶蚀及绕渗等情况。

（4）下游坝址有无冲刷、淘刷、管涌、塌陷等现象。

（5）渗漏水量、颜色、浑浊度及其变化情况。

3. 输、泄水设施主要检查内容

（1）进、出水口及引水渠有无淤堵、裂缝等现象，边坡有无裂缝及滑移现象。

（2）进水塔（竖井）及洞（管）身有无裂缝、渗水、空蚀等现象，塔体有无倾斜或不均匀沉陷。

（3）放水时出口水流形态、流量、声音是否正常，停水期有无渗漏。

（4）下游渠道及岸坡有无异常冲刷、淤积等破坏情况。

（5）工作桥有无不均匀沉降、裂缝、断裂等现象。

4. 溢洪道主要检查内容

（1）进水段有无堵塞，两侧有无滑坡或坍塌，护坡有无裂缝、沉陷、渗水等情况。

（2）堰顶、闸室、闸墩、溢流面、底板等处有无裂缝、渗水、冲刷、磨损等损坏现象；排水孔及伸缩缝是否完好。

（3）泄水槽及消能设施有无冲蚀、裂缝、变形、淤积等情况。

（4）下游河床及岸坡有无沉陷、裂缝、断裂等情况。

5. 闸门及金属结构主要检查内容

（1）闸门有无变形、振动、气蚀，门槽有无卡堵，钢丝绳有无锈蚀、磨损、断裂，止水设施有无损坏，闸门顶是否溢流。

（2）启闭机有无正常工作。

（3）金属结构有无锈蚀，电气控制设备、正常动力和备用电源有无正常工作。

6. 近坝区岸坡主要检查内容

（1）库区水面有无漩涡、冒泡现象，严冬不封冻。

（2）岸坡有无冲刷、塌陷、裂缝、渗流、滑移迹象，排水设施是否正常。

7. 监测设施主要检查内容

（1）测点装置、端点装置、测压管、量水堰等。

（2）各测点的保护装置、防潮装置及接地防雷装置。

（3）埋设仪器电缆、监测自动化系统网络及电源。

（4）其他监测设施。

8. 管理与保障设施主要检查内容

（1）与大坝安全有关的电站、供电系统、预警设施、备用电源、照明、通信、交通与应急设施是否损坏，工作是否正常。

（2）对浆砌石坝还应检查块石是否松动，勾缝是否脱落等。

二、混凝土坝及浆砌石坝监测的项目与内容

（一）混凝土坝及浆砌石坝变形监测

混凝土坝和浆砌石坝的变形监测包括外部（表面）变形监测和内部变形监测。外部变形监测项目主要包括水平位移和垂直位移监测；内部变形监测项目主要有分层水平位移、挠度、倾斜监测等。混凝土坝和浆砌石坝受水压力等水平方向的推力和坝底受向上的扬压力作用，有向下游滑动和倾覆的趋势，因此要进行水平位移观测。混凝土和砌石均属弹性体，在水平向荷载下，坝体将发生挠度，需要进行挠度观测。坝体受温度影响和自重等荷载作用，将发生体积变化，地基也将发生沉陷，需要进行垂直位移观测。大坝与地基、高边坡、地下洞室等变形发展到一定限度后就会出现裂缝，裂缝的深度、分布范围、稳定性等对结构与地基安全影响重大。同时，为了适应温度及不均匀变形等要求，坝身设计有各种接缝，接缝处的变形过大将造成止水的撕裂而出现集中渗漏等问题，因此，裂缝监测也不容忽视。

1. 水平位移监测

对于混凝土坝和浆砌石坝，水平位移的监测方法有垂线法、视准线法、引张线法、激光准直法、边角网法（前方交会法）、GPS法、导线法等。其中引张线法具有操作和计算简单、精度高、便于实现自动化观测等优点，尤其在廊道中设置引张线，因不受气候影响，具有明显的有利条件。下面介绍引张线法。

（1）观测原理及设备。

引张线法观测原理是在设于坝体两端的基点间拉紧一根钢丝作为基准线，然后测量坝

体上各测点相对基准线的偏离值，以计算水平位移量。这根钢丝称为引张线，它相当于视准线法中的视准线，是一条可见的基准线，如图4-15所示。

由于水库大坝长度一般在数十米以上，如果仅靠坝两端的基点来支承钢丝，因其跨度较长，钢丝在本身重力作用下将下垂成悬链状，不便观测。为了解决垂径过大问题，需在引张线两端加上重锤，使钢丝张紧，并在中间加设若干浮托装置，将钢丝托起近似成一条水平线。因此，引张线观测设备由钢丝、端点装置和测点装置三部分组成。

（2）观测方法。

引张线的钢丝张紧后固定在两端的端点装置上，如图4-16所示，水平投影为一条直线，这条直线是观测的基准线。测点埋设在坝体上，随坝体变形而位移。观测时只要测出钢丝在测点标尺上的读数，与上次测值相比较，即可得出该测点在垂直引张线方向的水平位移，其位移计算原理与视准线法相似。

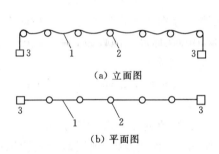

（a）立面图

（b）平面图

图4-15 引张线法示意图
1—钢丝；2—浮托装置；3—端点装置

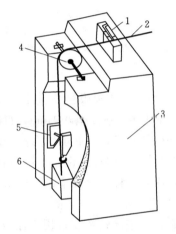

图4-16 引张线端点装置示意图
1—夹线装置；2—钢丝；3—混凝土墩；
4—滑轮；5—悬挂装置；6—重锤

1）观测步骤。

引张线观测随所用仪器的不同方法也不同，无论采用哪一种仪器和方法观测，都应按以下步骤进行：

a）在端点上用线锤悬挂装置挂上重锤，使钢丝张紧。

b）调节端点上的滑轮支架，使钢丝通过夹线装置V形槽中心，如图4-17所示。此时钢丝应高出槽底2mm左右，然后夹紧固定。但应注意，只有挂锤后才能夹线，松夹后才能放锤。

c）向水箱充水或油至正常位置，使浮船托起钢丝，并高出标尺面0.5mm左右。

d）检查各测点装置，如图4-18所示，浮船应处于自由浮动状态，钢丝不应接触水箱边缘和全部保护管。

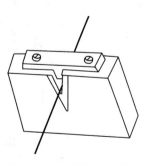

图4-17 夹线装置示意图

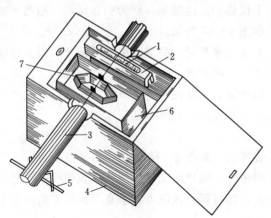

图 4-18 引张线测点装置示意图

1—量测标尺；2—槽钢；3—保护管；4—保护箱；

5—保护管支架；6—水箱；7—浮船

e）端点和测点检查正常后，待钢丝稳定 30min，即可安置仪器进行测读。测读从一端开始依次至另一端止，为一测回。测完一测回后，将钢丝拨离平衡位置，让其浮动恢复平衡，待稳定后从另一端返测，进行第二测回测读。如此观测 2~4 个测回，各测回值的互差要求不超过 ±0.2mm。

f）全部观测完后，将端点夹线松开，取下重锤。

g）若引张线设在廊道内，观测时应将通风洞暂时封闭。对于坝面的引张线应选择无风天观测，并在观测一点时，将其他测点的观测箱盖好。

2）常用的观测方法。

a）直接目视法。用肉眼视线垂直于尺面观测，分别读出钢丝左边缘和右边缘在标尺上投影的读数 a 和 b，估读至 0.1mm，得出钢丝中心在标尺上读数为 $L=(a+b)/2$。显然 $|a-b|$ 应为钢丝的直径，以此可作为检查读数的正确性和精度。

b）挂线目视法。将标尺设在水箱的侧面，在靠近标尺的钢丝上系上很细的丝线，下挂小锤，用肉眼正视标尺直接读数，如图 4-19 所示。

c）读数显微镜法。该法是将一个具有测微分划线的读数显微镜置于标尺上方，测读毫米以下的数，而毫米整数直接用肉眼读出，如图 4-20 所示。观测时，先读取毫米整数，再将读数显微镜垂直于标尺上，调焦至成像清晰，转动显微镜内测管，使测微分划线与钢丝平行。然后左右移动显微镜，使测微分划线与标尺毫米分划线的左边缘重合，读取该分划线至钢丝左边缘的间距 a。第二次移动显微镜，将测微分划线与标尺毫米分划线的右边缘重合，读取该分划线至钢丝右边缘的间距 b。于是得钢丝中心在标尺上的读数为

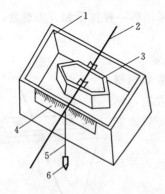

图 4-19 挂线目视法观测示意图

1—水箱；2—钢丝；3—浮船；

4—标尺；5—细丝线；6—小锤

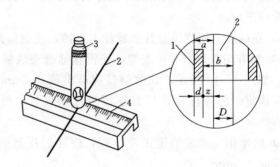

图 4-20 读数显微镜法观测示意图

1—标尺毫米分划线；2—钢丝；

3—读数显微镜；4—标尺

$$L = r + \frac{a+b}{2} \tag{4-3}$$

式中 r——肉眼从标尺上读取的毫米整数。

d）两用仪法。采用两用仪观测引张线时，测点上不需另安标尺，而紧靠测点保护箱，钢丝的垂直下方埋设一个强制对中器，作为两用仪的底盘。观测时将两用仪安置在强制对中器上，通过目镜及读数放大镜进行读数。

随着自动化技术的发展，已出现将引张线与自动化测读仪表做成一体化的监测系统，如步进电机光电跟踪式引张线仪、电容感应式引张线以及光机式引张线仪等。自动化监测的引张线法设备简单，观测精度较高，已成为大坝水平位移监测的主要手段之一，应用相当普遍。

2. 挠度观测

混凝土及砌石坝体水平位移沿坝体高程不同会不一样，一般是坝顶水平位移最大，近坝基处最小，测出坝体水平位移沿高程的分布并绘制分布图，即为坝体的挠度。因此，测定坝体挠度实为测量坝体相对坝基的水平位移。测定坝体挠度的垂线法分倒垂线与正垂线两种，分述如下。

（1）倒垂线观测。

1）倒垂线原理与设备。倒垂线是将一根不锈钢丝的下端埋设在大坝地基深层基岩内，上端连接浮体，浮体漂浮于液体上。由于浮力始终铅直向上，故浮体静止的时候，必然与连接浮体的钢丝向下的拉力大小相等、方向相反，即钢丝与浮力同在一条铅垂线上。由于钢丝下端埋于不变形的基岩中，因此钢丝就成为空间位置不变的基准线。只要测出坝体测点到钢丝距离的变化量，即为坝体的水平位移。

倒垂线装置由浮体组、垂线和观测台构成。

2）现场观测。观测前，首先应检查钢丝的张紧程度，使钢丝的拉力每次基本一致。达到这一要求的做法，是在钢丝长度不变的情况下，观测油箱的油位指示，使油位每次保持一致，浮力即一致，钢丝的拉力也就一致了。其次要检查浮筒是否能在油箱中自由移动，做到静止时浮筒不能接触油箱。浮筒重心不能偏移，人为拨动浮筒后应恢复到原来位置。还要检查防风措施，避免气流对浮筒和钢丝的影响。检查完毕后，应待钢丝稳定一段时间才进行观测。

观测时，将仪器安放在底座上，置中调平，照准测线，分别读取 x 与 y 轴（即左右岸与上下游）方向读数各两次，取平均值作为测回值。每测点测两个测回，两测回间需要重新安置仪器。读数限差与测回限差分别为 0.1mm 与 0.15mm。观测中照明灯光的位置应固定，不得随意移动。

用于倒垂线观测的仪器有很多种，分为光学垂线仪、机械垂线仪与遥测垂线仪三类。不同仪器的操作方法，读数系统也略有差异，可参见仪器的使用说明进行。每次观测前，对光学垂线仪还应在专用检查墩上进行零点检查。

计算坝体测点的水平位移要根据规定的方向、垂线仪纵横尺上刻划的方向和观测员面向方向三个因素决定。一般规定位移向下游和左岸为正，反之为负；上下游方向为纵轴 y，左右岸方向为横轴 x。垂线仪安置的坐标方向应和大坝坐标方向一致。

3）观测精度。进行挠度观测时，一般应观测两测回。自上而下（或自下而上）逐点观测为第一测回，而自下而上（或自上而下）逐点观测为第二测回。每测回应照准两次分别进行读数，一测回中的两次读数差应不大于 0.10mm，取平均值作为该测回的观测值。当两测回不大于 0.15mm 时，可取其平均值作为本次观测成果。

（2）正垂线观测。

1）观测原理与设备。正垂线是在坝的上部悬挂带重锤的不锈钢丝，利用地球引力使钢丝铅垂这一特点，来测量坝体的水平位移。若在坝体不同高程处设置夹线装置作为测点，从上到下顺次夹紧钢丝上端，即可在坝基观测站测得测点相对坝基的水平位移，从而求得坝体的挠度。

正垂线装置由悬挂装置、夹线装置、不锈钢丝、重锤、油箱、观测台等构成。

2）现场观测。正垂线观测使用的仪器和观测方法与倒垂线相同。观测步骤首先是挂上重锤，安好仪器，待钢丝稳定后才进行观测。观测顺序是自上而下逐点观测为第一测回，再自下而上逐点观测为第二测回。每测回测点要照准两次，读数两次。两次读数差小于 0.1mm，测回差小于 0.15mm。

由于正垂线是悬挂在本身产生位移的坝体上，只能观测与最低测点之间的相对位移。为了观测坝体的绝对位移，可将正垂线与倒垂线联合使用，即将倒垂线观测台与正垂线最低测点设在一起，测出最低点正垂线至倒垂线的距离，即可推算出正垂线各测点的绝对位移。

3．垂直位移观测

混凝土及砌石建筑物的垂直位移多采用精密水准法观测，也可以采用静力水准仪法（连通管法）、三角高程法和垂直传高法观测垂直位移。使用仪器、测量原理、观测方法和位移值计算、误差分析等均与土石坝垂直位移观测相似。一般情况下，混凝土坝按一等水准进行观测，中小型工程视情况可以再降低一个等级。

4．伸缩缝和裂缝观测

（1）伸缩缝观测。

重力坝为适应温度变化和地基不均匀沉陷，一般都设有永久性伸缩缝。随着外界影响因素的改变，伸缩缝的开合和错动会相应变化，甚至会影响到缝的渗漏。因此，为了综合分析坝的运行状态，应进行伸缩缝观测。

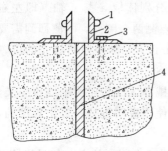

图 4-21 单向测缝标
1—标点头；2—角钢；
3—螺栓；4—伸缩缝

伸缩缝观测分测量缝的单向开合和三向位移。观测伸缩缝的单向开合时，用外径游标卡尺测读单向测缝标两标点头间的距离，如图 4-21 所示。各测次距离的变化量即为伸缩缝开合的变化。观测伸缩缝的三向位移时，用游标卡尺测读每对三棱柱间距离，从而推求坝体三个方向的相对位移，如图 4-22 所示。

（2）裂缝观测。

当拦河坝、溢洪道等混凝土及砌石建筑物发生裂缝，并需了解其发展情况，分析其产生原因和对建筑物安全的影响时，应对裂缝进行定期观测。在发生裂缝的初期，至少每日观测一次；当裂缝发展减缓后，可适当减少测次。在出现最高、最低气温，上下游最高水位或裂缝有显著发展时，应增加测次。经相当时期的观测，裂缝确无发展时，可以停测，但仍应经常进行巡视检查。裂缝的位置、分布、走向和长度等观测，同土坝裂缝观测一样，在建筑物表面用油漆绘出方格进行丈量。在裂缝两端划出标志，注明观测日期。裂缝宽度需选择缝宽最大或有代表性的位置，设置测点进行测量，常用方法有金属标点法和固定千分表法。此外，也可以用差动电阻式测缝计测量伸缩缝和裂缝宽度。对于裂缝深度的观测，可采用细金属丝探测，也可用超声探测仪测定。

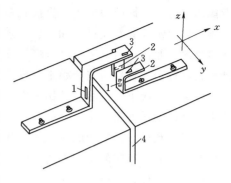

图 4 - 22　型板式三向测缝标
1—x 方向测量标点；2—y 方向测量标点；
3—z 方向测量标点；4—伸缩缝

上述观测成果需每次进行详细记录，并绘制相应的成果图，以便于比较分析，并采取相应的处理措施。

5. 倾斜观测

混凝土和浆砌石等刚性坝坝体、坝基的倾斜监测是内部变形监测项目之一。

为使测值真实反映大坝的倾斜状态，不受或少受局部收缩、膨胀或温度变化的影响，倾斜监测点不宜设在坝体的外表面或浅表面易受外界气温、水温等环境因素影响的部位。须紧密结合坝体的结构形式、数值计算和模型试验成果以及地形、地质条件，同时应尽量与挠度、位移监测等配合。

倾斜监测方法大致可分为直接法和间接法两大类。

（1）直接法。该法直接采用气泡式倾斜仪或遥测式倾斜仪测量坝体和坝基的倾斜角。气泡式倾斜仪由一个气泡水准管和一个测微器组成，监测精度取决于气泡水准管的灵敏度，气泡式倾斜仪的安装方法有固定式和活动式两种，固定式稳定可靠，活动式节省仪器；遥测式倾斜仪又分为差动电容式、差动电阻式及差动电感式多种，具有可远程测量和动态观测并自动记录数据的优点。

（2）间接法。该法的原理是通过观测相对竖向位移确定坝体、坝基的倾斜角，根据竖向位移的观测方法又分为水管测量法和水准测量法。水管测量法是利用水管倾斜仪观测两点或多点之间的高差，而倾斜度为与各点间距离之比。水管测量法不受观测距离的限制，且观测距离越长，倾斜度观测的相对精度越高。水准测量法则是利用水准仪观测两测点之间的相对竖向位移，再换算为倾斜角，一般利用精密水准仪按一、二等水准测量进行观测，这样求得的倾斜角误差较小。

（二）混凝土坝及浆砌石坝渗流观测

混凝土和浆砌石坝渗流监测的项目主要有扬压力、渗压、绕坝渗流、渗流量和渗流水质监测等。

1. 扬压力监测

对于混凝土和浆砌石坝，向上的扬压力相应减少了坝体的有效重量，降低了坝体的抗滑能力。可见，扬压力的大小直接关系到建筑物的稳定性。混凝土和砌石建筑物设计中，必须根据建筑物的断面尺寸和上、下游水位，以及防渗排水措施等确定扬压力大小，作为建筑物的主要作用力之一来进行稳定计算。建筑物投入运用后，实际扬压力大小是否与设计相符，对于建筑物的安全稳定关系十分重要。为此，对于混凝土和浆砌石坝，特别是混凝土重力坝，应重点监测坝基扬压力，以掌握扬压力的分布和变化，据以判断建筑物是否稳定。发现扬压力超过设计，即可及时采取补救措施。

混凝土和砌石建筑物的扬压力通常是在建筑物内埋设测压管来进行的。在监测扬压力的同时，应监测相应的上、下游水位和渗流量。

（1）监测设备。监测扬压力的测压管与土坝浸润线测压管类似，也由进水管和导管组成。一般在混凝土或砌石建筑物施工时埋设。

（2）测压管观测。当测压管中的扬压水位低于管口时，其水位观测方法和设备与土坝浸润线观测一样，先测出管口高程，再测出管口至管内水面的高度，然后计算得出管内水位高程。对于管中水位高于管口的，一般用压力表或水银压差计进行观测。压力表适用于测压管水位高于管口 3m 以上，压差计适用于测压管水位高于管口 5m 以下。不论采用哪种方法观测，观测的测次和精度要求均同土坝浸润线观测。

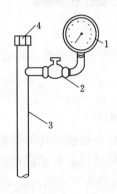

图 4-23　压力表与测压管
连接示意图
1—压力表；2—阀门；
3—测压管；4—管帽

用压力表观测时，需在测压管顶部开一岔管安装压力表，如图 4-23 所示。压力表可以固定安装在测压管上，也可观测时临时安装。若观测时临时安装，需待压力表指针稳定后才能进行读数。压力表宜采用水管或蒸汽管上应用的压力表，其规格根据管口可能产生的最大压力值进行选用，一般应使压力值在压力表最大读数的 $1/3 \sim 2/3$ 量程范围内较为适宜。观测时应读到最小估读单位，测读两次。两次读数差不得大于压力表最小刻度单位。测压管水位 Z 的计算方法为

$$Z = Z_b + 0.102p \qquad (4-4)$$

式中　Z_b——压力表座中心高程，m；

　　p——压力表读数，kPa。

（3）渗压计测定扬压力。用于渗水压力观测的渗压计有钢弦式、差动电阻式等仪器，下面介绍振弦式渗压计。

振弦式渗压计用于监测岩土工程和其他混凝土建筑物的渗透水压力，适用于长期埋设在水工建筑物或其他建筑物内部及其基础，测量结构物内部及基础的渗透水压力，也可用于库水位或地下水位的测量。

振弦式渗压计主要由三部分构成，即压力感应部件、感应板及引出电缆密封部件，如图 4-24 所示。压力感应部件由透水石、感应板组成。感应板上接振弦传感部件，振弦感应组件由振动钢弦和电磁线圈构成。止水密封部分由接座套筒、橡皮圈及压紧圈等组

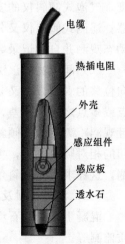

电缆

热插电阻

外壳

感应组件

感应板

透水石

图 4-24　振弦式渗压
计结构图

成，内部填充环氧树脂防水胶，电缆由其中引出。

振弦式渗压计埋设于坝体或基岩内，渗透水压力自进水口经透水石作用在渗压计的弹性膜片上，将引起弹性膜的变形，并带动振弦转变成振弦应力的变化，从而改变振弦的振动频率。电磁线圈激振振弦并测量其振动频率，频率信号经电缆传输至读数装置，即可测出水荷载的压力值，同时可同步测出埋设点的温度值。

2. 渗流量、绕坝渗流及水质监测

（1）渗流量监测。

1）监测设计。根据《混凝土坝安全监测技术规范》（SL 601—2013）的规定，混凝土和浆砌石坝的渗流量设计应结合枢纽布置对渗漏水的流向、集流和排水设施的统筹规划。河床和两岸的渗漏水宜分段量测，必要时可对每个排水孔的渗漏水单独量测。

廊道或平洞排水沟内的渗漏水，一般用量水堰量测，也可用流量计量测。排水孔的渗漏水可用容积法量测。坝体渗漏水和坝基渗漏水应分别量测。坝体靠上游面排水管渗漏水流入排水沟后，可分段集中量测；坝体混凝土缺陷、冷缝和裂缝的漏水，一般用目视观察。漏水量较大时，应设法集中后用容积法量测。

2）监测仪器和方法。混凝土和浆砌石坝渗流量的监测方法与土石坝基本一样，常用的是容积法、量水堰法和测流速法等。

当渗漏量小于 1L/s 时，可采用容积法。采用容积法观测渗流量时，需将渗漏水引入容器内，测定渗漏水的容积和充水时间（一般为 1min 且不得小于 10s），即可求得渗漏量，两次测值之差不得大于平均值的 5%。量水堰一般选用三角堰或矩形堰，直角三角堰适用于流量为 1～70L/s 的量测范围，堰上水头为 50～70mm；矩形堰适用于流量大于 50L/s 的情况，堰口宽度一般为 2～5 倍堰上水头，最小水头应大于 0.25m，最大应不超过 2.0m。采用流量计监测流量时，须将坝基、坝体渗漏水引入流量计，直接测读渗漏量。

除了量水堰和流量计外，还可以采用堰槽流量仪和量水堰槽流量仪监测渗流量。前者用于堰或槽内水流量测量，可以遥测，也可以人工目测。堰壁的堰口采用三角形、矩形或梯形，利用浮子自动监测三角堰水位，通过三角堰的流量公式，求得渗流量的大小。后者用于测量设置在坝体、坝基和基岩等各部位量水堰中的水头变化，来自动遥测大坝渗漏状况。

（2）绕坝渗流和水质监测。混凝土和浆砌石坝绕坝渗流的测点布置、观测设施、原理、方法和测次都和土石坝类似，此处不再赘述。

第三节　溢洪道及水闸的检查观测

溢洪道及水闸的检查观测，有些项目（如变形、渗流等）的观测方法是和大坝基本相同的，但因它们的结构及工作特点都与大坝不同，故观测的侧重面也有所不同，水力学方面的观测项目比较多。

一、溢洪道的检查观测

溢洪道是水库的主要泄洪建筑物，通过溢洪道下泄的水流多为高速水流。所以，为确保水库安全，溢洪道除了应具备足够的泄洪能力外，还要保证其在工作期间的自身安全和下泄水流与原河道水流的平顺衔接。根据上述特点和工程实际情况，溢洪道可进行变形观测和水力学方面的观测。

（一）溢洪道的巡视检查

溢洪道的巡视检查主要有以下内容：

（1）检查溢洪道的闸墩、底板、边墙、胸墙、消力池、溢流堰等结构有无裂缝和损坏。

（2）检查两岸岩体是否稳定，坡顶排水系统是否完整，以防岩体崩坍而堵塞溢洪道，如发现有坍落的土石方，应立即清除。

（3）有闸门的溢洪道，在挡水期间要检查闸墩、边墙、底板等部位有无渗水现象；大风期间，要注意观察风浪对闸门的影响；冰冻地区，要注意冰盖对闸门的影响。同时，要检查闸门启闭设备是否完好。

（4）泄洪期间应注意观察漂浮物的影响，防止漂浮物卡堵门槽；同时还要观察堰下和消力池的水流形态及陡槽水面曲线有无异常变化。

（5）泄洪后要及时检查进水渠段有无坍坑、崩岸，陡槽段有无磨损，底板是否被掀动，消能设施有无冲刷和空蚀破坏以及下游冲刷坑的情况等。

（二）溢洪道的观测

溢洪道的变形观测包括水平位移和沉陷观测，观测方法与混凝土坝相同。水力学方面的观测主要有水流形态和高速水流观测，观测内容和方法简述如下。

1. 水流形态观测

水流形态观测包括水流平面形态（旋涡、回流、折冲水流等）、水跃、水面曲线和挑射水流等观测项目，观测时应同时记录上下游水位、流量、闸门开启高度、风向等，以便验证在各种水位及荷载组合情况下泄流量和水流情况是否符合设计要求。

平面流态的观测范围，应以闸室分别向上、下游延伸至水流正常处为止。观测方法有目测法、摄影法，有时还可设置浮标，用经纬仪或平板仪交会测定浮标位置。观测结果用符号描绘在建筑物平面图上，并加以文字说明。

水跃观测方法有方格坐标法、水尺组法和活动测锤法。方格坐标法适用于水面较窄，用目测或望远镜能清楚地看见侧墙的情况。具体方法是在水闸下游连接段的侧墙上绘制方格坐标，从消能设备起点开始，向下游按桩号每一米绘一条铅垂线，另从消能设备底板开始，向上按高程每一米绘一条水平线，并注明高程，如图4-25所示。

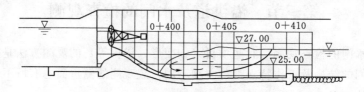

图4-25 方格坐标法观测水跃示意图

在水面经常变动范围内的铅垂线、水平线分别加密至0.1m和0.5m。观测前，先将泄水建筑物及绘制的方格缩绘成图，比例可取为1/100；观测时，待水流稳定后，持图站在能清楚观察水跃侧面形状的位置上，按水跃水面在方格坐标上的位置对应描绘在图上。为便于比较，可把两侧墙上观测的成果，用不同颜色绘于同一图上。水尺组法是在两岸侧墙上沿水流方向设置一系列的水尺来代替方格坐标进行观测。如在侧墙上无法绘制方格坐标或设立水尺组，可采用活动测锤法，即在垂直于水流的方向上架设若干条固定断面索，其上设活动测锤来观测水面线。

挑射水流应观测水面线形态、尾水位、射流最高点和落水点位置、冲刷坑位置和水流掺气情况，常用方法是拍照或用经纬仪测量。

上述流态的观测方法也适用于水闸闸下流态的观测。

2. 高速水流观测

高速水流的观测项目有振动、水流脉动压力、负压、进气量、空蚀和过水面压力分布等。

高速水流将引起建筑物和闸阀门产生振动，为了研究减免振动的措施（尤其要避免产生共振），需进行振动观测。振动观测的内容有振幅和频率，测点常设在闸阀门、工作桥大梁等受动能冲击最大且有代表性的部位，采用的观测仪器有电测振动仪、接触式振动仪和振动表等。

水流脉动压力可引起闸坝、输水管道等结构的振动，也可引起护坦、海漫、输水管道、溢流坝面等的破坏。脉动压力的观测内容是脉动的振幅和频率，测点常布设在闸门底缘、门槽、门后、闸墩后、挑流鼻坎后、泄水孔洞出口处、溢流坝面、护坦和水流受扰动最大的区域，采用电阻式脉动压强观测仪器进行观测，同时还应观测平均压力，以对比校验。

负压观测的测点布设常与通气管结合，测点一般布设在高压闸门的门槽、门后顶部、进水喇叭口曲线段、溢流面、反弧段末端和消力齿槛表面等水流边界条件突变易产生空蚀的部位。施工时，在测点埋设直径为 18mm 或 25mm 的金属负压观测管，管口应与建筑物表面垂直并齐平，另一端引至翼墙、观测廊道或观测井内，安装真空压力表或水银压差计。观测时，测读最高值、最低值及平均值。

进气量观测的目的是了解通气管的工作效能，并为研究振动、负压、空蚀等提供资料。通常在重要的输、泄水建筑物上选择有代表性的通气管进行。进气量观测可采用孔口板、毕托管、风速仪及热丝风速法等方法进行。

空蚀观测包括空蚀量与空蚀平面分布观测。空蚀量观测可用沥青、石膏、橡皮泥等塑性材料充填空蚀所形成的空洞，以测出空蚀体积。大型的空蚀也可测量其面积、深度，计算空蚀量。空蚀平面分布观测用摄影、拓印、网格等方法进行。

过水面压力分布观测，是在过水面上布设一系列测压管，得出压力分布图。测点的布置以能测出过水面上压力分布为度。

上述方法也适用于其他水工建筑物的高速水流观测。

二、水闸的检查观测

水闸是既挡水又过流的低水头水工建筑物，大多建于河流中下游平原地区的软土地基上，一般由上游连接段、闸室段及下游连接段三部分组成，如图 4-26 所示。水闸因闸基土壤中常夹有压缩性大、承载力低的软弱夹层，容易产生较大的沉陷或不均匀沉陷，轻则影响水闸的正常使用，重则危及水闸的安全。另外，水闸的水头低且变幅大，下泄水流弗劳德数低，消能不充分，土壤抗冲能力又很低，故闸下冲刷比较普遍。还有在闸基和两岸连接部分因水头差引起的渗流，对闸的稳定不利，也可能引起有害的渗透变形。所以，除日常的现场检查外，还应设置必要的观测项目对其进行监测。

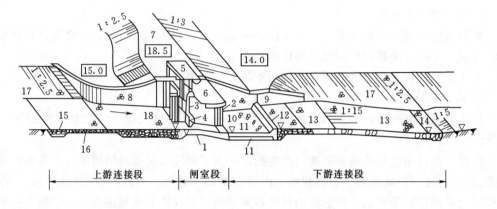

图 4-26 开敞式水闸组成示意图

1—闸室底板；2—闸墩；3—胸墙；4—闸门；5—工作桥；6—交通桥；7—堤坝；8—上游翼墙；
9—下游翼墙；10—护坦；11—排水孔；12—消力坎；13—海漫；14—上游防冲槽；
15—上游防冲槽；16—上游护底；17—下游护岸；18—上游铺盖

1. 水闸的巡视检查

水闸闸身混凝土结构的检查和混凝土坝类似，这里不再赘述。此外，在每次过水后，应检查闸墩、底板、消力池有无磨损，混凝土有无因空蚀而产生剥落等。在过水时，要注意观察闸上、下游的水流形态，如上游水流是否平顺、有无漩涡；下游的水跃是否正常，是否超出消力池的范围，是否产生折冲水流等。平时要注意经常检查闸基排水设备是否完整、通畅，发现问题应及时处理。

2. 水闸的观测

水闸的观测项目主要有水位、流量、沉陷、裂缝、扬压力、上下游引河及护坦的冲刷和淤积等。

水闸的沉陷标点可布置在闸室和岸墙、翼墙底板的端点和中点。标点先埋设在底板面层，放水前再转接到上部结构上，以便施工期间的观测。在标点安设后应立即进行观测，然后根据施工期不同荷载阶段分别进行观测。水闸竣工放水前、后应各观测一次，在运用期则根据情况定期观测，直至沉陷稳定时为止。

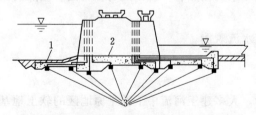

图 4-27 水闸闸基扬压力测点布置示意图

1—铺盖；2—底板；3—测压管进水管段

裂缝的检查和观测应在水闸施工期和运用期经常进行，观测范围一般为结构主要受力部位和有防渗要求的部位。

扬压力观测可埋设测压管或渗压计进行。测点通常布置在地下轮廓线有代表性的转折处；测压断面不少于 2 个，每个断面上的测点不少于 3 个，如图 4-27 所示。侧向绕渗观测的测点可设在岸墙、翼墙的填土侧。扬压力观测的时间和次数根据上、下游水位变化情况确定。

冲刷、淤积观测一般在闸上、下游设置固定断面进行观测。

第四节 坝下涵管检查观测

坝下涵管输水仅靠管壁隔水，因此，在外部土压力和内外水压力作用下，管壁容易发生断裂，或者管壁与坝体土料结合不好，水流穿透管壁或沿管壁外产生渗流通道，引起渗流破坏。据资料统计，因坝下涵管的缺陷造成渗流破坏而导致大坝失事的约占土坝失事总数的15%。

涵管按水流流态不同，分为有压和无压两种。无压管输水时，水流不完全充满整个断面，具有自由水面，有压管输水时，水流完全充满断面，无自由水面。管内水流流态不同，管壁所受荷载也不同，涵管所产生的变形及破坏形式也有所不同。涵管一般分为进口段、管身和出口段三部分。进口段通常布置有拦污栅、闸门等，其形式有竖井式、塔式、斜拉闸门式及分级卧管式等。管身的形式是根据水流条件、地质条件及施工条件而定的。管身断面形状有圆形、矩形、马蹄形和城门洞形等，材料有钢管、铸铁管、混凝土、钢筋混凝土、砌石等。有压涵管管壁承受内水压力，要求管材必须具有足够的强度，因此用钢筋混凝土管、钢管、铸铁管较多。无压涵管可采用素混凝土或浆砌石管材。为防止不均匀沉陷和温度变化而造成管身断裂，一般沿管长每15～20m设一伸缩缝。涵管的出口段需设消能设备。

一、坝下涵管的巡视检查

坝下涵管的巡视检查一般在土石坝巡视检查时同时进行，巡视检查也分为经常（日常）检查、定期检查、特别检查、安全鉴定等四项。但主要应注意以下几个方面的问题：

（1）涵管在输水期间，要经常注意观察和倾听洞、管内有无异样响声。如听到管内有"咕咕咚咚"阵发性的响声或"轰隆隆"爆炸声，说明管内有明满流交替现象，或者有的部位产生气蚀现象。涵管要尽量避免在明满流交替情况下工作，每次充水或放空过程应缓慢进行，切忌流量猛增或突减，以免管内产生超压、负压、水锤等现象而引起管壁破坏或涵管的变形。

（2）坝下涵管运用期间，要经常检查涵管附近土坝上下游坝坡有无塌坑、裂缝、潮湿或漏水，尤其要注意观察涵管出流有无浑水。发现以上情况，要查明原因，及时处理。

（3）涵管进口如有冲刷或气蚀损坏，应及时处理。

（4）涵管运用期间，要经常观察出口流态是否正常、水跃的位置有无变化、主流流向有无偏移、两侧有无漩涡等，以判断消能设备有无损坏。

（5）放水结束后，要对涵管进行全面检查，一旦发现有裂缝、漏水、气蚀等现象，要及时处理。

（6）涵管顶部填土厚度小于3倍洞径的涵管，禁止堆放重物或修建其他建筑物。

（7）涵管上下游漂浮物应经常清理，以防阻水、卡堵门槽及冲坏消能工。

（8）多泥沙输水的涵管，输水结束后，应及时清理淤积在管内泥沙。

（9）北方地区，冬季要注意库面冰冻现象，防止对涵管进水部分造成破坏。

二、坝下涵管的观测

坝下涵管的观测包括变形观测和渗流观测。变形观测包括水平位移观测、垂直位移观测。垂直位移观测主要是进行不均匀沉陷的观测。许多涵管在修建过程中，需穿越条件不同的地基，如处理不当，在上部荷载的作用下，极易产生不均匀沉陷。管身在不均匀沉陷过程中产生拉应力，当拉应力超过管身材料的极限抗拉强度时，则管身开裂。由于地基产生不均匀沉陷，可造成多处管壁断裂，引起涵管的多处严重漏水。所以坝下涵管不均匀沉陷的观测能够初步判断涵管的使用状态是否正常。

坝下涵管的渗流观测要结合土石坝的渗流观测进行。坝下涵管漏水现象比较普遍，严重者管身断裂，无法正常工作。修建在土地基上的土石坝，其中管段部分为回填土，涵管建成后，管身很容易出现破坏，回填土部分的管身整段下沉，导致管身断裂，水库水位达到涵管处时，就会在下游出口管壁与坝体之间有泅湿现象，管内接头有漏水，内壁普遍泅湿。当涵管过水时，渗漏水沿着管壁外流动，遇到管段接头会沿横向漏出，结果形成集中漏水通道，使坝体填土颗粒流失，局部形成空洞，造成坝体塌坑。坝下涵管的渗流观测对土石坝的安全运用尤为重要。

坝下涵管观测还包括对出口及下游消能设施的水流状态进行观测，防止在运用时下游水位偏低，池内不能形成完全水跃，造成消力池渠底冲刷及海漫基础淘刷，防止冲刷坑上延导致消力池结构的破坏，从而防止坝体被冲刷引起破坏。具体方法同溢洪道水流形态观测。

第五节　监测资料整编与分析

一、监测资料整理分析的内容

监测资料的整理分析工作，主要包括以下几方面的内容。

1. 校核原始记录

原始记录是监测的基本资料，应慎重进行审查、校核，确保资料的正确无误。一般审查内容包括：①记载数字和单位有无遗漏，准确度是否符合规定要求；②水准标点标高计算；③由读数计算变化量和高程等，发现错误应予纠正。必要时进行复测。

2. 填制监测报表，并绘制曲线图

各种监测成果经审查校核并填入报表后，即可绘制过程线，在积累了一定数量的资料后，应绘制关系曲线，根据这些曲线，分析变化幅度、变化量的一般规律和趋势等。此外，还应分析各监测数值的合理性及可能的误差程度，如有异常现象，应及时找出原因。

3. 研究分析建筑物状况

根据绘制的过程线和关系曲线，对建筑物情况进行分析，并与设计过程线及理论关系曲线相比较，判断建筑物的状态变化和工作情况正常与否。如有异常现象，应分析原因，研究处理措施。

4. 提出改进意见

根据建筑物的状况分析，应提出工程运用、建筑物养护维修及今后监测工作的改进意见。

二、监测资料整编的内容

对监测资料整编应在平时整理、分析工作的基础上进行，主要工作内容如下。

1. 收集资料

整编前应将有关资料整理齐全，必须整理的资料有以下四部分：

（1）工程资料。包括勘测设计、试验、施工、竣工、验收及养护维修等资料。

（2）考证资料。包括各项监测设备的考证表、布置图、详细结构图，监测设备的损毁、改装情况及其他与监测设备有关的资料。

（3）监测资料。主要有各项监测记录表、报表、过程线、关系曲线、有关说明等。

（4）有关文件。有关监测工作的指示、批文、报告、总结及其他参考文件。

2. 审查资料

整编前，应将所有资料进行全面的审查，主要内容包括：

（1）审查所有考证资料、过程线、关系曲线、文字说明等有无遗漏。

（2）校核原始资料、水准点高程、高程的换算、监测读数换算变化量有无错误。

（3）检查校核各种曲线图，并互相对照进行合理性的检查和分析。

3. 填制和编写资料

收集、审查资料完毕后，应填制监测成果统计表，并编写监测资料整编说明，经校核审查无误后，审定付印。

三、监测资料的初步分析

监测资料的初步分析，是介于资料整理与分析之间的工作。常用绘制测值过程线、分布图和相关图，对测值作比较对照等手段，进行初步的定性分析。

1. 时间过程统计分析法

测值过程线一般是以时程为横坐标，测值为纵坐标进行绘制的。它可以反映测值随时间的变化过程，可分析测值变化的梯度、趋势、位相、变幅、极值以及有无周期变化及异常变化等。图上可同时绘有有关因素如水库水位、气温等的过程线，以了解测值与这些因素的变化是否相适应，周期是否相同，滞后的时间，两者变幅的大致比例等。为了比较它们之间的联系和差异，图上也可绘出不同测点或不同项目的曲线，如图 4-28、图 4-29 所示。

2. 空间分布统计分析法

测值分布图绘制，通常以横坐标表示测点位置，纵坐标表示测值。它可以反映测值沿空间的分布情况，可分析测值的分布有无规律，最大、最小数值出现的位置，各测点之间特别是相邻测点之间差异的大小等。为了了解测值的分布是否与之相适应，图上还可绘出有关因素（如坝高、弹性模量等）的分布值。还可同时绘出同一项目不同测次或不同项目同一测次的数值分布，以比较其间的联系和差异等，如图 4-30 所示。

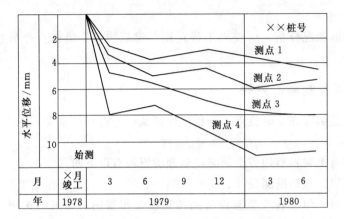

图 4-28 坝面水平位移过程线图

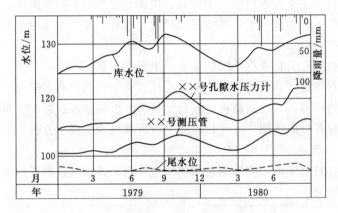

图 4-29 渗流压力水位过程线图

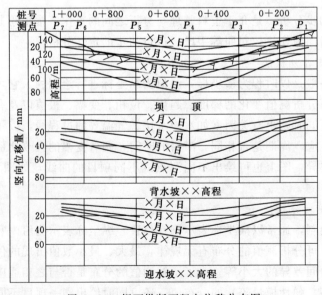

图 4-30 坝面纵断面竖向位移分布图

当测点不便用一个坐标反映时，也可用纵横坐标共同表示测点位置，将测值标在测点位置旁边，然后绘制测值等值线图进行分析，如图 4-31、图 4-32 所示。

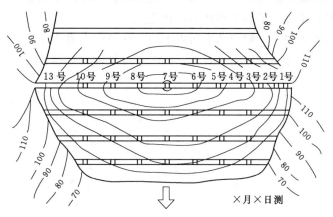

图 4-31 坝面竖向位移量平面等值线图

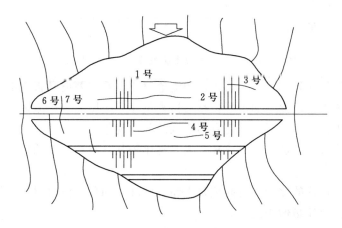

图 4-32 坝体裂缝平面分布图

3. 相关因素统计分析法

这种分析方法是以一个坐标表示测值，另一个坐标表示相关因素，用来分析测值与相关因素之间的相关关系及其变化规律。

在相关图上，可以把各次测值依次用箭头相连并在点据旁注上监测时间，可以看出测值变化过程、因素升降对测值的不同影响以及测值滞后于因素变化的程度等，如图 4-33 所示。

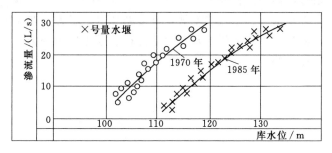

图 4-33 渗流量与库水位（或上、下游水位差）相关关系图

4. 比较分析法

比较分析方法主要是通过与历史资料、相关资料、设计计算成果、模型试验数据及安全控制指标等因素的比较，了解工程的运行状态。

（1）历史资料的比较。一般应选取历史上同条件的多次测值作为对比对象，分析其是否连续渐变或突变，有无突破，差异程度，同时还可比较变化趋势及变幅等，如图 4-34 所示。

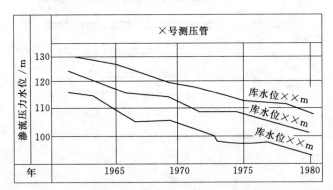

图 4-34　特定库水位下渗流压力水位过程线图

（2）相关资料的比较。可与相邻测点的测值对比，看其差值是否正常，分布情况是否符合规律；与相关项目对比，如水平位移与铅直位移，扬压力与渗流量等，将测值过程线绘在同一张图上进行对比，看其是否有不协调的异常现象。

（3）设计计算或模型试验成果比较。主要是比较其分布和变化趋势是否相近，以及数值差别的大小。

（4）安全控制指标的比较。看测值是否超过标准；同预测值对比，看其出入大小，并分析结果是偏于安全还是偏于危险。

5. 数学模型法

该法就是利用回归分析、经验或数学力学原理，建立原因量（如库水位、气温等）与效应量（如位移、扬压力等）之间定量关系的方法。这种关系往往是具有统计性的，需要较长序列的监测数据。当能够在理论分析基础上来寻求两者确定性的关系时，称为确定性模型；当根据经验，通过统计相关的方法来寻求其联系时，称为统计模型；当具有上述两者的特点而得到联系时，称为混合模型。

近年来，资料分析技术得到了较快发展，许多新技术、新方法在大坝监测资料分析领域得到了广泛应用，如时间序列分析、灰色模型分析、模糊聚类分析、神经网络分析、决策分析以及专家系统技术等。

第五章 养护与维修

　　水利部原副部长、中国大坝工程学会理事长矫勇在"中国大坝工程学会 2017 学术年会暨大坝安全国际研讨会"中表示，我国已拥有水库大坝 9.8 万余座，是世界上拥有水库大坝最多的国家。这些水库在我国防洪、灌溉、供水、发电、航运、水产养殖、生态保护等方面发挥着重要作用，社会、经济、环境效益显著。由于，水工建筑物长期运行在复杂的自然条件下，并受各种荷载作用，且存在施工质量不高或管理运用不当等问题，水库工程容易产生各种缺陷，为了防止缺陷的进一步扩展，需要及时养护、维修甚至除险加固。

　　水库大坝的养护是指保持工程完整状态和正常运用的日常维护工作，包括一般的小修小补，它是经常、定期、有计划、有次序进行的工作；维修是指工程受到损坏或较大程度破坏的修复工作，涉及面广，工作量较大；除险加固是指当水库出现病态、险情时所采取的工程措施。养护、维修、除险加固三者之间没有严格的界限，工程不经常性养护容易产生缺陷及轻微损害，某些缺陷及轻微损害如不及时维修就会发展成严重破坏；反之，加强经常性的养护、及时维修，工程的破坏现象是可以防止或减轻的。水库大坝的养护维修，必须坚持"经常养护、随时维修，养重于修、修重于抢"的原则。

　　在制定养护维修方案时，必须根据安全监测成果，因地制宜，就地取材，力求经济合理、技术科学。为了规范我国水库大坝养护修理工作，水利部制定并发布了《土石坝养护修理规程》（SL 210—2015）、《混凝土坝养护修理规程》（SL 230—2015）等行业标准。

第一节　土石坝的养护维修

　　我国的水库大坝中，95%以上为土石坝。土石坝的病害类型主要有裂缝、渗漏、滑坡、护坡破坏等几种。

一、土石坝的日常养护

　　土石坝的日常养护是指对土石坝主要建筑物及其设施进行的日常保养和防护，主要包括对坝顶及坝端、坝坡、排水设施、观测设施、坝基和坝区进行养护。

　　1. 坝顶及坝端的养护

　　（1）坝顶应平整，无积水、杂草、弃物；防浪墙、坝肩、踏步完整，轮廓鲜明；坝端无裂缝、坑凹、堆积物等。

　　（2）如坝顶出现坑洼或雨淋沟缺，应及时用相同材料填平补齐，并应保持一定的排水坡度；对经主管部门批准通行车辆的坝顶，如有损坏，应按原路面要求及时修复，不能及时修复的，应用土或石料临时填平。

　　（3）防浪墙、坝肩和踏步出现局部破损，应及时修补或更换。

　　（4）坝端出现局部裂缝、坑凹时，应及时填补，发现堆积物应及时清除。

（5）坝面上不得种植树木、农作物，不得放牧、铲草皮以及搬动护坡和导渗设施的砂石材料等。

2. 坝坡的养护

（1）干砌块石护坡或堆石护坡的养护。应及时填补、楔紧个别脱落或松动的护坡石料；及时更换风化或冻毁的块石，并嵌砌紧密；块石塌陷、垫层被淘刷时，应先翻出块石，恢复坝体和垫层后，再将块石嵌砌紧密；堆石或碎石石料如有滚动，造成厚薄不均时，应及时进行平整。

（2）混凝土或浆砌块石护坡的养护。应及时填补伸缩缝内流失的填料，填补时应将缝内杂物清洗干净。护坡局部发生侵蚀剥落、裂缝或破碎时，应及时采用水泥砂浆表面抹补、喷浆或填塞处理，处理时表面应清洗干净；如破碎面较大，且垫层被淘刷、砌体有架空时，应用石料做临时性填塞。排水孔如有不畅，应及时进行疏通或补设。

（3）草皮护坡的养护。应经常修整、清除杂草，保持完整美观；草皮干枯时，应及时洒水养护。出现雨淋沟缺时，应及时还原坝坡，补植草皮。

（4）严寒地区护坡的养护。在冰冻期间，应积极防止冰凌对护坡的破坏。可根据具体情况，采用打冰道或在护坡临水处铺放塑料薄膜等办法减少冰压力；有条件的，可采用机械破冰法、动水破冰法或水位调节法，破碎坝前冰盖。

3. 排水设施的养护

（1）各种排水、导渗设施应达到无断裂、损坏、阻塞、失效现象，排水畅通。

（2）必须及时清除排水沟（管）内的淤泥、杂物及冰塞，保持通畅。

（3）对排水沟（管）局部的松动、裂缝和损坏，应及时用水泥砂浆修补。

（4）排水沟（管）的基础如被冲刷破坏，应先恢复基础，后修复排水沟（管修复时，应使用与基础同样的土料，恢复到原来断面，并应严格夯实；排水沟（管）如设有反滤层时，也应按设计标准恢复。

（5）随时检查修补滤水坝趾或导渗设施周边山坡的截水沟，防止山坡浑水淤塞坝趾导渗排水设施。

（6）减压井应经常进行清理疏通，保持排水畅通；周围如有积水渗入井内，应将积水排干，填平坑洼，保持井周无积水。

4. 坝基和坝区的养护

（1）对坝基和坝区管理范围内违反大坝管理规定的行为和事件，应立即制止并纠正。

（2）设置在坝基和坝区范围内的排水、观测设施和绿化区，应保持完整、美观，无损坏现象。

（3）发现坝区范围内有白蚁活动迹象时，应按土石坝防蚁的相关要求进行治理。

（4）发现坝基范围内有新的渗漏逸出点时，不要盲目处理，应设置观测设施进行观测，待弄清原因后再进行处理。

（5）严禁在大坝管理和保护范围内进行爆破、打井、采石、采矿、挖砂、取土、修坟等危害大坝安全的活动。

（6）严禁在坝体修建码头、渠道，严禁在坝体堆放杂物、晾晒粮草。在大坝管理和保护范围内修建码头、鱼塘，必须经大坝主管部门批准，并与坝脚和泄水、输水建筑物保持一定的安全距离。

5. 观测设施的养护

各种观测设施应保持完整，无变形、损坏、堵塞现象。

（1）经常检查各种变形观测设施的保护装置是否完好，标志是否明显，随时清除观测障碍物；观测设施如有损坏，应及时修复，并重新校正。

（2）测压管口及其他保护装置，应随时加盖上锁，如有损坏应及时修复或更换。

（3）水位观测尺若受到碰撞破坏，应及时修复，并重新校正。

（4）量水堰板上的附着物和量水堰上下游的淤泥或堵塞物，应及时清除。

二、土石坝裂缝的处理

土石坝坝体裂缝是一种较为常见的病害现象，大多发生在蓄水运用期间，对坝体存在着潜在的危险。例如，细小的横向裂缝有可能发展成为坝体的集中渗漏通道；部分纵向裂缝则可能是坝体滑坡的征兆；有的内部裂缝，在蓄水期突然产生严重渗漏，威胁大坝安全；有的裂缝虽未造成大坝失事，但影响正常蓄水。实践证明，正确分析裂缝产生的原因，及时采取有效的处理措施，是可以防止土石坝裂缝的发展和扩大，并迅速恢复其工作能力的。

（一）裂缝的类型

（1）按裂缝原因分，可分为干缩裂缝、冻融裂缝、沉陷裂缝、滑坡裂缝和震动裂缝。

（2）按裂缝方向分，可分为龟纹裂缝、横向裂缝、纵向裂缝和水平裂缝。

（3）按裂缝部位分，可分为表面裂缝和内部裂缝。

在实际工程中，土石坝的裂缝常由多种因素造成，并以混合的形式出现。

（二）裂缝的成因及特征

1. 干缩裂缝

干缩裂缝，通常是由于坝体表面水分迅速蒸发，引起土体干缩，当收缩引起的拉应力超过坝体内部黏性土的约束时而出现的裂缝。

干缩裂缝一般发生在黏性坝体的表面或黏土心墙坝顶部或施工期黏土的填筑面上。这种裂缝分布较广，呈龟裂状，密集交错，缝的间距比较均匀，无上下错动。一般与坝体表面垂直，上宽下窄，呈楔形尖灭，缝宽通常小于1cm，个别情况下也可能较宽较深。

干缩裂缝一般不致影响坝体安全，但若不及时维修处理，雨水沿缝渗入，将增大土体含水量，降低土体抗剪强度，促使病害发展。尤其是斜墙和铺盖的干缩裂缝可能引起严重的渗透破坏。施工期间，当停工一段时间，填土表面未加保护，发生细微发丝裂缝，不易发觉，以后坝体继续上升直至竣工，在不利的应力条件下，该层裂缝会发展，甚至导致蓄水后漏水。

2. 冻融裂缝

冻融裂缝，主要是由于坝体表层土体因冰冻收缩而产生的裂缝。当气温再次骤降时，表层冻土将进一步收缩，此时受到内部未降温冻土的约束，进一步产生表层裂缝；当气温骤然升高时，经过冻融的土体不能恢复到原来的密实度而产生裂缝。冬季气温变化，黏土表层反复冻融形成冻融裂缝和松土层。因此，在寒冷地区，应在坝坡和坝顶用块石、碎石、砂性土做保护层，保护层的厚度应大于冻层厚度。

冻融裂缝一般发生在冻土层以内，表层破碎，有脱空现象，缝深及缝宽随气温而异。

3. 沉陷裂缝

沉陷裂缝是由于不均匀沉陷引起的裂缝，按裂缝方向主要包括纵向、横向和水平裂缝。

（1）纵向裂缝。纵向裂缝为与坝轴线相平行的裂缝。主要是由于坝体在横向断面上不同土料的固结速度不同，或由坝体、坝基在横断面上产生较大的不均匀沉陷所造成的。

纵向裂缝，一般接近于直线，垂直向下延伸，规模较大，并深入坝体，其长度一般可延伸数十米至数百米，缝深几米至十几米，缝宽几毫米至几十厘米，两侧错距不大于30cm，其发展过程缓慢，随土体固结到一定程度而停止。

纵向裂缝，多发生在坝的顶部或内外坝肩附近，有时也出现在坝坡和坝身内部，常见部位为坝壳与心墙或斜墙的结合面处（图5-1）、坝基沿横断面开挖处理不当处［图5-2（a）］、沿坝基横断面方向上［图5-2（b）］、坝体横向分区填筑结合面处、骑在山脊的土坝两侧。

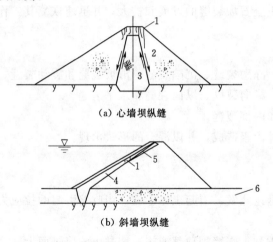

图5-1 坝壳与心墙或斜墙产生纵向裂缝示意图
1—纵缝；2—坝壳；3—心墙；4—斜墙；
5—斜墙沉降；6—砂卵石覆盖层

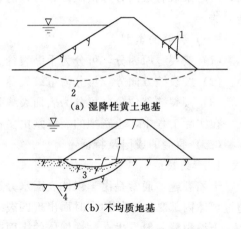

图5-2 压缩性地基引起的纵缝示意图
1—纵缝；2—地基湿陷；3—高
压缩地基；4—岩基

纵向裂缝如未与贯穿性的横向裂缝连通，则不会直接危及坝体安全，但也需及时处理，以免库水或雨水渗入缝内而引起滑坡。特别是斜墙上的纵缝，很容易发展成渗漏通道而危及坝体安全。

（2）横向裂缝。横向裂缝为走向与坝轴线大致垂直的裂缝。产生的根本原因是沿坝轴线纵剖面方向相邻坝段的坝高不同或坝基的覆盖厚度不同，产生不均匀沉陷，当不均匀沉陷超过一定限度时，即出现裂缝。

横向裂缝，一般接近铅直或稍有倾斜地伸入坝体内，缝深几米到十几米，上宽下窄，缝口宽几毫米到十几厘米，偶尔可见更深、更宽的裂缝，缝两侧可能错开几厘米甚至几十厘米。

横向裂缝，多发生在坝端，常见部位为坝身与岸坡接头坝段的河床与台地的交接处及涵洞的上部（图5-3）、坝基地质构造不同施工开挖处理不当处、坝体与刚性建筑物结合处、埋设涵管填筑高度不同的坝段处、坝体分段施工的结合部位处理不当处。

横向裂缝往往上下游贯通，其深度又通常延伸到正常蓄水位以下，对坝体

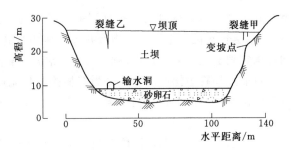

图5-3 某水库横向裂缝示意图

危害极大，特别是贯穿心墙或斜墙，造成集中渗流通道的横向裂缝。

（3）水平裂缝。水平裂缝是指破裂面为水平面的裂缝。水平裂缝多为内部裂缝，常贯穿于防渗体，而且在坝体内部较难发现，往往失事后才被发现，危害性极大。

水平裂缝常出现在薄心墙土坝和修建于狭窄山谷的坝中。

1）薄心墙土坝。由于心墙土料运用后期可压缩性比两侧坝壳大，若心墙与坝壳之间过渡层又不理想，则心墙沉陷受坝壳的约束产生了拱效应，拱效应使心墙中的垂直应力减小，甚至使垂直应力由压变拉而在心墙中产生水平裂缝，如图5-4所示。

2）修建于狭窄山谷中的坝。在地基沉陷的过程中，上部坝体通过拱作用传递到两端，拱下部坝沉陷量较大，因而产生拉应力，坝体内产生裂缝，如图5-5所示。

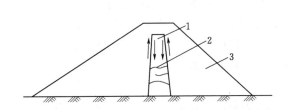

图5-4 心墙内部水平裂缝示意图

1—心墙；2—水平裂缝；3—坝壳

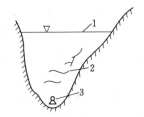

图5-5 窄深峡谷土坝内部裂缝示意图

1—坝顶；2—裂缝；3—放水管

4. 滑坡裂缝

滑坡裂缝是因滑移土体开始发生位移而出现的裂缝。裂缝中段大致平行坝轴线，缝两端逐渐向坝脚延伸，在平面上略成弧形，多出现在坝顶、坝肩、背水面及排水不畅的坝坡下部。在水位骤降或地震条件下，迎水面也可能出现滑坡裂缝。

裂缝一般初期较慢，当滑坡体失稳后突然加快，缝口有明显错动，下部土体移动，有脱离坝体的倾向，发展到后期，在相应部位的坝面或坝基上有带状或椭圆形隆起，裂缝宽度可达1m以上，错距可达数米。

5. 震动裂缝

震动裂缝是由于坝体受强烈震动或地震后产生的裂缝。走向平行或垂直坝轴线方向，裂缝多暴露在坝面，缝长和缝宽与震动烈度有关。

（三）裂缝的检查与判断

对土石坝裂缝的检查与判断，首先应借助日常管理和观测资料并结合地形、地质、坝

型和施工质量等整理分析，根据裂缝常见部位，对这些部位的坝体变形（垂直和水平位移）、测压管水位、土体中应力及孔隙水压力变化、水流渗出后的浑浊度等进行鉴别；在初步确定裂缝位置后，再采用必要的探测方法弄清裂缝的确切位置、大小及其走向。

目前土坝隐患探测的方法分为有损探测和无损探测两类，有损探测主要有人工破损探测和同位素探测两种，无损探测主要为电法探测。

1. 人工破损探测

对表面有明显征兆，沉降差特别大，坝顶防浪墙被拉裂的部位，可采用探坑、探槽和探井的方法探测。即人工开挖一定数量的坑、槽和井来实际检查坝体隐患情况。该法直观、可靠，易弄清裂缝位置、大小、走向及深度，但受到深度限制，目前国内探坑、探槽的深度不超过10m，探井深度可达到40m。

2. 同位素探测

同位素探测法也称为放射性示踪法，包括多孔示踪法、单孔示踪法、单孔稀释法和单孔定向法等，是利用土坝已有的测压管，投入放射性示踪剂模拟天然渗透水流运动状态，用核探测技术观测其运动规律和踪迹。通过现场实际观测可以取得渗透水流的流速、流向和途径。在给定水力坡降和有效孔隙率时，可以计算相应的渗透水流速度和渗透系数。在给定的渗透层宽度和厚度基础上，可以计算渗流量。

3. 电法探测

电法探测，是在土坝表面布设电极，通过电测仪器观测人工或天然电场的强度，分析这些电场的特点和变化规律，以达到探测工程隐患的目的。电法探测适用于土坝裂缝、集中渗流、管涌通道、基础漏水、绕坝渗流、接触渗流、软土夹层以及白蚁洞穴等隐患探测，它比传统的人工破坏探测速度快、费用低，目前已广泛采用。电法探测的方法主要有自然电场法、直流电阻率法、直流激发极化法和甚低频电磁法。

（四）裂缝的处理

裂缝处理，首先应根据观测资料、裂缝特征和部位，结合现场探测结果，分析裂缝类型、产生原因，然后按照不同情况，采取相应措施进行处理。

对贯穿坝体的横向裂缝、内部裂缝及滑坡裂缝，应认真监视，及时处理；对正在发展中的、暂时不致发生险情的裂缝，可观测一段时间，待裂缝趋于稳定后再进行处理，但要做防止雨水及冰冻影响的措施；对缝深小于0.5m、缝宽小于0.5mm的表面干缩裂缝，或缝深不大于1m的纵向裂缝，可只进行缝口封闭处理。

非滑坡性裂缝处理方法主要有开挖回填法、灌浆法和两者相结合等方法。

1. 开挖回填法

开挖回填是处理裂缝比较彻底的方法，适用于处理深度不超过3m的裂缝，或允许放空水库进行修补加固防渗部位的裂缝。

开挖的横断面形状应根据裂缝所在部位及特点的不同而不同。具体有以下几种：

1）梯形楔入法。适用于不太深的非防渗部位裂缝。开挖时采用梯形断面，或开挖成台阶形的坑槽。回填时削去台阶，保持梯形断面，便于新老土料紧密结合，如图5-6所示。

2）梯形加盖法。适用于裂缝不太深的防渗部位及均质坝迎水坡的裂缝。其开挖情形基本与"梯形楔入法"相同，只是上部因防渗的需要，适当扩大开挖范围，如图5-7所示。

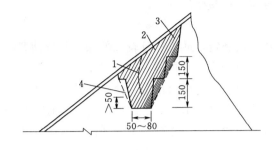

图 5-6　梯形楔入法（单位：cm）

1—裂缝；2—回填土；3—开挖线；4—回填线

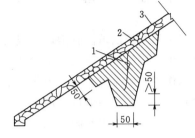

图 5-7　梯形加盖法（单位：cm）

1—裂缝；2—回填土；3—块石护坡

3）梯形十字法。适用于处理坝体和坝端的横向裂缝，开挖时除沿缝开挖直槽外，在垂直裂缝方向每隔一定距离（2～4m），加挖结合槽组成"十"字，如图5-8所示，为了施工安全，可在上游做挡水围堰。

（1）裂缝开挖。

1）开挖前应向裂缝内灌入较稀的石灰水，使开挖沿石灰痕迹进行，以利掌握开挖边界。

2）对于较深坑槽应挖成阶梯形，以便出土和安全施工。挖出的土料不要大量堆积坑边，以利安全，不同土料应分开存放，以便使用。

3）开挖长度应超过裂缝两端1m以外，开挖深度应超过裂缝0.5m，开挖边坡以不致坍塌并满足土壤稳定性及新旧填土接合的要求为原则，槽底宽至少0.5m。

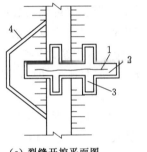

（a）裂缝开挖平面图

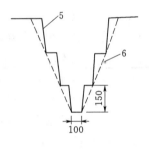

（b）裂缝开挖剖面图

图 5-8　梯形十字法（单位：cm）

1—裂缝；2—坑槽；3—结合槽；4—挡水围堰；5—开挖线；6—回填线

4）坑槽挖好后，应保护坑口，避免雨淋、干裂、冰冻、进水，造成塌垮。

（2）土料回填。

1）回填前应检查坑槽周围的含水量，如偏干则应将表面洒水湿润；如土体过湿或冰冻，应清除后再回填。

2）回填时，应将坑槽的阶梯逐层削成斜坡，并将结合面刨毛、洒水，要特别注意边脚处的夯实质量。

3）回填土料应根据坝体土料和裂缝性质选用，并做物理力学性质试验。对沉陷裂缝应选用塑性较大的土料，控制含水量大于最优含水量的1%～2%；对于滑坡、干缩和冰冻裂缝的回填土料的含水量，应等于或低于最优含水量的1%～2%。回填土料的干容重，应稍大于原坝体的干容重。对坝体挖出的土料，也须经试验鉴定合格后才能使用。对于较小裂缝，可用和原坝体相同的土料回填。

4）回填的土料应分层夯实，层厚以 $10\sim15\mathrm{cm}$ 为宜，压实厚度为填土厚度的 2/3，夯实工具按工作面大小选用，可采用人工夯实或机械碾压。

2. 灌浆法

对于采用开挖回填法有困难，或危及坝坡稳定，或工程量较大的深层非滑动裂缝和内部裂缝，可采用灌浆处理法。试验证明，合适的浆液对坝体中的裂缝、孔隙或洞穴均有良好的充填作用，同时在灌浆压力作用下对坝内土体有压密作用，使缝隙被压密或闭合。

（1）灌浆浆液。一般可采用纯黏土浆液。泥浆要求有足够的流动性；具有适当的凝固时间，在灌注过程中不凝固堵塞，灌注后又能较快凝固并有一定的强度；凝固时体积收缩量小，析出水分少，能与缝壁的土体胶结牢固。适宜的制浆土料以粉质黏土与重粉质壤土比较合适，黏粒含量为 $20\%\sim30\%$，砂粒在 10% 以下，其余为粉粒。

当灌注位置处于浸润线以下，或对坝体内含有大量的砂、砾料渗透较严重的部位，宜采用黏土水泥混合浆液，以加速凝固，提高早期强度，避免浆液被渗流带走并可减少浆液凝固后的体积收缩。水泥掺量，为土料重的 $10\%\sim30\%$。水泥掺量过大，则浆液凝固后不能适应土坝变形而产生裂缝。

（2）孔位布置及造孔。对于土坝表层可见的裂缝，孔位一般布置在裂缝的两端、转弯处、缝宽突然变化处及裂缝密集处。但应注意灌浆孔与导渗设施或观测设备之间应有足够的距离，一般不应小于 3m，以防止因串浆而影响其正常工作。对于坝体内部的裂缝，布孔时应根据内部裂缝的分布范围、灌浆压力和坝体结构综合考虑。一般宜在坝顶上游侧布置 $1\sim2$ 排，孔距由疏到密，最终孔距以 $1\sim3\mathrm{m}$ 为宜，孔深应超过缝深 $1\sim2\mathrm{m}$。

坝体灌浆的钻孔，一般要求用干钻以保护坝体，钻孔直径可为 $75\sim110\mathrm{mm}$，堤防钻孔，一般孔径为 $16\sim60\mathrm{mm}$。钻孔过程要注意做好取样试验，并详细记录土质及松散程度等资料。

3. 开挖回填与灌浆结合法

此法适用于自表层延伸到坝体深处的裂缝，或当库水位较高、不易全部开挖回填的部位，或全部开挖回填有困难的裂缝。

施工时对上部采用开挖回填，下部采用灌浆处理。即先沿裂缝开挖至一定深度（一般为 $2\sim4\mathrm{m}$）即进行回填，在回填时预埋灌浆管，回填完毕，采用黏土灌浆，进行坝体下部裂缝灌浆处理。例如，某水库土坝裂缝采用此法处理，沿裂缝开挖深 4m、底宽 1m 的大槽；再沿缝口挖一小槽，深、宽各为 $15\sim20\mathrm{cm}$，在小槽内预埋周围开孔的铁管，两端接钢（铁）管伸至原土面以上；然后在槽内回填黏性土，并分层压密夯实；最后用往复式泥浆泵由

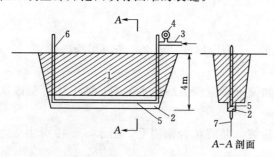

图 5-9　灌浆管埋设方法示意图
1—开挖后回填土；2—小槽；3—进浆管；4—压力表；
5—花管；6—排水孔；7—裂缝

一端铁管灌浆，另一端的铁管作为排气、回浆之用，如图 5-9 所示。浆液为黄土水泥浆，黄土中 $0.05\sim0.005\mathrm{mm}$ 粉粒含量为 67%，小于 $0.005\mathrm{mm}$ 黏粒含量为 15%，灌浆压力控

制在 300kPa 以下，效果很好。

三、土石坝渗漏的处理

由于土石坝属于散粒体结构，在坝身土料颗粒之间存在着较大的孔隙，且土石坝对地基地质条件的要求相对较低，在土基或较差的岩基上均可筑坝。因此，水库蓄水后，在水压力的作用下，土石坝出现渗漏是不可避免的，但应控制在一定范围之内，避免渗透破坏。

（一）渗漏的类型及危害

土石坝渗漏根据渗漏程度通常分为正常渗漏和异常渗漏，如渗漏从原有导渗排水设施排出，其出逸坡降在允许值内，不引起土体发生渗透破坏的称为正常渗漏；相反，引起土体渗透破坏的称为异常渗漏，异常渗漏往往渗流量较大，水质浑浊。

土石坝渗漏除沿地基中的断层破碎带或岩溶地层向下渗漏外，一般均沿坝体土料、坝基透水层或绕过坝端渗向下游渗漏，即按照渗漏部位的特征，相应称为坝体渗漏、坝基渗漏及绕坝渗漏。渗漏量过大，将造成损失库水蓄水量、抬高坝体浸润线、造成渗透破坏等危害。

（二）坝体渗漏的原因及处理方法

1. 坝体渗漏的形式及原因

坝体渗漏的常见形式有散浸、集中渗漏、管涌及管涌塌坑、斜墙或心墙被击穿等。坝体浸润线抬高，渗漏的逸出点超过排水体的顶部，下游坝坡呈大片湿润状态的现象，称为散浸。而当下游坝坡、地基或两岸山包出现成股水流涌出的现象时，则称集中渗漏。坝体中的集中渗漏，逐渐带走坝体中的土粒，自然形成管涌。若没有反滤保护（或反滤设计不当），渗流将把土粒带走，淘成孔穴，逐渐形成塌坑。当集中渗流发生在防渗体（斜墙和心墙）内，也会使土料随渗流带出，即心墙（斜墙）击穿。

造成坝体渗漏的主要原因有以下几个方面：

（1）坝身尺寸单薄，特别是塑性斜墙或心墙厚度不够，使渗流水力坡降过大，造成斜墙或心墙被渗流击穿而引起坝体渗漏。

（2）排水体在施工时未按设计要求选用反滤料或铺设的反滤料层间混乱，甚至被削坡的弃土或者因下游洪水倒灌带来的泥沙堵塞等原因，造成坝后排水体失效，而引起浸润线抬高。也有因排水体设计断面太小，排水体顶部不够高，导致渗水从排水体上部逸出坝坡。

（3）坝体施工质量差，如土料含砂砾太多，透水性过大；或者在分层填筑时已压实的土层表面未经刨毛处理，致使上下土层结合不良；或铺土层过厚，碾压不实；或分区填筑的结合部少压或漏压等，施工过程中在坝体内形成薄弱夹层和漏水通道，从而造成渗水从下游坡逸出，形成散浸或集中渗漏。

（4）坝体不均匀沉陷引起横向裂缝，或坝体与两岸接头不好而形成渗漏途径，或坝下压力涵管断裂，在渗流的作用下，发展成管涌或集中渗漏的通道。

（5）管理工作中，对白蚁、獾、鼠等动物在坝体内的孔穴未能及时发现并进行处理，以致发展成为集中渗漏通道。

（6）冬季施工中，填土碾压前冻土层没有彻底处理，或把大量冻土填入坝内，形成软弱夹层，发展成坝体渗漏的通道。

2. 坝体渗漏的处理方法

坝体渗漏的处理，应按照"上堵下排"的原则，针对渗漏的原因，结合具体情况，采取以下不同的处理措施：

（1）斜墙法。斜墙法即在上游坝坡补做或加固原斜墙，堵截渗流，防止坝体渗漏。此法适用于大坝施工质量差，造成了严重管涌、管涌塌坑、斜墙被击穿、浸润线及其逸出点抬高、坝身普遍漏水等情况。具体按照所用材料的不同，分为黏土斜墙、沥青混凝土斜墙及土工膜防渗斜墙。

1）黏土防渗斜墙。修筑黏土斜墙时，一般应放空水库，揭开护坡，铲去表土，再挖松 10～15cm，并清除坝身含水量过大的土体，然后填筑与原斜墙相同的黏土，分层夯实，使新旧土层结合良好。斜墙底部应修筑截水槽，深入坝基至相对不透水层。对黏土防渗斜墙的具体要求为：①所用土料的渗透系数应为坝身土料渗透系数的 1% 以下；②斜墙顶部厚度（垂直于斜墙坡面）应不小于 0.5～1.0m，底部厚度应根据土料允许水力坡降而定，一般不得小于作用水头的 1/10，最小不得少于 2m；③斜墙上游面应铺设保护层，用砂砾或非黏性土料自坝底铺到坝顶。厚度应大于当地冰冻层深度，一般为 1.5～2.0m。下游面通常按反滤要求铺设反滤层。

如果坝身渗漏不太严重，且主要是施工质量较差引起的，则不必另做新斜墙，只需降低水位，使渗漏部分全部露出水面，将原坝上游土料翻筑夯实即可。

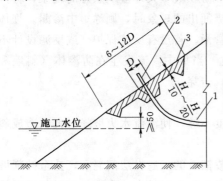

图 5-10 漏水喇叭口处理示意图
（单位：cm）

D—漏水喇叭口直径；H—设计水头；
1—漏水通道；2—预埋灌浆管；
3—黏土铺盖（夯实）

当水库不能放空，无法补做新斜墙时，可采用水中抛土法处理，即用船载运黏土至漏水处，从水面均匀抛下，使黏土自由沉积在上游坝坡，从而堵塞渗漏孔道，不过效果没有填筑斜墙好。

对于坝体上游坡形成塌坑或漏水喇叭口，而其他坝段质量尚好的情况下，可用黏土铺盖进行局部处理，注意在漏水口处预埋灌浆管，最后采用压力灌浆充填漏水孔道，如图 5-10 所示。

2）沥青混凝土斜墙。在缺乏合适的黏土料，而有一定数量的合适沥青材料时，可在上游坝坡加筑沥青混凝土斜墙。沥青混凝土几乎不透水，同时能适应坝体变形，不致开裂，抗震性能好，工程量小（其厚度为黏土斜墙厚度的 1/40～1/20），投资省，工期短。

3）土工膜防渗斜墙。土工膜的基本原料是橡胶、沥青和塑料，当对其强度有要求时，加入绵纶布、尼龙布等加筋材料，与土工膜热压形成复合土工膜。土工膜具有很好的防渗性，其渗透系数一般都小于 10^{-8} cm/s。土工膜防渗墙与其他材料防渗斜墙相比，其施工简便、设备少、易于操作、节省造价，而且施工质量容易保证。

土工膜铺设前应进行坡面处理，拆除原有护坡、清除树根杂草、挖除表层 0.3～

0.5m，坡面修理平顺、密实。土工膜与坝基、岸坡、涵洞的连接以及土工膜本身的接缝处理是整体防渗效果的关键，沿迎水坡坝面与坝基、岸坡接触边线开挖梯形沟槽，然后埋入土工膜，用黏土回填；土工膜与坝内输水涵管连接，可在涵管与土坝迎水坡相接段，增加一个混凝土截水环。由于迎水坡面倾斜，可沿坝坡每隔5～10m设置阻滑槽，然后回填不小于0.5m厚的砂或砂壤土保护层。土工膜的连接方式常有搭接、焊接、黏结等。

（2）灌浆法。对于施工质量差、坝体渗漏严重的均质坝或心墙坝，无法采用斜墙法进行处理时，可从坝顶或上游坝坡平台采用造孔灌浆的方法进行处理，在坝内形成一道灌浆帷幕，阻断渗漏通道。灌浆的方法主要包括劈裂灌浆、高喷灌浆、黏土固化剂灌浆等。

1）劈裂灌浆法。劈裂灌浆是利用河槽段坝轴线附近的小主应力面一般平行于坝轴线的铅垂面的规律，沿坝轴线单排布置相距较远的灌浆孔，利用泥浆压力，沿坝轴线劈开坝体并充填泥浆，从而形成连续的浆体防渗帷幕。对于坝体比较松散，渗漏、裂缝众多或很深，开挖回填困难时，可选用劈裂灌浆法处理。劈裂灌浆具有设备简单、效果好、投资省等优点。

2）黏土固化剂灌浆法。黏土固化剂灌浆就是用80%～90%的黏土、15%～20%的水泥和水泥用量15%～20%的黏土固化剂按1.5:1～1:1的水料比通过高速搅拌后，参照帷幕灌浆施工工艺注入坝身或坝基，充填（或劈裂）密实坝体内部各处洞穴、裂隙、土质松散等隐患，以达到消除渗漏，提高防抗渗能力的目的。黏土固化剂是一种新的灌浆材料，黏土固化剂灌浆技术是一种施工简单方便，既能显著提高防渗性能又能大幅降低工程造价，低碳环保的防渗灌浆新技术，又可广泛应用于各种地质条件下水库堤坝的除险加固防渗处理。

（3）防渗墙法。防渗墙法是用一定的机具，按照相应的方式造孔，然后在孔内填筑防渗材料，最后在地基或坝体内形成一道防渗体，以达到防渗的目的。包括混凝土防渗墙、黏土防渗墙两种。

1）混凝土防渗墙。一般是利用专用机具在坝身打孔，直径为0.5～1.0m，将若干圆孔连成槽形，用泥浆固壁，然后在槽孔内浇筑混凝土，形成一道整体混凝土防渗墙。适应于各种不同材料的坝体，坝高60m以内的情况。与其他防渗措施相比，具有施工速度快、建筑材料省、防渗效果好等优点，但成本较高，对施工道路要求高。

2）黏土防渗墙。利用冲抓式打井机具，在土坝或堤防渗漏范围的防渗体中造孔，用黏性土料分层回填夯实，形成一个连续的黏土防渗墙。同时，在回填夯击时，对井壁土层挤压，使其井孔周围土体密实，提高坝体质量，从而达到防渗加固的目的。适用于黏性较强的均质坝和宽心墙坝且能放空库水位的坝体渗漏处理，孔深一般不超过25m。黏土防渗墙法具有机械设备简单、施工方便、工艺易掌握、工程量小、工效高、造价低、防渗效果好等优点。

（4）导渗法。主要针对已经进入坝体的渗水，通过改善和加强坝体排渗能力，使渗水在不致引起渗透破坏的条件下，安全通畅地排出坝外。按具体不同情况，可采用以下几种形式：

1）导渗沟法。当坝体散浸不严重，不致引起坝坡失稳时，可在下游坝坡上采用导渗法处理。导渗沟在平面上可布置成垂直坝轴线的沟或"人"字形沟（一般为45°角），也

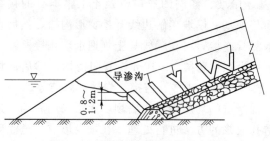

图 5-11 导渗沟平面形状示意图

可布置成两者结合的 Y 形沟，如图 5-11 所示。三种形式相比，渗漏不十分严重的坝体，常用 I 形导渗沟；当坝坡、岸坡散浸面积分布较广，且逸出点较高时，可采有 Y 形导渗沟；而当散浸相对较严重，且面积较大的坝坡及岸坡，则需用 W 形导渗沟。

几种导渗沟的具体做法和要求为：①导渗沟一般深 0.8～1.2m、宽 0.5～1.0m，沟内按反滤层要求填砂、卵石、碎石或片石；②导渗沟的间距可视渗漏的严重程度，以能保持坝坡干燥为准，一般为 3～10m；③严格控制滤料质量，不得含有泥土或杂质，不同粒径的滤料要严格分层填筑，其细部构造和滤料分层填筑的步骤如图 5-12 所示；④为避免造成坝坡崩塌，不应采用平行坝轴线的纵向或类似纵向（如口形、T 形等）导渗沟；⑤为使坝坡保持整齐美观，免受冲刷，导渗沟可做成暗沟。

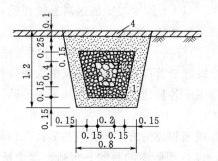
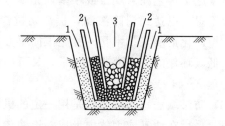

图 5-12 导渗沟构造（单位：m）
1—砂；2—卵石或碎石；3—片石；4—护坡

2）导渗砂槽法。对局部浸润线逸出点较高和坝坡渗漏较严重，而坝坡又较缓，且具有褥垫式滤水设施的坝段，可用导渗砂槽处理。它具有较好的导渗性能，对降低坝体浸润线效果也比较明显。其形状如图 5-13 所示。

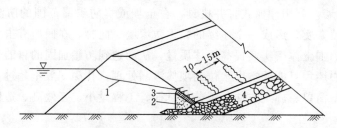

图 5-13 导渗砂槽法示意图
1—浸润线；2—砂；3—回填土；4—滤水体

3）导渗培厚法。当坝体散浸严重，出现大面积渗漏，渗水又在排水设施以上出逸，坝身单薄，坝坡较陡，且要求在处理坝面渗水的同时增加下游坝坡稳定性时，可采用导渗培厚法。

导渗培厚即在下游坝坡贴一层砂壳，再培厚坝身断面，如图 5-14 所示。这样既可导渗排水，又可增加坝坡稳定。不过，需要注意新老排水设施的连接，确保排水设备有效和畅通，达到导渗培厚的目的。

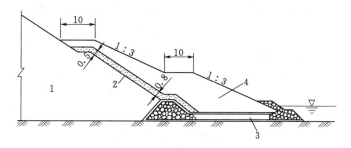

图 5-14 导渗培厚法示意图（单位：m）
1—原坝体；2—沙壳；3—排水设施；4—培厚坝体

（三）坝基渗漏的原因及处理方法

1. 坝基渗漏的现象及原因

坝基渗漏是通过坝基透水层从坝脚或坝脚以外覆盖层薄弱的部位逸出的现象。坝基渗漏的根本原因是坝址处的工程地质条件不良，直接原因存在于设计、施工和管理各个环节。

（1）设计方面。

对坝址的地质勘探工作做得不够，没有详细弄清坝基情况，未能针对性地采取有效的防渗措施，或防渗设施尺寸不够；薄弱部位未做补强处理，给坝基渗漏留下隐患。

（2）施工方面。

1）对地基处理质量差，如岩基上部的冲积层或强风化层及破碎带未按设计要求彻底清理，垂直防渗设施未按要求做到新鲜基岩上。

2）施工管理不善，在库内任意挖坑取土，天然铺盖被破坏。

3）各种防渗设施未按设计要求严格施工，质量差。

（3）管理方面。

1）运用不当，库水位消落，坝前滩地部分黏土铺盖裸露暴晒开裂，或在铺盖上挖坑取土打桩等引起渗漏。

2）对导渗沟、减压井养护维修不善，出现问题未及时处理，而发生渗透破坏。

3）在坝后任意取土、修建鱼池等也可能引起坝基渗漏。

显然，合理的设计，严格的施工及正确的运用管理是防止坝基渗漏的重要因素。

2. 坝基渗漏的处理措施

坝基渗漏处理的原则，仍可归纳为"上堵下排"，即在上游采取水平防渗（如黏土铺盖）和垂直防渗（如截水槽、防渗墙等）两种措施，阻止或减少渗流通过坝基。在下游用导渗措施（如排水沟、减压井等）把已经进入坝基的渗流安全排走，不致引起渗透破坏。

（1）黏土截水槽。

黏土截水槽，是在透水地基中沿坝轴线方向开挖一条槽形断面的沟槽，槽内填以黏土夯实而成，如图 5-15 所示。

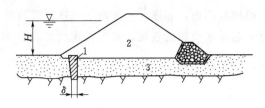

图 5-15 黏土截水槽

1—黏土截水槽；2—坝体；3—透水层

对于均质坝或斜墙坝，当不透水层埋置较浅（10～15m 以内）、坝身质量较好时，应优先考虑这一方案。不过当不透水层埋置较深，而施工时又不便放空水库时，切忌采用，因施工排水困难，投资增大，不经济。对于均质坝和黏土斜墙坝，应注意使坝身或斜墙与截水槽可靠连接，如图 5-16 所示。

（2）混凝土防渗墙。

如果覆盖层较厚，地基透水层较深，修建黏土截水槽困难大，则可考虑采用混凝土防渗墙。其优点是不必放空水库，施工速度快，节省材料，防渗效果好。其上部应插入坝内防渗体，下部和两侧应嵌入基岩，如图 5-17 所示。

（3）帷幕灌浆。

帷幕灌浆是在透水地基中每隔一定距离用钻机钻孔，伸入基岩以下2～5m，然后在钻孔中用一定压力把浆液压入坝基透水层中，使浆液填充地基土中孔隙，使之胶结成不透水的防渗帷幕，如图 5-18 所示。

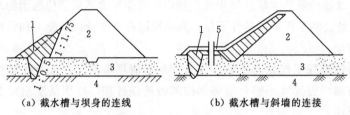

（a）截水槽与坝身的连线　　（b）截水槽与斜墙的连接

图 5-16 新挖截水槽与坝身或斜墙的连接

1—截水槽；2—原坝体；3—透水层；4—不透水层；5—保护层

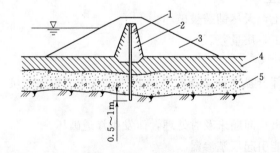

图 5-17 混凝土防渗墙的一般布置

1—防渗墙；2—黏土心墙；3—坝壳；

4—覆盖层；5—透水层

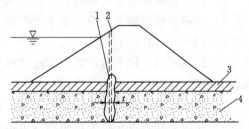

图 5-18 帷幕灌浆示意图

1—帷幕体；2—钻孔；3—覆盖层；4—透水层

当坝基透水层厚度较大，修筑截水槽不经济；或透水层中有较大的漂石、孤石，修建防渗墙较困难时，可优先采用灌浆帷幕。另外，当坝基中局部地方进行防渗处理时，利用灌浆帷幕亦较灵活方便。灌注的浆液一般有黏土浆、水泥浆、水泥黏土浆、化学灌浆材料等。在砂砾石地基中，多采用水泥黏土浆，对于中砂、细砂和粉砂层，可酌情采用化学灌浆，但其造价较高。

（4）黏土铺盖。

黏土铺盖是一种水平防渗措施，利用黏土在坝上游地基面分层碾压而成，覆盖渗漏部位，延长渗径，减小坝基渗透坡降，如图5-19所示。其特点是施工简单，造价低廉，但此法要求放空水库且坝区附近有足够的黏土资源。黏土铺盖一般在不严格要求控制渗流量、地基各向渗透性较均匀、透水地基较深，且坝体质量尚好、采用其他防渗措施不经济的情况下采用。

（5）坝后导渗。

坝后导渗主要措施有排渗沟、压渗台、减压井。

1）排渗沟。当坝基轻微渗漏，造成坝后积水而透水层较浅时，可在坝下游修建排渗沟，如图5-20所示。排渗沟既可收集坝身和坝基的渗水，排向下游，避免下游坡脚积水，

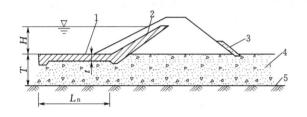

图5-19 黏土铺盖示意图
1—黏土铺盖；2—斜墙；3—坝坡排水；
4—砂卵石质；5—不透水层

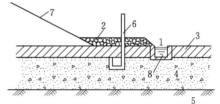

图5-20 排渗沟示意图
1—排渗沟；2—透水盖重；3—弱透水层；
4—透水层；5—不透水层；6—测压管；
7—下游坝坡；8—反滤层

又可在下游有弱透水层时排水减压。排渗沟可平行坝轴线或垂直坝轴线布置，并与坝趾排水体连接；垂直坝轴线的排渗沟间距视地基渗漏程度而定，一般为5～10m，在沟的尾部设横向排渗干沟，将各排渗沟的水集中排走；对一般均质透水层沟只需深入坝基1～1.5m；对双层结构地基且表层弱透水层不太厚时，应挖穿弱透水层；沟内按反滤材料设保护层；当弱透水层较厚时，不宜考虑其导渗减压作用。为了方便检查，排渗沟一般布置成明沟；但有时为防止地表水流入沟内造成淤塞，也可做成暗沟，但工程量较大。

2）透水盖重。当坝基渗漏严重，在坝后发生翻水冒砂、管涌或流土现象时，则不宜开排渗沟，而应采取压渗措施。透水盖重是在坝体下游渗流出逸的适当范围内，先铺设反滤料垫层，然后填以石料或土料盖重，它既能使覆盖层土体中的渗水导出又能给覆盖层土体一定的压重，抵抗渗压水头，故又称之为压渗台。透水盖重的厚度可根据单位面积土柱受力平衡条件求得，如图5-21所示。

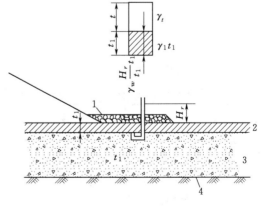

图5-21 透水盖重示意图
1—透水盖重；2—弱透水层；
3—透水层；4—不透水层

常见的压渗台形式有以下两种：

a）石料压渗台。主要适用于石料较多的地区、压渗面积不大和局部的临时紧急救护，如图5-22（a）所示。如果坝后有夹带泥沙的水流倒灌，则压渗台上面需用水泥砂浆勾缝。

b）土料压渗台。适用于缺乏石料、压渗面积较大、要求单位面积压渗重量较大的情况。需注意，在滤料垫层中每隔3～5m加设一道垂直于坝轴线的排水管，以保证原坝脚滤水体排出通畅，如图5-22（b）所示。

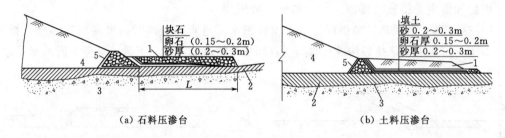

（a）石料压渗台　　　　　　　　　　　（b）土料压渗台

图5-22　压渗台示意图

1—压渗台；2—覆盖层；3—透水层；4—坝体；5—滤水体

3）减压井。减压井是利用造孔机具，在坝址下游坝基内，沿纵向每隔一定距离造孔，并使钻孔穿过弱透水层，深入强透水层一定深度而形成，如图5-23所示。减压井的结构是在钻孔内下入井管（包括导管、花管、沉淀管），管下端周围填以反滤料，上端接横向排水管与排水沟相连，如图5-24所示。

这样可把地基深层的承压水导出地面，以降低浸润线，防止坝基渗透变形，避免下游

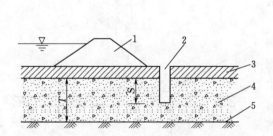

图5-23　减压井示意图

1—坝体；2—减压井；3—弱透水层；
4—强透水层；5—不透水层

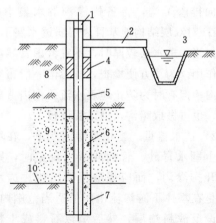

图5-24　减压井结构示意图

1—井帽；2—出水管；3—排水沟；4—黏土
或混凝土封闭；5—导管；6—有孔花管；
7—沉淀管；8—弱透水层；9—透
水层；10—不透水层

地区沼泽化。当坝基弱透水层覆盖较厚，开挖排水沟不经济，而且施工也较困难时，可采用减压井。减压井是保证覆盖层较厚的砂砾石地基渗流稳定的重要措施。减压井虽然有良好的排渗降压效果，但施工复杂，管理、养护要求高，并随时间的推移，容易出现淤堵失效的现象。

（四）绕坝渗漏的原因及处理方法

1. 绕坝渗漏的原因

水库的蓄水绕过土石坝两岸坡或沿坝岸结合面渗向下游的现象，称为绕坝渗漏。绕坝渗漏将使坝端部分坝体内浸润线抬高，岸坡背后出现阴湿、软化和集中渗漏，甚至引起岸坡塌陷和滑坡。

产生绕坝渗漏的主要原因有以下几个方面：

（1）坝端两岸地质条件过差。如土石坝两岸连接的岸坡属条形山或覆盖层单薄的山包，且有砂砾透水层；透水性大的风化岩层；山包的岩体破碎，节理裂隙发育，或有断层通过等不利地质条件，而施工中未能妥善处理。

（2）坝岸接头防渗措施不当。如对两岸地质条件缺乏深入了解，未提出合理的措施进行防渗处理，或采用截水槽等方案盲目进行防渗处理，不但没有切入不透水层，反而挖穿了透水性较小的天然铺盖，暴露出内部强透水层。

（3）施工质量不符合要求。施工中由于开挖困难或工期紧迫等原因，未按设计要求施工，如岸坡段坝基清基不彻底、坝端岸坡开挖过陡、截水槽回填质量较差等造成坝岸结合质量差。

（4）因施工期任意取土或水库蓄水后受风浪淘刷，破坏了上游岸坡的天然铺盖。

（5）岩溶、生物洞穴以及植物根茎腐烂后形成孔洞等。

2. 绕坝渗漏的处理措施

绕坝渗漏的处理原则仍是"上堵下排"，以堵为主、结合下排。常用的处理措施有截水槽、防渗斜墙、黏土铺盖、灌浆帷幕、堵塞回填、导渗排水等方法。

当岸坡表面覆盖层或风化层较厚，且透水性较大时，可在岸坡上开挖深槽，切断覆盖层或风化层，直达不透水层，并回填黏土或混凝土，形成防渗截水槽；当坝体为均质坝或斜墙坝，岸坡平缓，基岩节理发育，岩石破碎，渗漏严重，附近又有许多合适黏土时，则可将上游岸坡清理后修筑黏土防渗斜墙；当上游坝肩岸坡岩石轻微风化，但节理发育或山坡单薄时，可沿岸坡设置黏土铺盖来进行防渗；当岸坡存在裂缝和洞穴，引起绕坝渗漏时，则先将裂缝和洞穴清理干净，然后较小的裂缝用砂浆堵塞，较大的裂缝用黏土回填夯实，与水库相通的洞穴，先在上游面用黏土回填夯实，再在下游面按反滤原则堵塞，并用排水沟或排水管将渗水导向下游；当坝端基岩裂隙发育，渗漏严重时，可在坝端岸坡内进行灌浆处理，形成防渗帷幕，但应与坝体和坝基的防渗设施形成一个整体。另外，可在土质岸坡下游坡面出现散浸的地段铺设反滤排水，在渗水严重的岩质岸坡下游及坡脚处打排水孔集中排水。对岩溶发育地区渗漏的处理包括地表处理和地下处理两种，地表处理主要有黏土或混凝土铺盖、喷水泥砂浆或混凝土等措施，地下处理主要有开挖回填、堵塞溶洞及灌浆等措施，可参考专门书籍。

四、土石坝滑坡的处理

土石坝滑坡是指土石坝的部分坝坡土体，在各种内外因素作用下失去平衡，脱离原来的位置向下滑移的现象。土石坝滑坡，有的是突然发生的，但大多数在滑坡初期会出现裂缝并且土体有小的位移，如能及时发现并积极处理，危害往往可以避免或者减轻；如不及时采取适当措施，将会影响水库效益发挥，甚至造成垮坝事故。

（一）滑坡的类型

土石坝滑坡按其性质可分为剪切性滑坡、塑流性滑坡和液化性滑坡；按滑动面形状可分为圆弧滑坡、折线滑坡和复合滑坡；按滑动部位可分为上游滑坡和下游滑坡。

1. 剪切性滑坡

坝坡与坝基上部分滑动体的滑动力超过了滑动面上的抗滑力，失去平衡向下滑移的现象，即剪切性滑坡。当坝体与坝基土层是高塑性以外的黏性土，或粉砂以外的非黏性土时，多发生剪切性滑坡破坏。

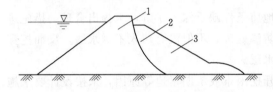

图 5-25　剪切性滑坡示意图
1—原坝体；2—滑弧线；3—滑动体

剪切性滑坡滑动前在坝面出现一条平行于坝轴线的纵向裂缝，然后随裂缝的不断延伸和加宽，两端逐渐向下弯曲延伸，形成曲线形。滑动时，主裂缝两侧便上下错开，错距逐渐加大。同时，滑坡体下部出现带状或椭圆形隆起，末端向坝脚方向推移，如图5-25所示。初期发展较慢，后期突然加快，移动距离可由数米至数十米不等，一般直到滑动力与抗滑力经过调整达到新的平衡以后才告终止。

2. 塑流性滑坡

塑流性滑坡多发生于含水量较大的高塑性黏土填筑的坝体中。高塑性黏土坝坡，在一定的荷载作用下，产生塑性流动（蠕动），即使剪应力低于土的抗剪强度，土体也将不断产生剪切变形，以致产生显著的塑性流动而滑坡。

土体的蠕动一般进行得十分缓慢，发展过程较长，较易察觉，并能及时防护和补救；但当高塑性土的含水量高于塑限而接近流限时，或土体接近饱和状态而又不能很快排水固结时，塑性流动便会出现较快的速度，危害性较大。

塑流性滑坡发生前，不一定出现明显的纵向裂缝，而通常表现为坡面的水平位移和垂直位移连续增长，滑坡体的下部土被压出或隆起，如图5-26所示。只有当坝体中间有含水量较大的近乎水平的软弱夹层，而坝体沿该层发生塑流破坏时，滑坡体顶端在滑动前也会出现纵向裂缝。

3. 液化性滑坡

对于级配均匀的中细砂或粉砂坝体或坝基，在水库蓄水砂体达饱和状态时，突然遭受强烈振动（如地震、爆炸或地基土层剪切破坏等），砂的体积急剧收缩，砂体中的水分无法流泻，这种现象即液化性滑坡，如图5-27所示。

液化性滑坡发生时间短促，事前没有预兆，大体积坝体顷刻之间便液化流散，很难观

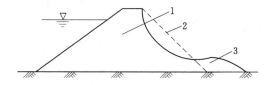

图 5-26 塑流性滑坡示意图
1—原坝体；2—原坡线；3—隆起体

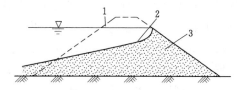

图 5-27 液化性滑坡示意图
1—原坝坡线；2—滑动面；3—原坡体

测、预报或抢护。

上述三类滑坡以剪切破坏最为常见，需重点分析这种滑坡的产生原因及处理措施。而塑流性滑坡的处理基本与剪切破坏性滑坡相同。对于液化性滑坡破坏，则应在建坝前进行周密的研究，并在设计与施工中采取防范措施。

（二）滑坡的原因

滑坡现象的发生，是由于滑动面上土体的滑动力超过了抗滑力。滑动力主要与坝坡的陡缓有关，坝坡越陡，滑动力越大；抗滑力主要与填土的性质、压实的程度以及渗透水压力的大小有关，土粒越细、压实程度越差、渗透水压力越大，抗滑力就越小；较大的不均匀沉陷及某些外加荷载也可能导致抗滑力的减小或滑动力的增大。

土石坝的滑坡往往是多种因素共同作用的结果，其主要取决于设计、施工和管理等因素。

1. 勘测设计方面的原因

某些设计指标选择过高，坝坡设计过陡，或对土石坝抗震问题考虑不足；坝端岩石破碎或土质很差，设计时未进行防渗处理，因而产生绕坝渗流；坝基内有高压缩性软土层、淤泥层，强度较低，勘测时没有查明，设计时也未做任何处理；下游排水设备设计不当，使下游坝坡大面积散浸等。

2. 施工方面的原因

施工时为赶速度，土料碾压未达标准，干密度偏低，或者是含水量偏高，施工孔隙压力较大；冬季雨季施工时没有采取适当的防护措施，影响坝体施工质量；合龙段坝坡较陡，填筑质量较差；心墙坝坝壳土料未压实，水库蓄水后产生大量湿陷等。

3. 运用管理方面的原因

水库运用中若水位骤降，土体孔隙中水分来不及排出，致使渗透压力增大；坝后排水设备堵塞，浸润线抬高；白蚁等害虫害兽打洞，形成渗流通道；在土石坝附近爆破或在坝坡上堆放重物等也均会引起滑坡。

另外，在持续暴雨和风浪淘刷下，在地震和强烈振动作用下也可能产生滑坡。

（三）滑坡的处理

1. 滑坡的抢护

对刚出现滑坡征兆的边坡，应根据情况采取紧急措施，使其不再继续发展并使滑动逐步稳定。主要的抢护措施有以下几种：

（1）改善运用条件。例如，在水库水位下降时发现上游坡有弧形裂缝或纵向裂缝时，应立即停止放水或减小放水量以减小降落速度，防止上游坡滑坡；当坝身浸润线太高，可能危及下游坝坡稳定时，应降低水库运行水位和下游水位，以保安全；当施工期孔隙水压力过高可能危及坝坡稳定时，应暂时停止填筑或降低填筑速度。

（2）防止雨水入渗。导走坝外地面径流，将坝面径流排至可能滑坡范围之外。做好裂缝防护，避免雨水灌入，并防止冰冻、干缩等。

（3）坡脚压透水盖重，以增加抗滑力并排出渗水。

（4）在保证土石坝有足够挡水断面的前提下，也可采取上部削土减载的措施。

2. 滑坡的处理

当滑坡已经形成且坍塌终止，或经抢护进入稳定阶段后，应根据具体情况研究分析，进行永久性处理。其基本原则是"上部减载，下部压重"，并结合"上截下排"。具体措施如下：

（1）堆石（抛石）固脚。在滑坡坡脚增设堆石体，是防止滑动的有效方法，如图 5 - 28 所示，堆石的部位应在滑弧中的垂线 OM 左边，靠滑弧下端部分（增加抗滑力），而不应将堆石放在滑弧的腰部，即垂线 OM 与 ND 之间（虽然增加了抗滑力，但也加大了滑动力），更不能放在垂线 ND 以右的坝顶部分（主要增加滑动力）。

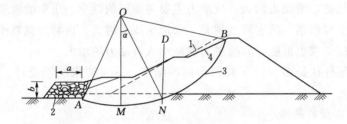

图 5 - 28　堆石固脚示意图
1—原坝坡；2—堆石固脚；3—滑动圆弧；4—放缓后坝坡

如果用于处理上游坝坡的滑坡，在水库有条件放空时，可用块石浆砌而成，具体尺寸应根据稳定计算确定。当水库不能放空时，可在库岸上用经纬仪定位，用船向水中抛石固脚。同时注意，上游坝坡滑坡时，原护坡的块石常大量散堆于滑坡体上，可结合清理工作，把这部分石料作为堆石固脚的一部分。如果用于处理下游的滑坡，则可用块石堆筑或干砌，以利排水。堆石固脚的石料应具有足够的强度，一般不低于 40MPa，并具有耐水、耐风化的特性。

（2）放缓坝坡。当滑坡是由边坡过陡所造成时，放缓坝坡才是彻底的处理措施。即先将滑动土体挖除，并将坡面切成阶梯状，然后按放缓的加大断面，用原坝体土料分层填筑，夯压密实。必须注意，在放缓坝坡时，应做好坝脚排水设施，如图 5 - 29 所示。

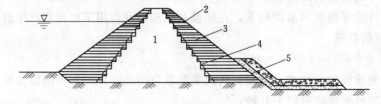

图 5 - 29　放缓坝坡示意图
1—原坝体；2—新坝坡；3—培厚坝体；4—原坝坡；5—坝脚排水

（3）开沟导渗滤水还坡。由于坝体原有的排水设施质量差或排水失效后浸润线抬高，使坝体饱和，从而增加了坝坡的滑动力，降低了阻滑能力，引起滑坡者，可采用开沟导渗滤水还坡法进行处理。具体做法为：从开始脱坡的顶点到坝脚为止，开挖导渗沟，沟中填导渗材料，然后将陡坎以上的土体削成斜坡，换填砂性土料，使其与未脱坡前的坡度相同，夯填密实，如图5-30所示。

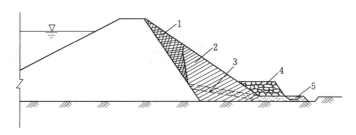

图5-30　开沟导渗滤水还坡示意图
1—削坡换填砂性土；2—还坡部分；3—导渗沟；4—堆石固脚；5—排水暗沟

（4）清淤排水。对于地基存在淤泥层、湿陷性黄土层或液化的均匀细砂层，施工时没有清除或清除不彻底而引起的滑坡，处理时应彻底清除这些淤泥、黄土和砂层。同时，也可采用开导渗沟等排水措施，也可在坝脚外一定距离修筑固脚齿槽，并用砂石料压重固脚，增加阻滑力。

（5）裂缝处理。对土坝伴随滑坡而产生的裂缝必须进行认真处理。因为土体产生滑动以后，土体的结构和抗剪强度都发生了变化，加上裂缝后雨水或渗透水流的侵入，使土体进一步软化，将使与滑动体接触面处的抗剪强度迅速减小，稳定性降低。处理滑坡裂缝时应将裂缝挖开，把其中稀软土体挖除，再用与原坝体相同土料回填夯实，达到原设计干容重要求。

在进行土石坝滑坡处理时，切忌采取错误的处理方法。

1）对于滑坡主裂缝，原则上不应采用灌浆方法。因为浆液中的水将渗入土体，降低滑坡体之间的抗剪强度，对滑坡体的稳定不利，灌浆压力更会增加滑坡体的下滑力。

2）不宜采用打桩固脚的方法处理滑坡。因为桩的阻滑作用很小，土体松散，不能抵挡滑坡体的推力，而且因打桩连续的震动，反而促使滑坡体滑动。

3）对于水中填土坝，水力冲填坝，在处理滑坡阶段进行填土时，最好不要采用碾压法施工，以免因原坝体固结沉陷而开裂。

五、土石坝护坡的修理

我国已建土石坝护坡的形式，迎水坡多为干砌块石，也有浆砌块石、混凝土预制块、抛石等，背水坡常为草皮或干砌石护坡等形式。

（一）护坡破坏的类型及原因

常见护坡破坏的类型有脱落破坏、塌陷破坏、崩塌破坏、滑动破坏、挤压破坏、鼓胀破坏、溶蚀破坏等。

护坡破坏的原因是多方面的，总结主要有以下几个方面的原因：

（1）由于护坡块石设计标准偏低或施工用料选择不严，块石重量不够，粒径小，厚度薄，有的选用石料风化严重。在风浪的冲击下，护坡产生脱落，垫层被淘刷，上部护坡因失去支撑而产生崩塌和滑移，如图5-31所示。

（2）护坡的底端和护坡的转折处未设基脚，结构不合理或深度不够，在风浪作用下基脚被淘刷，护坡会失去支撑而产生滑移破坏，如图5-32所示。

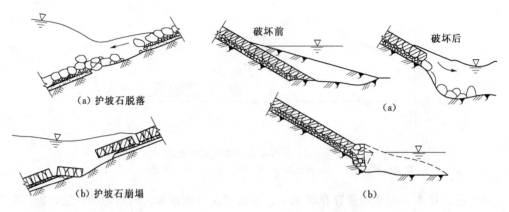

<table>
<tr><td>（a）护坡石脱落</td><td>破坏前　破坏后
（a）</td></tr>
<tr><td>（b）护坡石崩塌</td><td>（b）</td></tr>
</table>

图5-31　护坡在风浪作用
下的破坏形式　　　　　　　图5-32　护坡基脚淘刷破坏

（3）护坡砌筑质量差，如缝隙较大、出现通缝等导致块石松动、脱出破坏。

（4）没有垫层或垫层级配不好。护坡垫层材料选择不严格，未按反滤原则设计施工，级配不好，反滤作用差，在风浪作用下，细粒在层间流失，护坡被淘空，引起护坡破坏。

（5）在严寒地区，冻胀使坡拱起，冻土融化，坝土松软，使护坡架空；水库表面冰盖与护坡冻结在一起，冰温升降对护坡产生推拉力，使护坡破坏。

（6）在运用过程中，水位骤降或遭遇地震，均易造成护坡滑坡的险情。

（二）护坡的抢护和修理

土石坝护坡的抢护和修理分为临时紧急抢护和永久加固修理两类。

1. 临时紧急抢护

当护坡受到风浪或冰凌破坏时，为了防止险情继续恶化，破坏区不断扩大，应该采取临时紧急抢护措施。临时抢护措施通常有砂袋压盖、抛石和铅丝石笼抢护等几种。

（1）砂袋压盖。适用于风浪不大、护坡局部松动脱落、垫层尚未被淘刷的情况，此时可在破坏部位用砂袋压盖两层，压盖范围应超出破坏区0.5～1.0m范围。

（2）抛石抢护。适用于风浪较大，护坡已冲掉和坍塌的情况，这时应先抛填0.3～0.5m厚的卵石或碎石垫层，然后抛石，石块大小应足以抵抗风浪的冲击和淘刷。

（3）铅丝石笼抢护。适用于风浪很大、护坡破坏严重的情况。装好的石笼用设备或人力移至破坏部位，石笼间用铅丝扎牢，并填以石块，以增强其整体性和抵抗风浪的能力。

2. 永久加固修理

护坡经临时紧急抢护而趋于稳定后，应及时采取相应措施进行加固修理，永久加固修理的方法通常有局部翻砌、框格加固、砾石混凝土和砂浆灌注、全面浆砌块石、混凝土护坡等。

（1）局部填补翻修。应先将临时抢护的物料全部清除，将反滤体按设计修复，然后铺砌护坡。若是干砌石护坡，应选择符合设计要求的石块沿坝坡自下而上砌筑，石块应立砌，砌缝应交错压紧，较大的缝隙则用小片石填塞楔紧。若是浆砌石护坡，先将松动的块石拆除并清理干净，再取较方整的坚硬块石用坐浆法砌筑，石缝中填满砂浆、捣实，并用高标号砂浆勾缝。若是堆石护坡，下部需做好反滤层，其厚度不小于 30cm，堆石层厚度为 50～90cm。若是混凝土护坡，对于现浇板，则应将破坏部位凿毛清洗干净，再浇混凝土；对于预制板，若板块较厚，损坏又不大，可在原混凝土板上填补混凝土，如损坏严重，则应更换新板。若是草皮护坡，应先将坝体土料夯实，然后铺一层 10～30cm 厚的腐殖土，再在腐殖土上重铺草皮。若是沥青混凝土护坡，对 1～2mm 的小裂缝，可不必处理，气温较高时能自行闭合，对较大裂缝，可在每年 1—2 月裂缝开度最大时用热沥青渣油浆灌注，对隆起和剥蚀部分则应凿开并冲洗干净，在风干后洒一层热沥青渣油浆，再用沥青混凝土填补。

（2）混凝土盖面加固。若原来的干砌石护坡的块石较小或浆砌石护坡厚度较小，强度不够，不能抵抗风浪的冲击和淘刷，可将原有护坡表面和缝隙清理干净，并在其上浇一层 5～7cm 厚的混凝土盖面，并用沥青混凝土板分缝，间距 3～5m。

（3）框格加固。若干砌石护坡的石块尺寸较小，砌筑质量较差，则可在原护坡上增设浆砌石或混凝土框格，将护坡改造为框格砌石护坡，以增加护坡的整体性，避免大面积护坡损坏。

（4）干砌石缝胶结。若护坡石块尺寸较小，或石块尺寸虽大，但施工质量不好，不足以抵御风浪冲刷时，可用水泥砂浆、水泥黏土砂浆、细石混凝土、石灰水泥砂浆、沥青渣油浆或沥青混凝土填缝，将护坡石块胶结成一体。施工时应先将石缝清理和冲洗干净，再向石缝中填充胶结料，并每隔一定距离保留一些细缝隙以便排水。

（5）沥青渣油混凝土加固。若护坡损坏严重，当地缺乏石料，而沥青渣油材料较易获得，则可将护坡改建为沥青渣油块石护坡，或沥青渣油混凝土（板）护坡等。

六、土石坝白蚁的防治

（一）白蚁对土石坝的危害

白蚁是一种危害性很大的昆虫，它的种类繁多，分布很广。白蚁按栖居习性不同，大致可分为木栖白蚁、土栖白蚁和土木两栖白蚁三种类型。危害堤坝安全的是土栖白蚁，主要蚁种有黑翅土白蚁和黄翅大白蚁等。这两种白蚁在堤坝土壤里营巢筑路，一个黑翅土白蚁的成年群体，其个体总数可达 100 万～200 万个，主巢离地表的深度为 1～3m，年久的可达 7m 左右，它们到处寻水觅食，随着巢龄的增长和群体的发展，主巢搬迁由浅入深，巢体由小到大，主巢附近的副巢增多，蚁道蔓延伸长纵横交错，四通八达，有的蚁道贯穿堤坝内外坡，成为涨水时的漏水通道。一旦洪水来临，上游水位抬高，将导致堤坝漏水、散浸、跌窝和管涌等险情的产生，甚至发生决堤垮坝的严重事故。所谓"千里金堤，溃于蚁穴"就是这个道理。

（二）土石坝蚁害产生的原因

根据对堤坝蚁患的调查、观察和分析，认为堤坝白蚁产生的原因主要有以下四个方面。

（1）清基不彻底，隐有旧蚁患。建造堤坝前，地基内的蚁巢未进行清除或清除不彻底而留下隐患。这种堤坝的蚁害发生得早且严重，往往出现早期漏水。

（2）有翅成虫分飞到堤坝营巢繁殖。每年纷飞季节，堤坝附近山坡、田野的有翅成虫分飞而来，在堤坝上配对钻洞，营巢繁殖建立新群体。尤其是堤坝周围有灯光，大量有翅成虫被引诱而来，就更易导致堤坝白蚁的产生，这是堤坝白蚁产生的主要原因。

（3）附近白蚁蔓延到堤坝。堤坝土质和湿度及内外坡杂草是白蚁生活繁殖的良好环境，附近的白蚁极易蔓延到堤坝上来。堤坝两端坝体内的白蚁多由此原因产生。

（4）管理工作不善，人为招惹蚁害。在堤坝上翻晒柴草和堆放木柴，将白蚁带上堤坝，过后又不及时清理；有些地方在堤防边修坟墓、盖猪舍；有的水库在坝的两端种植白蚁喜食的树木等，这些都很可能导致堤坝蚁害的产生。

堤坝产生白蚁的原因很多，加之堤坝本身具备了白蚁生活繁殖所需要的良好条件，所以堤坝蚁害发展很快。此外，由于堤坝周围白蚁不可能完全消灭，白蚁仍然会分飞、蔓延到堤坝上来，所以，防治堤坝白蚁的工作不是一劳永逸的。

（三）土石坝白蚁的防治

1. 土石坝白蚁的预防

土栖白蚁对堤坝的危害既隐蔽又严重，在白蚁对堤坝造成严重危害之前，通常不易被人们发现。另外，堤坝中产生白蚁的原因很多，防治白蚁的工作是经常而长期的，所以必须贯彻"防重于治，防治结合"的方针，以保障堤坝的安全，预防堤坝白蚁一般有以下措施。

（1）做好清基工作。对新建的堤坝和扩建的加高培厚工程，施工前，必须做好清基工作，清除杂草和树根，并仔细检查白蚁隐患，认真地做好附近山坡白蚁的灭治工作；对料场的清基也应予以重视，严禁杂草树根上堤坝，以避免蚁患填埋于堤坝中，造成严重隐患。

（2）毒土防蚁。利用化学药剂处理堤坝土壤，可以防止外来白蚁的侵入和灭治堤坝浅层的初建巢群。目前各地常用的药剂有五氯酚钠水溶液、氯丹乳剂、六氯环己烷（俗称"六六六粉"）、煤、油或柴油等，在毒土处理时，要防止库水的污染并注意人畜的安全。

（3）灯光诱杀有翅成虫。在每年 4—6 月的纷飞季节，利用有翅成虫的趋光习性，在坝区外装置黑光灯（或气灯、煤油灯）诱杀有翅成虫，防止其从附近山地到堤坝建巢。

（4）改变堤坝表土结构。改变堤坝表层土壤结构，可造成不利于白蚁生存的条件，以阻止新的群体的产生。用掺入 10% 石灰或 3% 食盐的土壤以及两种掺入料比例降低一半的混合土壤填筑土坝表层，可使有翅成虫配对脱翅后均死于土表。铲去背水坡草皮，铺上厚 10cm 的煤灰渣，同样能防止繁殖蚁入土建巢。

（5）生物防治。土栖白蚁大量活动期间和有翅成虫的纷飞季节，在堤坝上放养鸡群，能将刚落在坝面上的有翅成虫啄食。同时鸡还经常翻动坝面上的枯草和白蚁的泥被、泥线，啄食出来活动的白蚁。白蚁的天敌很多，主要有青蛙、黑蚂蚁、蜻蜓、蝙蝠、燕子、麻雀等。它们对抑制土栖白蚁新群体的产生和原群体的扩展有重要作用，因此，对白蚁的天敌要进行保护并加以利用。

（6）加强工程管理。禁止在堤坝上长期堆放柴草、木材等白蚁喜食的杂物，并经常清除堤坝上的枯草和树蔸，逐步更换堤坝附近白蚁喜食的绿化树种（如大叶桉等），可减少外来白蚁蔓延到堤坝上来。

2. 土石坝白蚁的查找

（1）普查法。根据白蚁的生活习性，在每年白蚁活动旺盛的季节（一般为3—6月和9—11月），寻找白蚁修筑的蚁道、泥线和泥被等地表活动迹象。

（2）引诱法。在有白蚁的地方打入一根长50cm的松、杉、刺槐、柏或桉树的带皮木桩，深入土中约1/3，或挖掘多个长40cm、宽40cm、深50cm的坑，坑距5～15m，在坑内堆放桉树皮、甘蔗渣、茅草根、新鲜玉米和高粱茎，上面盖上松土，每天早晚定时检查桩上有无白蚁筑的泥被，定期检查坑里是否有白蚁，并跟踪查找主巢位置。

（3）锥探法。利用钢锥锥探坝体，检查坝体中是否有空洞，以判断坝内有无白蚁巢。

3. 土石坝白蚁的灭治

当找到白蚁巢后进行灭杀，才能彻底地消灭白蚁。灭治白蚁的方法较多，一般可归纳为熏、灌、挖、喷、诱等5种。现将常用的灭蚁方法分述如下。

（1）磷化铝（或磷化钙）熏杀。利用磷化铝在空气中易吸收水分而产生极毒的磷化氢气体来熏杀白蚁。操作方法为将磷化铝片剂5～15片（每片含2g），放入装有湿棉球的玻璃试管内，立即把试管口插入已挖开的主蚁道，用湿布密封试管周围。为加快反应速度，可在试管底部加温。反应完毕，拔出试管，迅速用湿土封堵蚁道口，3～5日白蚁的死亡率可达100%。此法简单易行，效果较好，但操作时必须严守规程，以防中毒。用药后一周之内严禁人、畜进入施药地区。

还可以利用敌敌畏熏杀、六氯环己烷烟雾剂熏杀等方法，但要注意用烟雾剂熏杀白蚁，在蚁道畅通、离主巢又近时效果才佳。

（2）灌毒泥浆毒杀。灌毒泥浆不仅能毒杀白蚁，还有填补蚁巢、空腔、蚁道和加固堤坝的作用。泥浆由过筛的黄泥（或黏土）和药剂水液按重量比1：2拌和而成，泥浆相对密度以1.25～1.40为宜。常用药剂水液有0.1%～0.2%的五氯酚钠，0.3%～0.5%的六氯环己烷、氯丹，0.4%的乐果和0.1%～0.2%的敌百虫等。

灌浆灭蚁可利用主蚁道口或锥探孔进行，也可用小型钻机造孔灌浆。开始时，灌浆压力应控制在4×10^4Pa以内，压力过大会造成土层破裂而冒浆，随后再逐渐加大，直至蚁道或堤面出现冒浆现象。此时，停止灌浆片刻，用泥封堵冒浆的地方，再重新慢灌至饱和为止。以后，待浆液脱水收缩形成空隙时，可再进行灌浆。

利用主蚁道灌浆关键是选择主蚁道口的位置，为使灌浆效果良好，应尽量在堤坝上半坡或靠近坝顶处寻找合适的蚁道，自上而下进行灌浆。另外，利用分飞孔，挖出主蚁道灌浆或在鸡丛菌位置锥孔灌浆，则效果更好。

（3）挖巢灭蚁。挖巢灭蚁方法简单，可发动群众进行，取巢后要及时熏灌残留在蚁道内的白蚁，杜绝后患。挖巢后，及时回填并结合工程处理，但在汛期翻挖蚁巢，应特别注意堤坝的安全。此法的缺点是工程量较大。

（4）喷灭蚁灵粉剂毒杀。灭蚁灵纯品是一种白色或淡黄色晶体，无气味，通常配成75%粉剂，属慢性胃毒性杀虫剂。毒杀原理是利用白蚁在相遇时互相舔吮和通过工蚁给其他白蚁喂食的生活习性，使中毒的白蚁在巢群内互相传染，最后全巢死亡。

具体方法是在每年4—6月或9—11月土牺白蚁在地表活动的两个高峰期，在堤坝坡面上按前述方法设置诱蚁坑或诱蚁堆，在短期内可引来大量白蚁，即可进行喷药。喷药前先将泥皮扒开，然后轻轻提起饵物，将灭蚁灵粉喷在白蚁身上，再把饵料轻轻放回原处，盖上泥皮。过几天再检查，发现有白蚁再喷药，直至没有白蚁为止。

（5）灭蚁灵毒饵诱杀。此法由诱喷灭蚁灵粉方法改进而成，是目前灭治堤坝白蚁行之有效的新技术，已被广泛采用。毒饵系采用当地白蚁喜食饵料，经晒干粉碎呈粉末状，再与灭蚁灵粉、白糖按一定重量比混合制成。目前各地采用的有毒饵条、片剂和诱杀包两种。

毒饵诱杀法具有灭蚁效果好、操作简单安全、对周围环境污染小、省工省时、药物费用少、适用于各种坝型等优点。但毒饵易霉变失效，所以，保存和使用都应注意防潮防霉。

以上方法均有一定效果，但各有优缺点，可根据当地情况，因地制宜地采用，或进行综合治理，以便有效地消灭蚁患，保障堤坝安全。

第二节　混凝土坝及浆砌石坝的养护修理

混凝土坝与浆砌石坝的病害类型主要有裂缝、渗漏破坏和抗滑稳定性不够等。

一、混凝土坝与浆砌石坝的日常养护

混凝土坝的维护是指对混凝土坝主要建筑物及其设施进行的日常保养和防护。主要包括工程表面、伸缩缝止水设施、排水设施、监测设施等的养护和维修，以及冻害、碳化与氯离子侵蚀、化学侵蚀等的防护和处理。

1. 表面养护和防护

（1）坝面和坝顶路面应经常整理，保持清洁整齐，无积水、散落物、杂草、垃圾和乱堆的杂物、工具。

（2）溢流过水面应保持光滑、平整，无引起冲磨损坏的石块和其他重物，以防止溢流过水面出现空蚀或磨损现象。

（3）在寒冷地区，应加强冰压、冻拔、冻胀、冻融等冻害的防护。

（4）对重要的钢筋混凝土结构，应采取表面涂料涂层封闭的方法，防护混凝土碳化与氯离子腐蚀对钢筋的锈蚀作用。

（5）对沿海地区或化学污染严重的地区，应采取涂料涂层防护或浇筑保护层的方法，防止溶出性侵蚀或酸类和盐类侵蚀。

2. 伸缩缝止水设施维护

（1）各类止水设施应完整无损，无渗水或渗漏量不超过允许范围。

（2）沥青井出流管、盖板等设施应经常保养，溢出的沥青应及时清除。

（3）沥青井5～10年应加热一次，沥青不足时应补灌，沥青老化时应及时更换。

（4）伸缩缝充填物老化脱落时，应及时充填封堵。

3．排水设施维护

（1）排水设施应保持完整、通畅。

（2）坝面、廊道及其他表面的排水沟、孔应经常进行人工或机械清理。

（3）坝体、基础、溢洪道边墙及底板的排水孔应经常进行人工掏挖或机械疏通，疏通时应不损坏孔底反滤层。无法疏通的，应在附近补孔。

（4）集水井、集水廊道的淤积物应及时清除。

二、混凝土坝与浆砌石坝裂缝的处理

（一）裂缝的分类及特征

混凝土坝及浆砌石坝裂缝是常见的现象，其类型及特征见表5-1。

表5-1　　　　　　　　　　　　裂缝的类型及特征

类　型	特　征
沉陷缝	（1）裂缝往往属于贯通性的，走向一般与沉陷走向一致； （2）较小的沉陷引起的裂缝，一般看不出错距；较大的不均匀沉陷引起的裂缝，则常有错距； （3）温度变化对裂缝影响较小
干缩缝	（1）裂缝属于表面性的，没有一定规律性，走向纵横交错； （2）宽及长度一般都很小，如同发丝
温度缝	（1）裂缝可以是表层的，也可以是深层或贯穿性的； （2）表层裂缝的走向没有一定规律性； （3）钢筋混凝土深层或贯穿性裂缝，方向一般与主钢筋方向平行或近似于平行； （4）裂缝宽度沿裂缝方向无多大变化； （5）缝宽受温度变化的影响，有明显的热胀冷缩现象
应力缝	（1）裂缝属深层或贯穿性的，走向一般与主应力方向垂直； （2）宽度一般较大，沿长度和深度方向有明显变化； （3）缝宽一般不受温度变化的影响

（二）裂缝形成的主要原因

混凝土坝与浆砌石坝裂缝的产生，主要与设计、施工、运用管理等有关。

1．设计方面

大坝在设计过程中，由于各种因素考虑不全，坝体断面过于单薄，致使结构强度不足，造成建筑物抗裂性能降低，容易产生裂缝。设计时，分缝分块不当，块长或分缝间距过大也容易产生裂缝。由于设计不合理，水流不稳定，引起坝体振动，同样能引起坝体开裂。

2．施工方面

在施工过程中，由于基础处理、分缝分块、温度控制等未按设计要求施工，致使基础产生不均匀沉陷；施工缝处理不善，或者温差过大，造成坝体裂缝。在浇筑混凝土时，由于施工质量控制不好，使混凝土的均匀性、密实性差，或者混凝土养护不当，在外界温度骤降时又没有做好保温措施，导致混凝土坝容易产生裂缝。

3．运用管理方面

大坝在运用过程中，超设计荷载使用，使建筑物承受的应力大于设计应力产生裂缝。

大坝维护不善，或者在北方地区受冰冻影响而又未做好防护措施，也容易引起裂缝。

4．其他方面

由于地震、爆破、台风和特大洪水等引起的坝体振动或超设计荷载作用，常导致裂缝发生。含有大量碳酸氢离子的水，对混凝土产生侵蚀，造成混凝土收缩也容易引起裂缝。

（三）裂缝处理的方法

混凝土及浆砌石坝裂缝的处理，目的是恢复其整体性，保持其强度、耐久性和抗渗性，以延长建筑物的使用寿命。裂缝处理的措施与裂缝产生的原因、裂缝的类型、裂缝的部位及开裂程度有关。沉陷裂缝、应力裂缝，一般应在裂缝已经稳定的情况下再进行处理；温度裂缝应在低温季节进行处理；影响结构强度的裂缝，应与结构加固补强措施结合考虑；处理沉陷裂缝，应先加固地基。

1．裂缝表面处理

当裂缝不稳定，随着气温或结构变形而变化，而又不影响建筑物整体受力时，可对裂缝进行表面处理。常用的裂缝表面处理的方法有表面涂抹、表面贴补、凿槽嵌补和喷浆修补等。裂缝表面处理的方法也可用来处理混凝土表层的其他损坏，如蜂窝、麻面、骨料架空外露以及表层混凝土松软、脱壳和剥落等。

（1）表面涂抹。

表面涂抹是用水泥砂浆、防水快凝砂浆、环氧砂浆等涂抹在裂缝部位的表面。这是建筑物水上部分或背水面裂缝的一种处理方法。

1）水泥砂浆涂抹。涂抹前先将裂缝附近的表面凿毛，并清洗干净，保持湿润，然后用 1∶1～1∶2 的水泥砂浆在其上涂抹。涂抹的总厚度一般以控制在 1～2cm 为宜，最后压实抹光。温度高时，涂抹 3～4h 后即需洒水养护，冬季要注意保温，切不可受冻；否则强度容易降低。应注意，水泥砂浆所用砂子一般为中细砂，水泥可用不低于 32.5（R）号的普通硅酸盐水泥。

2）环氧砂浆涂抹。环氧砂浆是由环氧树脂与固化剂、增韧剂、稀释剂配制而成的液体材料，再加入适量的细填料拌和而成的。具有强度高、抗冲耐磨的性能。

涂抹前沿裂缝凿槽，槽深 0.5～1.0cm，用钢丝刷洗刷干净，保证槽内无油污、灰尘。经预热后再涂抹一层环氧基液；厚 0.5～1.0mm，再在环氧基液上涂抹环氧砂浆，使其与原建筑物表面齐平，然后覆盖塑料布并压实。

3）防水快凝砂浆（或灰浆）涂抹。防水快凝砂浆（或灰浆）是在水泥砂浆内加入防水剂（同时又是速凝剂），以达到速凝却又能提高防水性能，这对涂抹有渗漏的裂缝是非常有效的。

涂抹时，先将裂缝凿成深约 2cm、宽约 20cm 的 V 形或矩形槽并清洗干净，然后按每层 0.5～1cm 分层涂抹砂浆（或灰浆），直至抹平为止。

（2）表面贴补。

表面贴补是用黏结剂把橡皮或其他材料粘贴在裂缝的表面，以防止沿裂缝渗漏，达到封闭裂缝并适应裂缝的伸缩变化的目的。一般用来处理建筑物水上部分或背水面裂缝的处理。

1）橡皮贴补。橡皮贴补所用材料主要有环氧基液、环氧砂浆、水泥砂浆、橡皮、木板条或石棉线等。环氧基液、环氧砂浆的配制同涂抹用环氧砂浆。水泥砂浆的配比一般为水泥：砂 $1:0.8\sim1:1$，水灰比不超过 0.55，橡皮厚度一般以采用 $3\sim5mm$ 为宜，板条厚度以 5mm 为宜。施工工艺如下（图 5-33）：

a）沿裂缝凿深 2cm、宽 $14\sim16cm$ 的槽并洗净。

b）在槽内涂一层环氧基液，随即用水泥砂浆抹平并养护 $2\sim3d$。

c）将准备好的橡皮进行表面处理，一般放浓硫酸中浸泡 $5\sim10min$，取出冲洗晾干。

图 5-33 橡皮贴补裂缝（单位：cm）
1—原混凝土；2—环氧砂浆；3—橡皮；4—环氧砂浆；5—水泥砂浆；6—板条；7—裂缝

d）在水泥砂浆表面刷一层环氧基液，然后沿裂缝方向放一根木板条，按板条厚度涂抹一层环氧砂浆，然后将粘贴面刷一层环氧基液的橡片铺贴到环氧砂浆上。注意铺贴时要均匀压紧，直至环氧砂浆从橡皮边缘挤出为止。

e）侧面施工时，为防止橡皮滑动或环氧砂浆脱落，需设木支撑加压。待环氧砂浆固化后，可将支撑拆除。为防止橡皮老化，可在橡皮表面刷一层环氧基液，再抹一层环氧砂浆保护。

用橡皮贴补，也可在缝内嵌入石棉线，以代替夹入木板条，施工工艺基本相同，只是取消了水泥砂浆层。在实际工程中，也有用氯丁胶片、塑料片代替橡皮的，施工方法一样。

2）玻璃布贴补。玻璃布的种类很多，一般采用无碱玻璃纤维织成，它具有耐水性能好、强度高的特点。

玻璃布在使用前，必须除去油脂和蜡，以便在粘贴时有效地与环氧树脂结合。玻璃布除油蜡的方法有两种：一种是加热蒸煮，即将玻璃布放置在碱水中煮 $0.5\sim1h$，然后用清水洗净；另一种是先加热烘烤再蒸煮，即将玻璃布放在烘烤炉上加温到 $190\sim250℃$，使油蜡燃烧，再将玻璃布放在浓度为 $2\%\sim3\%$ 的碱水中煮沸约 30min，然后取出洗净晾干。

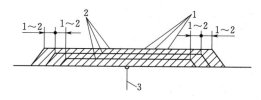

图 5-34 玻璃布贴补示意图（单位：cm）
1—玻璃布；2—环氧基液；3—裂缝

玻璃布粘贴前，需先将混凝土表面凿毛，并冲洗干净，若表面不平，可用环氧砂浆抹平。粘贴时，先在粘贴面上均匀刷一层环氧基液，然后将玻璃布展开放置并使之紧贴在混凝土面上，再用刷子在玻璃布面上刷一遍，使环氧基液浸透玻璃布，接着再在玻璃布上刷环氧基液，按同样方法粘贴第二层玻璃布，但上层应比下层玻璃布稍宽 $1\sim$ 2cm，以便压边。一般粘贴 $2\sim3$ 层即可，如图 5-34 所示。

（3）凿槽嵌补。

凿槽嵌补是沿裂缝凿一条深槽，槽内嵌填各种防水材料，以堵塞裂缝和防止渗水。这种方法主要用于对结构强度没有影响的裂缝处理。沿裂缝凿槽，槽的形状可根据裂缝位置和填补材料而定，一般有图5-35所示的几种形状。V形槽多用于竖直裂缝；U形槽多用于水平裂缝；△形槽多用于顶面裂缝及有渗水的裂缝；⊔形槽则对以上三种情况均能适用。槽的两边必须修理平整，槽内要清洗干净。

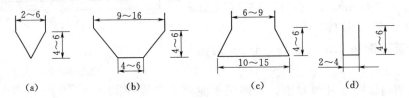

图5-35 缝槽形状和尺寸（单位：cm）

　　嵌补材料的种类很多，有聚氯乙烯胶泥、沥青材料、环氧砂浆、预缩砂浆和普通砂浆等。嵌补材料的选用与裂缝性质、受力情况及供货条件等因素有关。因此，材料的选用需经全面分析后再确定。对于已稳定的裂缝，可采用预缩砂浆、普通砂浆等脆性材料嵌补；对缝宽随温度变化的裂缝，应采用弹性材料嵌补，如聚乙烯胶泥或沥青材料等；对受高速水流冲刷或需结构补强的裂缝，则可采用环氧砂浆嵌补。

　　（4）喷浆修补。

　　喷浆修补是将水泥砂浆通过喷头高压喷射至修补部位，达到封闭裂缝和提高建筑物表面耐磨抗冲能力的目的。根据裂缝的部位、性质和修理要求，可以分别采用挂网喷浆或挂网喷浆与凿槽嵌补相结合的方法。

　　1）挂网喷浆。挂网喷浆所采用的材料主要有水泥、砂、钢筋、钢丝网、锚筋等。通常采用32.5（R）～42.5（R）的普通硅酸盐水泥，砂料以粒径0.35～0.5mm为宜，钢筋网由直径4～6mm钢筋做成，网格尺寸为100mm×100mm～150mm×150mm，结点焊接或者采用直径1～3mm钢丝做钢丝网，尺寸为50mm×50mm～60mm×60mm及10mm×10mm～20mm×20mm，结点可编结或扎结，锚筋通常采用10～16mm钢筋。灰砂比根据不同部位喷射方向和使用材料，通过试验决定。水灰比一般采用0.3～0.5。

　　喷浆系统布置如图5-36所示。喷浆工艺如下：

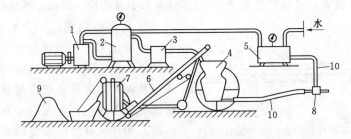

图5-36 喷浆系统布置示意图
1—空气压缩机；2—储气罐；3—空气滤清器；4—喷浆机；5—水箱；6—皮带
运输机；7—拌和机；8—喷头；9—堆料处；10—输料、输气和输水软管

　　a）喷浆前，对被喷面凿毛冲洗干净，并进行钢筋网的制作和安装，钢筋网应加设锚筋，一般5～10个网格应有一锚筋，锚筋埋设孔深一般为15～25cm。为使喷浆层和被喷面结合良好，钢筋网应离开受喷面15～25mm。

b）喷浆前还应对受喷面洒水处理，保持湿润状态。

c）喷浆前还应准备充足的砂子和水泥，并均匀拌和好。

d）喷浆时应控制好气压和水压并保持稳定。喷浆压力应控制在 0.25～0.4MPa 范围内。

e）喷头操作。喷头与受喷面要保持适宜的距离，一般要求 80～120cm。过近会吹掉砂浆，过远会使气压损失，黏着力降低，影响喷浆强度。喷头一般应与受喷面垂直，这样使喷射物集中，减少损失，增强黏结力。若有特殊情况时可以和喷射物成一角度，但要大于 7°。

f）喷层厚度控制。当喷浆层较厚时，为防止砂浆流淌或因自重坠落等现象，可分层喷射。一次喷射厚度一般不宜超过下列数值：仰喷时，20～30mm；侧喷时，30～40mm；俯喷时，50～60mm。

g）喷浆工作结束后 2h 即应进行无压洒水养护，养护时间一般需 14～21d。

喷浆修补采用较小的水灰比、较多的水泥，从而可达到较高的强度和密实性，具有较高的耐久性。可省去较复杂的运输、浇筑及骨料加工等设备，简化施工工艺，提高施工工效，可用于不同规模的修补工程。但是，喷浆修补因存在水泥消耗较多、层薄、不均匀等问题，易产生裂缝，影响喷浆层寿命，从而限制了它的使用范围，因此须严格控制砂浆的质量和施工工艺。

2）挂网喷浆与凿槽嵌补相结合。挂网喷浆与凿槽嵌补相结合的施工流程为：凿槽→打锚筋孔→凿毛冲洗→固定锚筋→填预缩砂浆→涂抹冷沥青胶泥，焊接架立钢筋→挂网→被喷面冲洗湿润→喷浆→养护。

施工工艺如下：先沿缝凿槽，然后填入预缩砂浆使之与混凝土面齐平并养护，待预缩砂浆达到设计强度时，涂一层薄沥青漆。涂沥青漆半小时后，再涂冷沥青胶泥。冷沥青胶泥是由 40:10:50 的 60 号沥青、生石灰、水，再掺入 15% 的砂（粒径小于 1mm）配制而成。冷沥青胶泥总厚度为 1.5～2.0cm，分 3～4 层涂抹。待冷沥青胶泥凝固后，挂网喷浆，如图 5-37 所示。

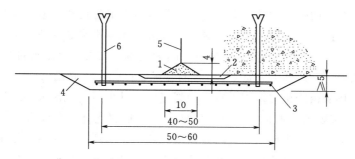

图 5-37　挂网喷浆与凿槽嵌补结合示意图（单位：cm）

1—预缩砂浆；2—冷沥青胶泥；3—钢丝网；4—水泥砂浆喷层；5—裂缝；6—锚筋

2. 裂缝的内部处理

裂缝的内部处理，系指贯穿性裂缝或内部裂缝常用灌浆方法处理。其施工方法通常为钻孔灌浆，灌浆材料一般采用水泥和化学材料，可根据裂缝的性质、开度以及施工条件等具体情况选定。对于开度大于 0.3mm 的裂缝，一般可采用水泥灌浆；对开度小于 0.3mm 的裂缝，宜采用化学灌浆；对于渗透流速大于 600m/d 或受温度变化影响的裂缝，则不论其开度如何，均宜采用化学灌浆处理。

（1）水泥灌浆。

水泥灌浆具体施工程序为：钻孔→冲洗→止浆或堵漏处理→安装管路→压水试验→灌浆→封孔→质量检查。

水泥灌浆施工具体技术要求可参见《水工建筑物水泥灌浆施工技术规范》（SL 62—2014）。这里需注意的是，对钻孔孔向的要求，除骑缝浅孔外，不得顺裂隙钻孔，钻孔轴线与裂缝面的交角一般应不大于 30°，孔深应穿过裂缝面 0.5m 以上，如果钻孔为两排或两排以上，应尽量交错或呈梅花形布置。钻进过程中，若发现有集中漏水或其他异常现象，应立即停钻，查明漏水高程，并进行灌浆处理后，再行钻进。钻进过程中，对孔内各种情况，如岩层及混凝土的厚度、涌水、漏水、洞穴等均应详细记录。钻孔结束后，孔口应用木塞塞紧，以防污物进入。

（2）化学灌浆。

化学灌浆材料一般具有良好的可灌性，可以灌入 0.3mm 或更小的裂缝，同时化学灌浆材料可调节凝结时间，适应各种情况下的堵漏防渗处理，此外化学灌浆材料具有较高的黏结强度，或者具有一定的弹性，对于恢复建筑物的整体性及对伸缩缝的处理效果较好。因此，凡是不能用水泥灌浆进行内部处理的裂缝，均可考虑采用化学灌浆。

化学灌浆的施工程序为：钻孔→压气（或压水）试验→止浆→试漏→灌浆→封孔→检查。化学灌浆施工具体技术要求可参见《水工建筑物化学灌浆施工规范》（DL/T 5406—2010）。

化学灌浆的灌浆材料可根据裂缝的性质、开度和干燥情况选用，常用的有以下几种。

1）甲凝。甲凝是以甲基丙烯酸甲酯为主要成分，加入引发剂等组成的一种低黏度的灌浆材料。甲基丙烯酸甲酯是无色透明液体，黏度很低，渗透力很强，可灌入 0.05～0.1mm 的细微裂缝，在一定的压力下，还可渗入无缝混凝土中一定距离，并可以在低温下进行灌浆。聚合后的强度和黏结力很高，并具有较好的稳定性。但甲凝浆液黏度的增长和聚合速度较快。此材料适用于干燥裂缝或经处理后无渗水裂缝的补强。

2）环氧树脂。环氧树脂浆液是以环氧树脂为主体，加入一定比例的固化剂、稀释剂、增韧剂等混合而成，一般能灌入宽 0.2mm 的裂隙。硬化后，黏结力强、收缩性小、强度高、稳定性好。环氧树脂浆液多用于较干燥裂缝或经处理后已无渗水裂缝的补强。

3）聚氨酯。聚氨酯浆液是由多异氰酸酯和含羟基的化合物合成后，加入催化剂、溶剂、增塑剂、乳化剂以及表面活性剂配合而成。这种浆液遇水反应后，便生成不溶于水的固结强度高的凝胶体。此种浆液防渗堵漏能力强，黏结强度高。此浆液适用于渗水缝隙的堵水补强。

4）水玻璃。水玻璃是由水泥浆和硅酸钠溶液配制而成的。两者体积比通常为 1：0.8～1：0.6，水玻璃具有较高的防渗能力和黏结强度，此材料适用于渗水裂缝的堵水补强。

5）丙凝。丙凝是以丙烯酰胺为主剂，配以其他材料，发生聚合反应，形成具有弹性的、不溶于水的聚合体。可填充堵塞岩层裂隙或砂层中空隙，并可把砂粒胶结起来，起到堵水防渗和加固地基的作用。但因其强度较低，不宜用作补强灌浆，仅用于地基帷幕和混凝土裂缝的快速止水。

随着各种大型工程和地下工程的不断兴建，化学灌浆材料得到了越来越广泛的应用。但化学灌浆费用较高，一般情况下应首先采用水泥灌浆，在达不到设计要求时，再用化学灌浆予以辅助，以获得良好的技术经济指标。此外，化学浆材都有一定的毒性，对人体健康不利，还会污染水源，在运用过程中要十分注意。

三、混凝土坝与浆砌石坝渗漏的处理

(一) 渗漏的类型

混凝土及浆砌石坝渗漏，按其发生的部位，可分为坝体渗漏、坝基渗漏、坝与岩石基础接触面渗漏、绕坝渗漏。

(二) 渗漏产生的原因

造成混凝土和浆砌石坝渗漏的原因很多，归纳起来有以下几个方面：

(1) 因勘探工作做得不够，地基中存在的隐患未能发现和处理，水库蓄水后引起渗漏。

(2) 在设计过程中，由于对某些问题考虑不全，在某种应力作用下，坝体产生裂缝。

(3) 施工质量差。如对坝体温度控制不严，使坝体内外温差过大产生裂缝，地基处理不当，使坝体产生沉陷裂缝，混凝土振捣不实，坝体内部存在蜂窝空洞，浆砌石坝勾缝不严，帷幕灌浆质量不好，坝体与基础接触不良，坝体所用建筑材料质量差等，均会导致渗漏。

(4) 设计、施工过程中采取的防渗措施不合理，或运用期间由于物理、化学因素的作用，使原来的防渗措施失效或遭到破坏，均容易引起渗漏。

(5) 运用期间，遭受强烈地震及其他破坏作用，使坝体或基础产生裂缝，引起渗漏。

(三) 渗漏的处理措施

渗漏处理的基本原则是"上截下排"，以截为主，以排为辅。应根据渗漏的部位、危害程度以及修补条件等实际情况确定处理的措施。

1. 坝体裂缝渗漏的处理

坝体裂缝渗漏的处理可根据裂缝发生的原因及对结构影响的程度、渗漏量的大小和集中分散等情况，分别采取不同的处理措施。

(1) 表面处理。

坝体裂缝渗漏按裂缝所在部位可采取表面涂抹、表面贴补、凿槽嵌补等表面处理方法，具体操作可见上节内容。对渗漏量较大，但渗透压力不直接影响建筑物正常运行的渗水裂缝，如在漏水出口进行处理时，先应采取以下导渗措施。

1) 埋管导渗。沿漏水裂缝在混凝土表面凿△形槽，并在裂缝渗漏集中部位埋设引水铁管，然后用旧棉絮沿裂缝填塞，使漏水集中从引水管排出，再用快凝灰浆或防水快凝砂浆迅速回填封闭槽口，最后封堵引水管，如图 5-38 所示。

2) 钻孔导渗。用风钻在漏水裂缝一侧钻斜孔（水平缝则在缝的下方），穿过裂缝面，使漏水从钻孔中导出，然后封闭裂缝，从导渗孔灌浆填塞。

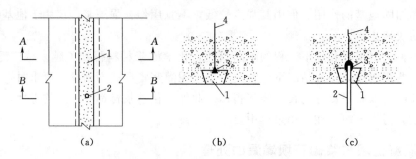

图 5-38 埋管导渗示意图

1—沿裂缝凿出的槽内填快凝灰浆；2—引水管；3—塞进的棉絮；4—向内延伸的裂缝

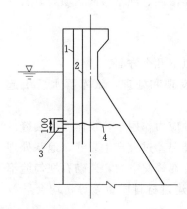

图 5-39 插筋结合止水塞处理
渗水裂缝示意图（单位：cm）

1—5ϕ28 第一排插筋；2—5ϕ28 第二
排插筋；3—止水塞；4—裂缝

（2）内部处理。

内部处理是通过灌浆充填漏水通道，达到堵漏的目的。根据裂缝的特征，可分别采用骑缝或斜缝钻孔灌浆的方式。根据裂缝的开度和可灌性，可分别采用水泥灌浆或化学灌浆。根据渗漏的情况，又可分别采取全缝灌浆或局部灌浆的方法。有时为了灌浆的顺利进行，还需先在裂缝上游面进行表面处理或在裂缝下游面采取导渗并封闭裂缝的措施。有关灌浆的工艺与技术要求，可参阅上节内容。

（3）结构处理结合表面处理。

对于影响建筑物整体性或破坏结构强度的渗水裂缝，除灌浆处理外，有的还要采取结构处理结合表面处理的措施，以达到防渗、结构补强或恢复整体性的要求。图5-39是利用插筋结合止水塞处理大坝水平渗水裂缝的一个实例。其具体做法是：在上游面沿缝隙凿一宽 20～25cm、深 8～10cm 的槽，向槽的两侧各扩大约40cm的凿毛面，共宽 100cm，并在槽的两侧钻孔埋设两排锚筋。槽底涂沥青漆，然后在槽内填塞沥青水泥和沥青麻布 2～3 层，槽内填满后，再在上面铺设宽 50cm 的沥青麻布两层，最后浇筑宽 100cm、厚 25cm 的钢筋混凝土盖板作为止水塞，从坝顶钻孔两排插筋锚固坝体，最后进行接缝灌浆。

2. 混凝土坝体散渗或集中渗漏的处理

混凝土坝由于蜂窝、空洞、不密实及抗渗标号不够等缺陷，引起坝体散渗或集中渗漏时，可根据渗漏的部位、程度和施工条件等情况，采取下列一种或几种方法结合进行处理：

（1）灌浆处理。灌浆处理主要用于建筑物内部密实性差、裂缝孔隙比较集中的部位。可用水泥灌浆，也可用化学灌浆，具体施工技术要求详见上节内容。

（2）表面处理。对大面积的细微散渗及水头较小的部位，可采取表面涂抹处理，对面积较小的散渗可采取表面贴补处理，具体处理方法详见上节内容。

（3）筑防渗层。防渗层适用于大面积的散渗情况。防渗层一般做在坝体迎水面，结构一般有水泥喷浆、水泥浆及砂浆防渗层等形式。

水泥浆及砂浆防渗层，一般在坝的迎水面采用 5 层，总厚度为 12～14mm。水泥浆及砂浆防渗层施工前需用钢丝刷或竹刷将渗水面松散的表层、泥沙、苔藓、污垢等刷洗干净，如渗水面凹凸不平，则需把凸起的部分剔除，凹陷的用 1∶2.5 水泥砂浆填平，并经常洒水，保持表面湿润。防渗层的施工，第一层为水灰比 0.35～0.4 的素灰浆，厚度2mm，分两次涂抹。第一次涂抹用拌和的素灰浆抹 1mm 厚，把混凝土表面的孔隙填平压实，然后再抹第二次素灰浆，若施工时仍有少量渗水，可在灰浆中加入适量促凝剂，以加速素灰浆的凝固。第二层为灰砂比 1∶2.5、水灰比 0.55～0.60 的水泥砂浆，厚度 4～5mm，应在初凝的素灰浆层上轻轻压抹，使砂粒能压入素灰浆层，以不压穿为度。这层表面应保持粗糙，待终凝后表面洒水湿润，再进行下一层施工。第三层、第四层分别为厚度为 2mm 的素灰浆和厚度为 4～5mm 的水泥砂浆，操作工艺分别同第一层和第二层。第五层素灰浆层厚度 2mm，应在第四层初凝时进行，且表面需压实抹光。防渗层终凝后，应每隔 4h 洒水一次，保持湿润，养护时间按混凝土施工规范规定进行。

（4）增设防渗面板。当坝体本身质量差、抗渗等级低、大面积渗漏严重时，可在上游坝面增设防渗面板。

防渗面板一般用混凝土材料，施工时需先放空水库，然后在原坝体布置锚筋并将原坝体凿毛、刷洗干净，最后浇筑混凝土。锚筋一般采用直径为 12mm 的钢筋，每平方米一根，混凝土强度一般不低于 C13。混凝土防渗面板的两端和底部都应深入基岩 1～1.5m，根据经验，一般混凝土防渗面板底部厚度为上游水深的 1/60～1/15，顶部厚度不少于30cm。为防止面板因温度产生裂缝，应设伸缩缝，分块进行浇筑，伸缩缝间距不宜过大，一般为 15～20m，缝间设止水。

（5）堵塞孔洞。当坝体存在集中渗流孔洞时，若渗流流速不大时，可先将孔洞内稍微扩大并凿毛，然后将快凝胶泥塞入孔洞中堵漏，若一次不能堵截，可分几次进行，直到堵截为止。当渗流流速较大时，可先在洞中楔入棉絮或麻丝，以降低流速和漏水量，然后再行堵塞。

（6）回填混凝土。对于局部混凝土疏松，或有蜂窝空洞而造成的渗漏，可先将质量差的混凝土全部凿除，再用现浇混凝土回填。

3. 混凝土坝止水、结构缝渗漏的处理

混凝土坝段间伸缩缝止水结构因损坏而漏水，其修补措施有以下几种：

（1）补灌沥青。对沥青止水结构，应先采用加热补灌沥青方法堵漏，恢复止水，若补灌有困难或无效时，再用其他止水方法。

（2）化学灌浆。伸缩缝漏水也可用聚氨酯、丙凝等具有一定弹性的化学材料进行灌浆处理，根据渗漏的情况，可进行全缝灌浆或局部灌浆。

（3）补做止水。坝上游面补做止水，应在降低水位的情况下进行，补做止水可在坝面加镶铜片或镀锌片，具体操作方法如下：

1）沿伸缩缝中心线两边各凿一条槽，槽宽 3cm、深 4cm，两条槽中心距 20cm，槽口尽量做到齐整顺直，如图 5-40 所示。

2）沿伸缩缝凿一条宽 3cm、深 3.5cm 的槽，凿后清扫干净。

3）将石棉绳放在盛有 60 号沥青的锅内，加热至 170～190℃，并浸煮 1h 左右，使石棉绳内全部浸透沥青。

4）用毛刷向缝内小槽刷上一层薄薄沥青漆，沥青漆中沥青：汽油比为6：4，然后把沥青石棉绳嵌入槽缝内，表面基本平整。沥青石棉绳面距槽口面保持2.0～2.5cm。

5）把铜片或镀锌铁片加工成图5-41所示形状。紫铜片厚度不宜小于0.5mm，紫铜片长度不够时，可用铆钉铆固搭接。

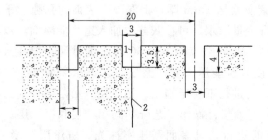

图5-40 坝面加镶铜片凿槽示意图（单位：cm）
1—中心线；2—伸缩缝

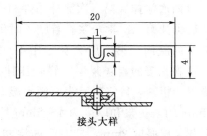

图5-41 紫铜片形状尺寸（单位：cm）

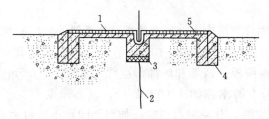

图5-42 坝面加镶紫铜片示意图
1—环氧基液与沥青漆；2—裂缝；3—沥青
石棉绳；4—环氧砂浆；5—紫铜片

6）用毛刷将配好的环氧基液在两边槽内刷一层，然后在槽内填入环氧砂浆，并将紫铜片嵌入填满环氧砂浆的槽内，如图5-42所示。将紫铜片压紧，使环氧砂浆与紫铜片紧密结合，然后加支撑将紫铜片顶紧，待固化后才拆除。

7）在紫铜片面上和两边槽口环氧砂浆上刷一层环氧基液，待固化后再涂上一层沥青漆，经15～30min后再涂一层冷沥青胶泥，作为保护层。

4. 浆砌石坝体渗漏的处理

浆砌石坝的上游防渗部分由于施工质量不好，砌筑时砌缝中砂浆存在较多孔隙，或者砌坝石料本身抗渗标号较低等均容易造成坝体渗漏。浆砌石坝体渗漏可根据渗漏产生的原因，用以下方法进行处理：

（1）重新勾缝。当坝体石料质量较好，仅局部地方由于施工质量差，砌缝中砂浆不够饱满，有孔隙，或者砂浆干缩产生裂缝而造成渗漏时，均可采用水泥砂浆重新勾缝处理。一般浆砌石坝，当石料质量较好时，渗漏多沿灰缝发生，因此，认真进行勾缝处理后，渗漏途径可全部堵塞。

（2）灌浆处理。当坝体砌筑质量普遍较差，大范围内出现严重渗漏、勾缝无效时，可采用从坝顶钻孔灌浆，在坝体上游形成防渗帷幕的方法处理。灌浆的具体工艺见上节内容。

（3）加厚坝体。当坝体砌筑质量普遍较差、渗漏严重、勾缝无效，但又无灌浆处理条件时，可在上游面加厚坝体，加厚坝体需放空水库进行。若原坝体较单薄，则结合加固工作，采取加厚坝体防渗处理措施将更合理。

（4）上游面增设防渗层或防渗面板。当坝体石料本身质量差、抗渗标号较低，加上砌筑质量不符合要求、渗漏严重时，可在坝上游面增设防渗层或混凝土防渗面板，具体做法同混凝土坝。

5. 绕坝渗漏的处理

绕过混凝土或浆砌石坝的渗漏，应根据两岸的地质情况，摸清渗漏的原因及渗漏的来源与部位，采取相应措施进行处理。处理的方法可在上游面封堵，也可进行灌浆处理，对土质岸端的绕坝渗漏，还可采取开挖回填或加深刺墙的方法处理。

6. 基础渗漏的处理

对岩石基础，如出现扬压力升高，或排水孔涌水量增大等情况，可能是由于原有帷幕失效、岩基断层裂隙扩大、混凝土与基岩接触不密实或排水系统堵塞等原因所致。对此，应首先查清有关部位的排水孔和测压孔的工作情况，然后根据原设计要求、施工情况进行综合分析，确定处理方法。一般有以下几种方法：

（1）若为原帷幕深度不够或下部孔距不满足要求，可对原帷幕进行加深加密补灌。

（2）若是混凝土与基岩接触面产生渗漏，可进行接触灌浆处理。

（3）若为垂直或斜交于坝轴线且贯穿坝基的断层破碎带造成的渗漏，可进行帷幕加深加厚和固结灌浆综合处理。

（4）若为排水设备不畅或堵塞，可设法疏通，必要时增设排水孔以改善排水条件。

四、混凝土坝及浆砌石坝抗滑稳定性的加固

重力坝是用混凝土或浆砌石修筑的大体积挡水建筑物，它的主要特点是依靠自重来维持坝身的稳定。

重力坝必须保证在各种外力组合的作用下，有足够的抗滑稳定性，抗滑稳定性不足是重力坝最危险的病害情况。当发现坝体存在抗滑稳定性不足，或已产生初步滑动迹象时，必须详细查找和分析坝体抗滑稳定性不足的原因，提出妥善处理措施，及时处理。

（一）重力坝抗滑稳定性不足的主要原因

通过对重力坝病害和失事情况的调查分析发现，坝体抗滑稳定性不足主要是由于重力坝在勘测、设计、施工和运用管理中存在的以下问题造成的：

（1）在勘测工作中，由于对坝基地质条件缺乏全面了解，特别是忽略了地基中存在的软弱夹层，往往因为采用了过高的摩擦系数而造成抗滑稳定性不足。

（2）设计的坝体断面过于单薄，自重不够，或坝体上游面产生了拉应力，扬压力加大，使坝体稳定性不够。

（3）施工质量较差，基础处理不彻底，使实际的摩擦系数值达不到设计要求，而坝底渗透压力又超过设计计算数值，造成不稳定。

（4）由于管理运用不善，造成库水位较多地超过设计最高水位，增大了坝体所受的水平推力或排水设施失效，增加了渗透压力，均会减小坝体的抗滑稳定性。

（二）增加重力坝抗滑稳定性的主要措施

重力坝承受强大的上游水压力和泥沙压力等水平荷载，如果某一截面的抗剪能力不足以抵抗该截面以上坝体承受的水平荷载时，便可能产生沿此截面的滑动。由于一般情况下

坝体与地基接触面的结合较差，因此，滑动往往是沿坝体与地基的接触面发生的。所以，重力坝的抗滑稳定分析，主要是核算坝底面的抗滑稳定性。坝底面的抗滑稳定性与坝体的受力有关，重力坝所受的主要外力有垂直向下的坝体自重、垂直向上的坝基扬压力、水平推力和坝体沿地基接触面的摩擦力等，如图5-43所示。

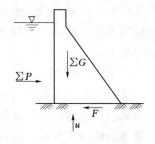

图5-43 重力坝受力图
$\sum P$—水平推力；$\sum G$—自重；
F—抗滑力；u—扬压力

摩擦力F的大小，决定于坝体重力与坝基扬压力之差和坝体与坝基之间的摩擦系数f的乘积。坝体的抗滑稳定性，可用式（5-1）表示，即

$$k = \frac{F}{\sum P} = \frac{f(\sum G - u)}{\sum P} \qquad (5-1)$$

式中　$\sum P$——水平推力，包括水压力、风浪压力、泥沙压力等；

　　　$\sum G$——垂直向下的坝体、水、泥沙的重力；

　　　u——垂直向上的坝基扬压力；

　　　f——抗剪摩擦系数；

　　　k——安全系数。

由式（5-1）可知，增加坝体的抗滑稳定，也就是增大安全系数，其途径有减少扬压力、增加坝体重力、增加摩擦系数和减小水平推力等。

1. 减少扬压力

扬压力对坝体的抗滑稳定性有极大的影响，减少扬压力是增加坝体抗滑稳定性的主要方法之一。通常减少扬压力的方法有两种：一是加强防渗；二是加强排水。

（1）加强防渗。加强坝基防渗，可采用补强帷幕灌浆或补做帷幕措施，对减少扬压力的效果非常显著。

灌浆可在坝体灌浆廊道中进行，如图5-44（a）所示。当没有灌浆廊道时，可从坝顶上游侧钻孔，穿过坝身，深入基岩进行灌浆，如图5-44（b）所示。当既无灌浆廊道，从坝顶钻孔灌浆又困难，且不能放空水库时，也可以采用深水钻孔灌浆，如图5-44（c）所示。

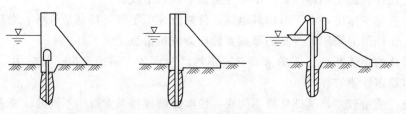

（a）在坝体廊道中进行灌浆　（b）在坝顶钻孔进行灌浆　（c）深水钻孔灌浆

图5-44 补强帷幕灌浆进行方式

（2）加强排水。为减少扬压力，除在坝基上游部分进行补强帷幕灌浆以外，还应在帷幕下游部分设置排水系统，增加排水能力。两者配合使用，更能保证坝体的抗滑稳定性。

排水系统的主要形式是排水孔，排水孔的排水效果与孔距、孔径和孔深有关，常用的孔距为 2～3m、孔径为 15～20cm、孔深为 0.4～0.6 倍的帷幕深度。原排水孔过浅或孔距过大的，应进行加深或加密补孔，以增加导渗能力。

如原有的排水孔受泥沙等物堵塞时，可采用高压气水冲孔或用钻机清扫以恢复其排水能力。

2. 增加坝体重力

重力坝的坝体稳定，主要靠坝体的重力平衡水压力，所以，增加坝体的重力是增加抗滑稳定的有效措施之一。增加坝体重量可采用加大坝体断面或预应力锚固等方法。

（1）加大坝体断面。加大坝体断面可从坝的上游面或从坝的下游面进行。从上游面增加断面时，既可增加坝体重力，又可增加垂直水重，同时还可改善防渗条件，但需放空水库或降低库水位修筑围堰挡水才能施工，如图 5－45（a）所示。从坝的下游面增大断面，如图 5－45（b）所示，施工比较方便，但也应适当降低库水位进行施工，这样有利于减少上游坝面拉应力。坝体断面增加部分的尺寸，应通过稳定计算确定，施工时还应注意新旧坝体之间结合紧密。

（2）预应力锚固。预应力锚固是从坝顶钻孔到坝基，孔内放置钢索，锚索一端锚入基岩中，在坝顶另一端施加很大的拉力，使钢索受拉、坝体受压，从而增加坝体抗滑稳定性，如图 5－46 所示。

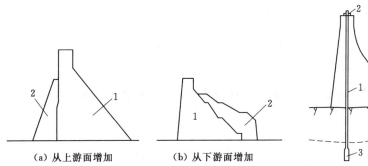

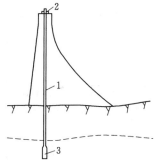

图 5－45　增加坝体断面的方式
1—原坝体；2—加固坝体

图 5－46　预应力锚固示意图
1—锚索孔；2—锚头；
3—扩孔段

用预应力锚固来提高坝体抗滑稳定性，效果良好，但具有施工工艺复杂等缺点，且预应力可因锚索松弛而受到损失。对于空腹重力坝或大头坝等坝型，也可采用腹内填石加重，不必加大坝体断面。

3. 增加摩擦系数

摩擦系数的大小与坝体和地基的连接形式及清基深度有关。对于原坝体与地基的结合，只能通过固结灌浆的措施加以改善，从而提高坝体的抗滑稳定性。此外，通过固结灌浆还能增强基岩的整体性及其弹性模数，增加地基的承载能力，减少不均匀沉陷。

固结灌浆孔的深度，在上游部分坝基中，由于坝基可能产生拉应力，要求基岩有较高的整体性，故对钻孔要求较深，为 8～12m。在坝基的下游部分，应力较集中，也要求较深的固结灌浆孔，孔深也在 8～12m，其余部分可采用 5～8m 的浅孔；固结灌浆孔距一般为 3～4m，呈梅花形或方格形布置。

4. 减小水平推力

减小水平推力可采用控制水库运用和在坝体下游面加支撑等方法。

（1）控制水库运用。控制水库运用主要用于病险水库度汛或水库设计标准偏低等情况。对病险水库来讲，通过降低汛前调洪起始水位，可减小库水对坝的水平推力。对设计标准偏低的水库，通过改建溢洪道，加大泄洪能力，控制水库水位，也可达到保持坝体稳定的作用。

（2）在坝体下游面加支撑。坝体下游面加支撑，可使坝体上游的水平推力通过支撑传到地基上，从而减少坝体所受的水平推力，又可增加坝体重力。支撑的形式包括在溢流坝下游护坦钻孔设桩、非溢流坝的重力墙支撑、钢筋混凝土水平拱支撑，如图 5-47 所示，可根据建筑物的形式和地质地形条件加以选用。

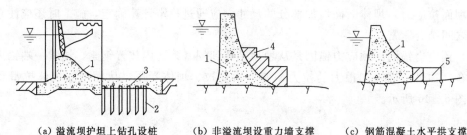

（a）溢流坝护坦上钻孔设桩　　（b）非溢流坝设重力墙支撑　　（c）钢筋混凝土水平拱支撑

图 5-47　下游面加支撑的形式
1—坝体；2—支撑桩；3—护坦；4—重力墙；5—水平拱

采用何种抗滑稳定的措施要因地制宜，补强灌浆和加大坝体断面是经常采用的两种有效措施，有些情况下也可采用综合性措施。

第三节　溢洪道的养护修理

溢洪道汛期泄洪时在高速水流作用下，易在陡坡段和出口处产生冲刷，造成陡坡底板被掀起、下滑，边墙被冲毁，消能设施被冲刷等破坏。

一、溢洪道的日常养护

溢洪道的日常养护主要包括以下内容：

（1）对溢洪道的进水渠及两岸岩石的各种损坏进行及时处理，加强维护加固。

（2）对泄水后溢洪道各组成部分出现的问题进行及时处理和修复。

（3）做好控制闸门的日常养护，确保汛期闸门正常工作（闸门养护在本章第五节叙述）。

（4）严禁在溢洪道周围爆破、取土和修建其他无关建筑物。

（5）注意清除溢洪道周围的漂浮物，禁止在溢洪道上堆放重物。

（6）如果水库的规划基本资料有变化，要及时复核溢洪道的过水能力。

（7）北方在冬季若水位较高，结冰对闸门产生影响，应有相应的破冰和保护措施。

二、溢洪道在高速水流作用下破坏的处理

(一) 破坏原因

(1) 陡坡段内坡陡、流急，水流流速大，流态混乱，再加上底板施工质量差，表面不平整造成局部气蚀；或因接缝不符合要求，水流渗入底板下，产生很大的扬压力；或底板下部排水失效，使底板下的扬压力增大；有些工程因底部风化带未清理干净，泡水后使强度降低并产生不均匀沉陷等，导致泄水槽的边墙和底板破坏。

(2) 有些溢洪道由于地形限制，采用直线布置开挖量过大，坡度过陡及高边坡的稳定不易解决，故常随地形布置成弯道。高速水流进入弯道，因受惯性力和离心力作用，互相折冲撞击，形成冲击波，使弯道外侧水位明显高于内侧，形成横向高差，易发生弯道破坏事故。

(3) 消能设施尺寸过小或结构不合理，底部反滤层不合要求，或平面形状布置不合理产生折冲水流，下泄单宽流量分布不均匀，造成水流紊乱及流量过分集中，出现负压区产生气蚀等造成消能设施破坏。

(二) 溢洪道冲刷破坏的处理

1. 溢洪道泄洪槽冲刷破坏的处理

(1) 弯道水流的影响及处理。有些溢洪道因地形条件的限制，泄槽段陡坡建在弯道上，高速水流进入弯道，水流因受到惯性力和离心力的作用，互相折冲撞击，形成冲击波，使弯道外侧水位明显高于内侧，形成横向高差。弯道半径 R 越小、流速越大，则横向水面坡降也越大。有的工程由此产生水流漫过外侧翼墙顶，使墙背填料冲刷、翼墙向外倾倒，甚至出现更为严重的事故。

减小弯道水流影响的措施一般有两种：一种是将弯道外侧的渠底抬高，造成一个横向坡度，使水体产生横向的重力分力，与弯道水流的离心力相平衡，从而减小边墙对水流的影响；另一种是在进弯道时设置分流隔墩，使集中的水面横比降由隔墩分散，如图5-48所示。

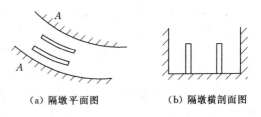

(a) 隔墩平面图　　　　(b) 隔墩横剖面图

图 5-48　弯道隔水墙布置示意图

(2) 动水压力引起的底板掀起及修理。溢洪道的泄槽段的高速水流，不仅冲击泄槽段的边墙，造成边墙冲毁，威胁溢洪道本身的安全。而且由于泄槽段内流速大，流态混乱，再加上底板表面不平整、有缝隙，缝中进入动水，使底板下浮托力过大而掀起破坏。因此，溢洪道在平面布置上要合理，尽量采用直线、等宽、一坡到底的布置形式。若必须收缩时，也应控制收缩角度不超过18°；若必须变坡，最好先缓后陡，并尽可能改善边壁条件，变坡处均应用曲线连接，使水流贴槽而流，避免产生负压，减小冲击波的干扰和反射，改善进入消力池的水流条件。同时要求衬砌表面平整，局部凸出的部分不能超过3~5mm，横向接缝不能有升坎，接缝形式应合理，能防止高速水流进入，并在接缝处设好止水，下部设有良好的反滤设施等。

(3) 泄槽底板下滑的处理。泄槽底板可能因摩擦系数小、底板下扬压力大、底板自重

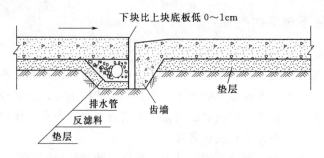

图 5-49 土基底板接缝布置示意图

（图中标注：下块比上块底板低 0～1cm；垫层；排水管；齿墙；反滤料；垫层）

轻等原因，在高速水流作用下向下滑动。为防止土基上的底板下滑、截断沿底板底面的渗水和被掀起，可在每块底板端部做一段横向齿墙，如图 5-49 所示，齿墙深度为 0.4～0.5m。

岩基上的薄底板，因自重较轻，有时需用锚筋加固以增加抗浮性。锚筋可用直径 20mm 以上的粗钢筋，埋入深度为 1～2m，间距为 1～3m，上端应很好地嵌固在底板内。土基上的底板如嫌自重不够，可采用锚拉桩的办法，桩头采用爆扩桩效果更好。

（4）排水系统失效的处理。泄槽段底板下设置排水系统是消除浮托力、渗透压力的有效措施。排水系统能否正常工作，在很大程度上决定底板是否安全可靠。排水系统失效一般需翻修重做。

（5）地基土掏空破坏及处理。当泄槽底板下为软基时，由于底板接缝处地基土被高速水流引起的负压吸空，或者板下排水管周围的反滤层失效，土壤颗粒随水流经排水管排出，均易造成地基被掏空、底板开裂等破坏。前者处理是做好接缝处反滤，并增设止水；后者处理是对排水管周围的反滤层重新翻修。

为适应伸缩变形需要设置伸缩缝，通常缝的间距为 10m 左右。土基上薄的钢筋混凝土底板对温度变形敏感，缝间距应略小些；岩基上的底板因受地基约束，不能自由变形，往往自发地产生发丝缝来调整内部的应力状态，所以只需预留施工缝即可。

缝内可不加任何填料，只要在相邻的先浇混凝土接触面上刷一层肥皂水或废机油即可。也有一些工程采用沥青油纸、沥青麻布作为填料的。底板接缝间还需埋设橡胶、塑料止水或铝片止水。承受高速水流的底板，要注意表面平整度，切忌上块低于下块，而产生极大的动水压力，使水流潜入底板下边，掀起底板。在底板与地基之间，除了直接做在基岩上的以外，一般需设置一层厚 10～20cm 的砂垫层，以减少地下水渗透压力，但要注意闸室底板下不可设置垫层，以免缩短对防渗有利的渗径长度。

2. 消能设施冲刷破坏的处理

（1）对底流消能，可改善消力池的结构形式和尺寸，以达到防止破坏的目的。如新疆福尔海水库二级水电站的泄水槽末端采用圆形断面 2m 深的消力池消能，运行多年情况良好。

（2）挑流消能应正确选择挑射角度及相应的设计流量等。

三、加大溢洪道泄流能力的措施

（一）复核溢洪道过水断面的泄流能力

溢洪道的泄洪能力主要取决于控制段。因溢洪道控制段的大多水流是堰流，因此可用堰流公式分析溢洪道的泄洪能力。公式为

$$Q = \varepsilon m B \sqrt{2g} H^{3/2} \tag{5-2}$$

式中　　H——堰顶水头，m；

　　　　B——堰顶宽度，m；

　　　　m——流量系数；

　　　　ε——侧收缩系数；

　　　　g——重力加速度，$g=9.8\text{m/s}^2$；

　　　　Q——泄洪流量，m^3/s。

由式（5-2）可知，溢洪道过水能力与堰上水深、堰型和过水净宽等有关，要经常检查控制段的断面、高程是否符合设计要求。

为了全面掌握准确的水库集水面积、库容、地形、地质条件和来水来沙量等基本资料，在复核泄流能力前必须复核以下资料：

（1）水库上下游情况。上游的淹没情况，下游河道的泄流能力、下游有无重要城镇、厂矿、铁路等，它们是否有防洪要求，万一发生超标准特大洪水时，可能造成的淹没损失等。

（2）集水面积。集水面积是指坝址以上分水岭界限内所包括的面积。集水面积和降雨量是计算上游来水的主要依据。

（3）库容。一般来说，水库库容是指校核洪水位以下的库容，在水库管理过程中可从水位与库容、水位与水库面积的关系曲线中查得。故对水位-库容曲线也要经常进行复核。

（4）降雨量。降雨量是确定水库洪水的主要资料，是确定防洪标准的主要依据。确定本地区可能最大降水时，应根据我国长期积累的文献资料，做好历史暴雨和历史洪水的调查考证工作，配合一定的分析计算，使最大降水值合理可靠。

（5）地形地质。从降雨量推算洪峰流量时，还要考虑集水面积内的地形、地质、土壤和植被等因素，因它们直接影响产流条件和汇流时间，是决定洪峰、洪量和洪水过程线及其类型的重要因素。另外，要增建或扩建溢洪道时，也要考虑地形地质条件。

（二）增大溢洪道泄流能力的措施

1. 扩建、改建和增设溢洪道

溢洪道的泄流能力与堰顶水头、堰型和溢流宽度等有关。扩建、改建工作也主要从这几方面入手：

（1）加宽方法。若溢洪道岸坡不高，挖方量不大，则应首先考虑加宽溢洪道控制段断面的方法。若溢洪道是与土坝紧相连接，则加宽断面只能在靠岸坡的一侧进行。

（2）加深方法。若溢洪道岸坡较陡，挖方量大，则可考虑加深溢洪道过水断面的方法。加深过水断面即需降低堰顶高程，在这种情况下，需增加闸门的高度，在无闸门控制的溢洪道上，降低堰顶高程将使兴利水位降低，水库的兴利库容相应减小，降低水库效益。因此，有些水库就考虑在加深后的溢洪道上建闸，以抬高兴利水位，解决泄洪和增加水库效益之间的矛盾。在溢洪道上建闸，必须有专人管理，保证在汛期闸门能启闭灵活方便。

（3）改变堰型。不同堰型的流量系数不同，同种堰型的形状不同，流量系数也不一样。实用堰的流量系数一般为 0.42～0.44，宽顶堰的流量系数一般为 0.32～0.385。因此，当所需增加的泄流能力的幅度不大，扩宽或增建溢洪道有困难时，可将宽顶堰改为流量系数较大的曲线形实用堰。

（4）改善闸墩和边墩形状。通过改善闸墩和边墩的头部平面形状可提高侧收缩系数，从而提高泄洪能力。

（5）综合方法。在实际工程中，也可采用上述两种或几种方法相结合的方法，如采用加宽和加深相结合的方法扩大溢洪道的过水断面，增大泄流能力等。

在有条件的地方，也可增设新的溢洪道。

2. 加强溢洪道的日常管理

要经常检查控制段的断面、高程是否符合设计要求。对人为封堵缩小溢洪道宽度，在进口处随意堆放弃渣，甚至做成永久性挡水埝，应及时处理，防止汛期出现险情。此外，还应注意拦鱼栅和交通桥等建筑物对溢洪道过水能力的影响，减小闸前泥沙淤积等，增加溢洪道的泄洪能力。

3. 加大坝高

通过加大坝高，抬高上游库水位，增大堰顶水头。这种措施应以满足大坝本身安全和经济合理为前提。

第四节　输水隧（涵）洞的养护修理

水库大坝的输水设施有隧洞和涵洞（管）两种类型，其在长期运行过程中容易出现衬砌裂缝漏水、气蚀、冲磨、混凝土溶蚀等破坏形式。

一、输水隧（涵）洞的日常养护

输水隧（涵）洞的日常养护工作包括以下内容：

（1）为防止污物破坏洞口结构和堵塞取水设备，要经常清理隧（涵）洞进水口附近的漂浮物，在漂浮物较多的河流上，要在进口设置拦污栅。

（2）寒冷地区要采取有效措施，避免洞口结构冰冻破坏；隧洞放空后，冬季在出口处应做好保温措施。

（3）运用中尽量避免洞内出现不稳定流态，每次充、泄水过程要尽量缓慢，避免猛增突减，以免洞内出现超压、负压或水锤而引起破坏。

（4）发现局部的衬砌裂缝、漏水等，要及时进行封堵以免扩大。

（5）对放空有困难的隧（涵）洞，要加强平时的观测，判断其沿线的内水和外水压力是否正常，如发现有漏水和塌坑征兆，应研究是否放空进行检查和修理。

（6）对未衬砌的隧洞，要对因冲刷引起松动的岩块和阻水的岩石及时清除并进行修理。

（7）当发生异常水锤或六级以上地震后，要对隧（涵）洞进行全面检查和养护。

二、输水隧（涵）洞裂缝的处理

（一）输水隧（涵）洞裂缝破坏的主要原因

裂缝漏水是隧（涵）洞最常见的病害，它是在洞壁衬砌体中发生的各种表面的、深层的、贯通的裂缝。

1. 输水隧洞洞身衬砌裂缝破坏的常见原因

隧洞与坝下涵洞相比，工作安全可靠，其发生洞身衬砌裂缝破坏的常见原因有以下几个方面：

（1）围岩体变形作用。对于隧洞经过地区岩石质量较差、不利地质构造、过大的山岩压力、过高的水压力和地基不均匀沉陷均会引发围岩体变形，衬砌体将遭受过大的应力而断裂和漏水。

（2）衬砌施工质量差。建筑材料质量不佳，混凝土配料不当、振捣不实，衬砌后的加填灌浆或固结灌浆充填不密实、伸缩缝、施工缝和分缝处理不好，或止水失效等，均会造成衬砌体断裂和漏水。

（3）水锤作用。在即使设有调压井的压力隧洞内，由于水锤作用产生高次谐振波也可以越过调压井而使隧洞内发生压力波，导致衬砌体断裂和漏水。

（4）温度变化作用。当隧洞停水后，冷风穿洞，温度降低太大时也会引发洞壁表面裂缝甚至断裂。

（5）运用管理不当。如用闸门控制进水的无压隧洞，由于操作疏忽，使工作闸门开度过大，造成洞门充满水流，形成有压流，致使隧洞衬砌在内水压力作用下发生断裂。

（6）其他因素。混凝土浴蚀、钢筋锈蚀等。

2. 坝下涵洞（管）断裂破坏的常见原因

（1）地基处理不当。坝下输水涵洞修建在穿越岩石和风化岩、岩石和土基、土和砂卵石等交替地带，即使是比较均匀的软土地基，也往往由于洞上坝体填土高度不同而产生不均匀沉陷，若对不均质地基未采取有效处理措施，涵洞建成后会产生不均匀沉陷。

（2）结构处理有缺陷。在管身和竖井之间荷载突变处未设置沉降缝，引起管身断裂。

（3）结构强度不够。由于设计采用的结构尺寸偏小、钢筋配筋率不足、混凝土强度等级偏差或荷载超过原设计等原因，使涵洞本身结构强度不够，以致断裂。

（4）洞内流态异变。坝下无压输水涵洞在结构设计上不考虑承受内水压力，但由于操作不当，使洞内水流流态由无压流变为明满流交替或有压流，以致在内水压力作用下造成洞身破坏。

（5）洞身接头不牢。坝下埋管接头不牢固、分缝间距或位置不当，均会导致断裂漏水。

（6）施工质量较差。由于洞身施工质量差、管节止水处理不当等施工质量不好，形成洞壁漏水。

（二）输水隧（涵）洞裂缝漏水的处理方法

1. 用水泥砂浆或环氧砂浆封堵或抹面

对于隧洞衬砌和涵洞洞壁的一般裂缝漏水，可采用泥砂浆或环氧砂浆进行处理。通常是在裂缝部位凿深2～3cm，并将周围混凝土面用钢钎凿毛。然后用钢丝刷和毛刷清除混凝土碎渣，用清水冲洗干净，最后用水泥砂浆或环氧砂浆封堵。

2. 灌浆处理

输水隧洞和涵洞洞身断裂可采用灌浆进行处理。对于因不均匀沉陷而产生的洞身断裂，一般要等沉陷趋于稳定，或加固地基，断裂不再发展时进行处理。但为了保证工程安全，可以提前灌浆处理，灌浆以后，如继续断裂，再次进行灌浆。灌浆处理通常可采用水泥浆。断裂部位可用环氧砂浆封堵。

3. 隧洞的喷锚支护

输水隧洞无衬砌段的加固或衬砌损坏的补强，可采用喷射混凝土和锚杆支护的方法，简称喷锚支护。喷锚支护与现场浇筑的混凝土衬砌相比，它具有与洞室围岩黏结力高、能提高围岩整体稳定性和承载能力、节约投资、加快施工进度等优点。

喷锚支护可分为喷混凝土、喷混凝土＋锚杆联合支护、喷混凝土＋锚杆＋钢筋网联合支护等类型。

4. 涵洞内衬砌补强

对于范围较大的纵向裂缝、损坏严重的横向裂缝、影响结构强度的局部冲蚀破坏，均应采取加固补强措施。

（1）对于查明原因和位置，无法进人操作时，可挖开填土，在原洞外包一层混凝土，断裂严重的地带，应拆除重建，并设置沉降缝，洞外按一定距离设置黏土截水环，以免沿洞壁渗漏。

（2）对于采用条石或钢筋混凝土作盖板的涵洞，如果发生部分断裂时，可在洞内用盖板和支撑加固。

（3）预制混凝土涵洞接头开裂时，若能进人操作，可用环氧树脂补贴，也可以将混凝土接头处的砂浆剔除并清洗干净，用沥青麻丝或石棉水泥塞入嵌紧，内壁用水泥砂浆抹平。

（4）对于涵洞整体强度不足且允许缩小过水断面时，可以采取以 PE 管或钢管为内膜、间隙灌浆的方法，但要注意新老管壁接合面密实可靠，新旧管接头不漏水。

5. 重建坝下涵洞

当涵洞断裂损坏严重，涵洞洞径较小，无法进入处理时，可封堵旧洞，重建新洞。重建新洞有开挖重建和顶管重建两种。开挖重建一般开挖填筑工程量较大，只适用于低坝；顶管重建不需要开挖坝体，开挖回填工程量小，工期短，但是一般只用于含砂量较少的坝体。

顶管施工目前有以下两种方法：

（1）导头前人工挖土法。在预制管前端设一断面略大的钢质导头，用人工在导头前端先挖进一小段，然后在管的外端用油压千斤顶将预制管逐步顶进，每挖进一段顶进一次，直至顶到预定位置为止，每段挖进长度视坝体土质而定，紧密的黏性土可达 6m 以上，土质差的则在 0.5m 左右。

（2）挤压法。在预制管端装设有刃口的钢导头，用油压千斤顶将预制管顶进，使钢导头切入坝体土壤，然后用割土绳或人工将挤入管内的土挖除运出，然后再次把管顶进，直至顶完为止。

三、输水隧（涵）气蚀破坏的防治

（一）气蚀的特征与成因

明流中平均流速达到 15m/s 左右，就可能产生气蚀现象。当高速水流通过洞体体形不佳或表面不平整的边界时，水流会把不平整处的空气带走，水流会与边壁分离，造成局部压强降低或负压。当流场中局部压强下降，低于水的气化压强值时，将会产生空化，形成空泡水流，空泡进入高压区会突然溃灭，对边壁产生巨大的冲击力。这种连续不断的冲击力和吸力造成边壁材料疲劳损伤，引起边壁材料的剥蚀破坏，称为气蚀。

气蚀现象一般发生在边界形状突变、水流流线与边界分离的部位。由于洞壁横断面进出口的变化、闸门槽处的凹陷、闸门的启闭、洞壁的不平整等，都会引起气蚀破坏。

对压力隧洞和涵洞，气蚀常发生在进口上唇处、门槽处、洞顶处、分岔处，出口挑流坎、反弧末端、消力墩周围，洞身施工不平整等部位。

（二）气蚀破坏的防止与修复

气蚀对输水洞的安全极其不利。防治气蚀的措施有改善边界条件、控制闸门开启度、改善掺气条件、改善过流条件、采用高强度的抗气蚀材料等。

（1）改善边界条件。当进口形状不恰当时，极易产生气蚀现象。渐变的进口形状，最好做成椭圆曲线形。

（2）控制闸门开度。据观察分析发现，小开度时，闸门底部止水后易形成负压区，引起闸门沿竖直方向振动，闸门底部容易出现气蚀；大开度时，闸门后易产生明满流交替出现的现象，闸门后部形成负压区，引起闸门沿水流方向产生振动，造成闸门后部洞壁产生气蚀。所以要控制闸门开度在合适的范围内，避免不利开度和不利流态的出现。

（3）改善掺气条件。掺气能够降低或消除负压区，增加空泡中气体空泡所占的比例，含大量空气使得空泡在溃灭时可大大减少传到边壁上的冲击力，含气水流也成了弹性可压缩体，从而减少气蚀。因此将空气直接输入可能产生气蚀的部位，可有效地防止建筑物气蚀破坏。当水中掺气的气水比达到 $7\% \sim 8\%$ 时，可以消除气蚀。1960 年美国大古力坝泄水孔应用通气减蚀取得成功后，世界上不少水利工程相继采用此法，取得良好效果。我国自 20 世纪 70 年代，先后在陕西冯家山水库溢洪隧洞、新安江水电站挑流鼻坎、石头河隧洞中使用，也取得较好的效果。

通气孔的大小，关系到掺气质量，闸门不同开度，对通气量的要求也不同。通气量的计算（或验算）可采用康培尔公式：

$$Q_a = 0.04Q\left(\frac{v}{gh} - 1\right)^{0.85} \tag{5-3}$$

式中　Q_a——通气量，m^3/s；

$\quad\quad Q$——闸门开度为 80% 时的流量，m^3/s；

$\quad\quad v$——收缩断面的平均流速，m/s；

$\quad\quad h$——收缩断面的水深，m。

通气孔或通气管的截面面积 $A(m^2)$，可以采用下面的公式估算：

$$A = 0.001Q\left(\frac{v}{\sqrt{gh}} - 1\right)^{0.85} \tag{5-4}$$

（4）改善过流条件。除进口顶部做成 1/4 的椭圆曲线外，中高压水头的矩形门槽可改为带错距和倒角的斜坡形门槽。出口断面可适当缩小，以提高洞内压力，避免气蚀。对于衬砌材料的质量要严格控制，使其达到设计要求。应保证衬砌表面的平整度，对凸起部分要凿除或研磨成设计要求的斜面。

（5）采用高强度的抗气蚀材料。采用高强度的抗气蚀材料，有助于消除或减缓气蚀破坏。提高洞壁材料抗水流冲击作用，在一定程度上可以消除水流冲蚀造成表面粗糙而引起的气蚀破坏。资料表明，高强度的不透水混凝土，可以承受 30m/s 的高速水流而不损坏。护面材料的抗磨能力增加，可以消除由泥沙磨损产生的粗糙表面而引起气蚀的可能性，环氧树脂砂浆的抗磨能力，比普通混凝土及岩石的抗磨能力高约 30 倍。采用高标号的混凝土可以缓冲气蚀破坏甚至消除气蚀。采用钢板或不锈钢作衬砌护面，也会产生很好的效果。

四、输水隧（涵）冲磨破坏的修复

1. 冲磨的特征与成因

含沙水流经过隧洞，对隧洞衬砌的混凝土会产生冲磨破坏，尤其是对隧洞的底部产生的冲磨比较严重。冲磨的破坏程度主要与以下因素有关：①洞内水流速度；②泥沙含量、粒径大小及其组成；③洞壁体形和平整程度等。

一般来说，洞内流速越高，泥沙含量越大，洞壁体形越差，洞壁表面越不平整，洞壁冲磨破坏就越严重。特别是在洪水季节，水流挟带泥沙及杂物多，当隧洞进出口连接建筑物处理不当时，冲磨会更为严重。水流中悬移质和推移质对隧洞均有磨损，悬移质泥沙摩擦边壁，产生边壁剥离，其磨损过程比较缓慢；推移质泥沙不仅有摩擦作用，还有冲击作用，粗颗粒的冲击、碰撞破坏作用，对边壁破坏尤为显著。

2. 冲磨破坏的修复

冲磨破坏修复效果的好坏主要取决于修补材料的抗冲磨强度，抗冲磨材料的选择要根据挟沙水流的流速、含沙量、含沙类型确定。常用的抗冲磨材料有以下几种：

（1）高强度水泥砂浆。高强度的水泥砂浆是一种较好的抗冲磨材料，特别是用硬度较大的石英砂替代普通砂后，砂浆的抗冲磨强度有一定提高。水泥石英砂浆价格低廉、制作工艺简单、施工方便，是一种良好的抗悬移质冲磨的材料。

（2）铸石板。铸石板根据原材料和加工工艺的不同有辉绿岩、玄武岩、硅锰碴铸石和微晶铸石等。铸石板具有优异的抗磨、抗气蚀性能，比石英具有更高的抗磨强度和抗悬移质切削性能。铸石板的缺点是：质脆，抗冲击强度低；施工工艺要求高，粘贴不牢时，容易被冲走。例如，在刘家峡溢洪道的底板和侧墙、碧口泄洪闸的出口等处所做的抗冲磨试验，铸石板均被水流冲走，因此，目前很少采用铸石板，而是将铸石粉碎成粗细骨料，利用其高抗磨蚀的优点配制成高抗冲磨混凝土。

（3）耐磨骨料的高强度混凝土。除选用铸石外，选择耐冲磨性能好的岩石，如以石英石、铁矿石等耐磨骨料，配制成高强度的混凝土或砂浆，具有很好的抗悬移质冲磨的性能。试验表明，当流速小于 15m/s，平均含沙量小于 40kg/m³，用耐磨骨料配制成强度达 C30 以上的混凝土，磨损甚微。

（4）环氧砂浆。具有固化收缩小，与混凝土黏结力强，机械强度高，抗冲磨和抗气蚀性能好等优点。环氧砂浆抗冲磨强度约为养护 28d 抗压强度 60MPa 水泥石英砂浆的 5 倍，C30 混凝土的 20 倍，合金钢和普通钢的 20～25 倍。固化的环氧树脂抗冲磨强度并不高，但由于其黏结力极强，含沙水流要剥离环氧砂浆中的耐磨砂砾相当困难，因此使用耐磨骨料配制成的环氧砂浆，其抗冲磨性能相当优越。

（5）聚合物水泥砂浆。它是通过向水泥砂浆中掺加聚合物乳液改性而制成的有机-无机复合材料。聚合物既提高了水泥砂浆的密实性、黏结性，又降低了水泥砂浆的脆性，是一种比较理想的薄层修补材料，其耐蚀性能也比掺加前有明显提高，可用于中等抗冲磨气蚀要求的混凝土的破坏修补。常用的聚合物砂浆有丙乳（PAE）砂浆和氯丁胶乳（CR）砂浆。

（6）钢板。具有很高的强度和抗冲击韧性，抗推移质冲磨性能好。在石棉冲砂闸、渔子溪一级冲砂闸等工程分别使用，抗冲效果良好。钢板厚度一般选用 12～20mm，与插入混凝土中的锚筋焊接。

第五节　闸门及启闭设施的养护修理

水库工程中常用的设备为闸门和启闭机。

一、闸门的日常养护

闸门养护就是采用一切措施将闸门的运行状态保持在标准状态。分为一般性养护与专门性养护。

1. 一般性养护

（1）检查清理。对闸门体上的油污、积水、附着水生物等污物和闸门槽、门库、门枢等部位的杂物，应及时清理；对浅水中的闸门，可经常用竹篙、木杆进行探摸，利用人工或借助水力进行清除；对深水中较大的建筑物，应定期进行潜水清理。

（2）观察调整。闸门发生倾斜、跑偏问题时，应配合启闭机予以调整。

（3）消淤。应定期对闸前进行输水排沙，或利用高压水枪在闸室范围内进行局部冲刷清淤，消除闸前泥沙淤积，避免闸门启闭困难。

2. 专门性养护

专门性养护是针对闸门自身各部分构件所进行的养护。

（1）门叶部分的养护。通过调节闸门开度避免闸门在泄水时发生脉冲振动，在闸门上游加设防浪栅或防浪排削弱波浪对闸门的冲击。

（2）闸门行走支承及导向装置的养护。应定时向轴门主轮、弧形闸门支铰、人字闸门门框及闸门吊耳轴销等部位注油，以防止润滑油流失、老化变质。注油时，应在不停转动下加注，尽量使旧油全部排出，新油完全注满。对无孔道的可定期拆下清洗，然后涂油组装。

（3）闸门止水装置的养护。要采取一切措施避免止水断裂和撕裂、止水与止水座板接合不紧密、止水座板变形、固定螺栓松动和锈蚀脱落等问题。对于止水座板表面粗糙的，可用平面砂轮打磨，然后涂刷一层环氧树脂使其平滑。止水橡皮磨损造成止水座间隙过大而漏水时，可采用加垫橡皮条进行调整，在橡皮摩擦面涂刷防老化涂料，防止橡皮老化，金属止水要防磨蚀、防气蚀。

（4）闸门预埋件的养护。闸门预埋件应注意防锈蚀和气蚀。各种金属预埋件除轨道部位摩擦面涂油保护外，其余部位凡有条件的均宜涂坚硬耐磨的防锈材料，锈蚀或磨损严重时，可采用环氧树脂或不锈钢材料进行修复。

（5）闸门吊耳与吊杆的养护。吊耳与吊杆应动作灵活，坚固可靠，转动销轴应经常注油保持润滑，其他部位金属表面应喷涂防锈材料，应经常用小锤敲击检查零件有无裂纹或焊缝开焊、螺栓松动等，并检查是否有正轴板丢失、销轴窜出现象。

二、闸门的修理

闸门的修理应针对存在缺陷的部位和形成缺陷的原因不同，采用不同的处理方法。

（一）门体缺陷的处理

门体常出现的问题有门体变位、局部损坏和门叶变形等。

1. 门体变位的处理

变位原因及处理方法，因双吊点与单吊点门体而有所不同。

（1）双吊点闸门变位的主要原因是启闭机两个卷筒底径误差较大，处理方法可以采用环氧树脂与玻璃丝布混合粘贴的方法补救直径较小的卷筒，使其一致，或加大筒径较小一侧的钢丝绳直径等方法进行调整。当钢丝绳松紧不一时，可以重绕钢丝绳或在闸门吊耳上加设调节螺栓与钢丝绳连接。

（2）单吊点闸门发生倾斜的主要原因是吊点垂线与门体重心不重合。当吊耳中心垂线与门体重心偏差值超过 2mm，须拆下重新调整安装；当吊耳位置偏差小于 2mm，门叶及拉杆销孔基本同心，门体有轻微倾斜时，可在门体上配置重块，使门体端正；对螺杆启闭机操纵的轻型闸门，且启闭机平台又比较高时，可在门顶与螺杆之间装设带有调整螺栓的人字条进行调整，当因螺杆弯曲而引起门体倾斜时，应调直螺杆。

2. 门叶变形与局部损坏的处理

（1）门叶构件和面板锈蚀严重的应进行补强或更新，对面板锈蚀厚度减薄的，可补焊新钢板予以加强，新钢板焊缝应布置在梁格部位，焊接时应先将钢板四角点焊固定，然后再对称分段焊满。也可用环氧树脂黏合剂粘贴钢板补强。

（2）因强烈风浪的冲击，或因闸门在门槽中冻结或受到漂浮物卡阻等外力作用，造成门体局部变形或焊缝局部损坏与开裂时，可将原焊缝铲掉，再重新进行补焊或更新钢材，对变形部位应进行矫正。矫正方法为：常温情况下一般应用机械进行矫正，复杂的结构可先将组合的元件割开，分别矫正后，再焊接成整体；对于变形不大的或不重要的构件，可用人工锤击矫正，锤击时应加垫板，且锤击凹坑深度不得超过 0.5mm；采用热矫正时，可以用乙炔焰将构件局部加热至 600～700℃，利用冷却收缩变形来矫正，矫正后应先做保温处理，然后放置在不低于 0℃ 的气温下冷却。

（3）气蚀引起局部剥蚀的应视剥蚀程度采取相应方法，气蚀较轻时可进行喷镀或堆焊补强，严重的应将局部损坏的钢材加以更换，无论补强还是更换都应使用抗蚀能力较强的材料。

（4）由于剥蚀、振动、气蚀或其他原因造成螺栓松动、脱落或钉孔漏水等缺陷时，对松动或脱落螺栓应进行更换；螺孔锈蚀严重的可进行铰孔，选用直径大一级的螺栓代替；螺栓孔有漏水的，视其连接件的受力情况，可在钉孔处加橡皮垫，或涂环氧树脂涂料封闭。

（5）弧形闸门支臂或人字门转轴柱子刚度不足会引起弧形闸门支臂发生较大挠曲变形，或人字门门叶倾斜漏水，修理时应先矫正变形部位，然后对支臂或转轴柱进行加固，以增强其刚度。

（二）行走支承机构的修理

1. 滚轮锈蚀卡阻的处理

若出现滚轮锈蚀卡阻不能转动，当轴承还没有严重磨损和损伤时，可将轴与轴套清洗除垢，将油道内的污油清洗干净，涂上新的润滑油脂；当轴承间隙如因磨损过大，超过设计最大间隙的 1 倍时，应更换轴套。轮轴磨损或锈蚀，应将轴磨光，采用硬镀铬工艺进行修复，当轮轴径损失为 1% 以上时，可用同材质焊条进行补焊，然后按设计尺寸磨光电镀。

2. 弧形闸门支铰转动不良的处理

引起弧形闸门支铰转动不良的原因可能有：支铰座位置较低时，泥沙容易进入轴承间隙，日久结成硬块，增加摩阻力；支铰轴注油不便，润滑困难，尤其因支臂转角小，承力面难以保留油膜而日久锈蚀；两支铰轴线不在同一轴线上。支铰检修时一般是卸掉外部荷载，把门叶适当垫高，使支铰轴受力降至最低限度，然后进行支撑固定，拔取支铰轴可根据实际情况采用锤击或用千斤顶施加压力的方法进行，视支铰轴磨损和锈蚀情况，进行磨削加工，并镀铬防锈。对于支铰轴不在同一轴线上的，应卸开支铰座，用钢垫片调整固定支座或移动支座位置，使其达到规范的精度要求，然后清洗注油，安装复位，油槽与轴隙应注满油脂，用油脂封闭油孔。

（三）止水装置的修理

止水装置常出现的问题有：①橡皮止水日久老化，失去弹性或严重磨损、变形而失去止水作用；②止水橡皮局部撕裂；③闸门顶、侧止水的止水橡皮与门槽止水座板接触不紧密而有缝隙。

处理方法：①更换新件，更换安装新止水时，用原止水压板的孔位在新止水橡皮上画线冲孔，孔径比螺栓直径小 1mm，严禁烫孔；②局部修理，可将止水橡皮损坏部分割除换上相同规格尺寸的新止水。新旧止水橡皮接头处的处理方法有将接头切割成斜面，在其表面锉毛涂黏合剂黏合压紧；采用生胶垫压法胶合，胶合面应平整并锉毛，用胎膜压紧，借胶膜传热，加热温度为 200℃ 左右。

（四）预埋件的修理

预埋件常受高速水流冲刷及其他外力作用，很容易出现锈蚀变形、气蚀和磨损等缺陷。对这些缺陷一般应做补强处理。若损坏变形较大时，宜更换新的。金属与预埋件之间不规范的缝隙，可采用环氧树脂灌浆充填，工作面上的接口焊缝应用砂轮或油石磨光。

止水底板及底坎等，由于安装不牢受水流冲刷、泥沙磨损或锈蚀等原因发生松动、脱落时，应予以整修并补焊牢固，胸墙檐板和侧止水座板发生锈蚀时，一般可采用刷油漆涂料或环氧树脂涂料护面。

三、钢闸门的防腐蚀

闸门钢结构在使用过程中会不断地发生腐蚀，在一般涂料的保护下，使用 10 年后，10mm 厚的闸门面板、腐蚀深度可达 2～3mm，甚至穿孔。因此，闸门的防腐蚀工作尤为重要。

（一）钢结构闸门的腐蚀类型

钢闸门表面金属腐蚀一般分为化学腐蚀、电化学腐蚀两类。化学腐蚀是钢铁与外部介质直接进行化学反应；电化学腐蚀是钢铁与外部介质发生电化学反应，在腐蚀过程中，不仅有化学反应，而且还伴随有电流产生。水工钢闸门的腐蚀多属电化学腐蚀。

（二）腐蚀处理的一般方法

防腐处理首先应将金属表面妥善清理干净，对结构表面的氧化皮、锈蚀物、毛刺、焊渣、油污、旧漆、水生物等污物和缺陷，采用人工敲铲、机械处理、火焰处理、化学处理、喷砂等方法进行处理，我国常用的处理方法为喷砂处理。然后采用合理的方法进行保护处理，一般防腐蚀方法有三种。

1. 涂料保护

使用油漆、高分子聚合物、润滑油脂等涂敷在钢件表面，形成涂料保护层，隔绝金属结构与腐蚀介质的接触，截断电化学反应的通道，从而达到防腐的目的。涂料保护的周期因涂料品种、组合和施工质量而异，一般为 3～8 年，有些可达 10 年以上。涂料总厚度一般为 0.1～0.15mm，特殊情况下可适当加厚。涂料一般要求涂刷 4 层，其中底层涂料涂刷两层，面层涂料涂刷两层，有的还采用中间层以提高封闭效果。底、中面层涂料之间要有良好的配套性能，涂料配套可根据结构状况和运用环境参照《水工金属结构防腐蚀规范》（SL 105—2007）选用。涂料除具有易燃性外，大都会含有对人体有害的物质，注意安全和防护。涂料保护适应性强，可用于各种腐蚀介质中的钢结构，涂装工艺较易掌握，便于选择各种涂料保护膜的颜色。用于水工金属结构的防腐涂料应具有耐水、耐候、耐磨、抗老化等优良性能。

涂装施工有刷涂、滚涂、空气喷涂、高压无气喷涂等方法，涂装时应注意确定涂料最佳施工黏度、一次涂装厚度、成膜时间及涂装间隔时间，并应制定严格的返修工艺。

2. 喷涂金属保护（或称喷镀）

它是采用热喷涂工艺将金属锌、铝或锌铝合金丝熔融后喷射至结构表面上，形成金属保护层，起到隔绝结构与介质和阴极保护的双重作用。为更充分地发挥其保护效果，延长保护层寿命，一般还要加涂封闭层。喷涂金属保护用于环境恶劣、维修困难的重要钢结构，防腐效果好，保护周期长，在淡水中喷涂锌的保护周期可达 20 年以上。在一般水质或大气中工作的钢结构，可采用喷涂锌保护，在水及污水中可采用喷涂锌、铝及其合金保护。

3. 外加电流阴极保护与涂料联合保护

在结构上或结构以外的适当位置合理地布置辅助阴极，使结构、阴极与腐蚀介质（电解质溶液）三者构成电解池，通过外加直流保护电源，使结构成为整体阴极而抑制结构上腐蚀微电池的发生，从而使结构得到有效的保护。为了进一步提高保护效果，减少电能和阴极材料的消耗，通常与涂料联合保护，既可发挥涂料的保护作用，又可发挥电化学的保护作用，是一种较好的防腐蚀措施。用于各种水质中保护面积大、数量多而集中、表面形状单一而又有规则的水下钢结构，保护周期长，一般可达 15 年以上。

阴极保护系统的电源，在有交流电源时，可使用自动恒电位装置进行自控；无交流电源时，可采用太阳能、风能及其他交流或直流电源。

辅助阳极可选用普通钢铁，也可设计成微溶性阳极，如石黑、高硅铸铁、镀铂钛和铝银合金等。阳极布置是外加电流阴极保护措施的关键，根据水质、结构形式、运行情况及其他结构的关系，常采用以下两种阳极布置方式：①布置于结构上的近阳极；②固定于其他结构上的远阳极。

四、启闭机的养护

为使启闭机处于良好的工作状态，需对启闭机的各个工作部分采取一定的作业方式进行经常性的养护，启闭机的养护作业可以归纳为清理、紧固、调整、润滑四项。

（1）清理。即针对启闭机的外表、内部和周围环境的脏、乱、差所采取的最简单、最基本却很重要的保养措施，保持启闭机周围整洁。

（2）紧固。即将连接松动的部件进行紧固。

（3）调整。即对各种部件间隙、行程、松紧及工作参数等进行的调整。

（4）润滑。即对具有相对运动的零部件进行的擦油、上油。

1. 动力部分的养护

动力部分应具有供电质量优良、容量足够的正常电源和备用电源。电动机保持正常工作性能，电动机要防尘、防潮，外壳要保持清洁，当环境潮湿时要经常保持通风干燥。每年汛期测定一次电动机相闸及对铁芯的绝缘电阻，如小于 0.5Ω 时应进行烘干处理；检查定子与转子之间的间隙是否均匀，磨损严重时应更换；接线盒螺栓如有松动或烧伤，应拧紧或更换。电动机的闸刀、电磁开关、限位开关及补偿器的主要操作设备应洁净，触点良好，电动机稳压保护、限位开关等的工作性能应可靠；操作设备上各种指示仪器应按规定检验，保证指示准确；电动机、操作设备、仪表的接线必须相应正确，接地应可靠。

2. 传动部分的养护

对机械传动部件的变速箱、变速齿轮、蜗轮、蜗杆、联轴器、滚动轴承及轴瓦等，应按要求加注润滑油；对液压传动装置的油泵，应经常观测其运行情况是否正常，油液质量是否良好，油液是否充足，油箱、管道和阀组有无漏油或堵塞，出现问题及时处理。

3. 制动器的养护

应保持制动轮表面光滑平整，制动瓦表面不含油污、油漆和水分，闸瓦间隙应合乎要求；主弹簧衔铁、各连接铰轴经常涂油，保证制动灵活、稳定可靠。电动液压制动器应不缺油、不锈蚀，定期过滤工作油，定期调整控制阀。

4. 悬吊装置的养护

检查若发现钢丝绳两端固定点不牢固或有扭转、打结、锈蚀和断丝现象，松紧不适，有磨碰等不正常现象，应及时处理，钢丝绳经常涂油防锈，油压机活塞杆要经常润滑，漏油时要经常上紧密封环。

5. 附属设备的养护

高度指示器要定期校验调整，保证指示位置正确；过负荷装置的主弹簧要定期校验；自动挂钩梁要定期润滑防锈；机房要清洁，寒冷地区冬季应保温。

五、启闭设备的修理

（一）螺杆式启闭机的修理

运行中由于无保护装置或保护装置失灵，操作不慎，易引起螺杆压弯、承重螺母和推力轴承磨损等问题。螺杆轻微弯曲可用千斤顶、手动螺杆式矫正器或压力机在胎具上矫正，直径较大的螺杆可用热矫正；弯曲过大并产生塑性变形或矫正后发现裂纹时应更换新件；承重螺母和推力轴承磨损过大或有裂纹时应更换新件。

（二）卷扬式启闭机的修理

1. 钢丝绳、卷筒、滑轮组的修理

（1）钢丝绳刷防护油应先刮除、清洗绳上的污物，用钢丝刷子刷、用柴油清洗干净后涂抹合适的油脂（将油脂加热至 80℃ 左右，涂抹要均匀，厚薄要适度），每年进行一次。

（2）卷筒、卷筒绳槽磨损深度超过 2mm 时，卷筒应重新车槽，所余壁厚不应小于原壁厚的 85%。卷筒发现有裂纹，横向一处长度不超过 10mm，纵向两处总长度不大于10mm，且两处的距离必须在 5 个绳槽以上，可在裂纹两端钻小孔，用电焊修补，如果超过上述范围应报废。卷筒经磨损后，露出沙眼或气孔，视情况而定是否补焊。卷筒轴发现裂纹应及时报废，卷筒轴磨损超过规定极限值时应更新。

（3）滑轮组的轮槽或轴承等若检查有裂缝、径向变形或轮壁严重磨损时应更换。

2. 传动齿轮的修理

（1）齿轮的失效形式。齿轮失效形式有轮齿折断、齿面疲劳点蚀齿面磨损、齿面胶合和齿轮的塑性变形等。

（2）齿轮的检测。检查齿轮啮合是否良好，转动是否灵活，运行是否平稳，有无冲击和噪声；检查齿面有无磨损、剥蚀胶合等损伤，必要时可用放大镜或探伤仪进行检测，齿根部是否有裂缝裂纹。有条件的可检测齿侧间隙和啮合接触斑点。

（3）齿轮的安装调试。安装要保证两啮合齿轮正确的中心距和轴线平行度，并要保证合理的齿侧间隙、接触面积和正确的接触部位。

3. 联轴器的检修

对联轴器出现连接不牢固或同心度偏差过大等问题，应进行检修。联轴器安装时，必须测量并调整被连接两轴的偏心和倾斜，先进行粗调，调整使之平齐，而后将联轴器暂时穿上组合螺栓（不拧紧）精调。装调千分表架，测量联轴器的径向读数和轴读数。用移动轴承位置，增减轴承垫片的方法，调整轴的偏心及倾斜。

4. 制动器检修

（1）制动器检查及质量要求。制动带与制动轴的接触面积不应小于制动带面积的80%，制动的磨损不许超过厚度的 1/2。制动轮表面应光洁，无凹陷、裂纹、擦伤及不均匀磨损。径向磨损超过 3mm 时，应重新车削加工并热处理，恢复其原来的粗糙度、硬度。制动轮壁厚磨损减小至原厚度的 2/3 时，必须更换。制动弹簧要完好，变形、断裂等失去弹性的须更换。制动架杠杆不得有裂纹和弯曲变形，销、轴连接必须牢固、可靠，转动灵活，不得过量磨损和卡阻。油压制动器的油液无变质和杂质。电磁铁不应有噪声，温升不得超过 105℃。衔铁和铁芯的接触面必须清洁，不得锈蚀和脏污，接触面积不小于 75％。

（2）制动器的调整。制动器分长行程电磁铁制动器、短行程电磁铁制动器和液压电磁铁制动器 3 种。制动器的调整主要是指制动轮与闸瓦的间隙或叫闸瓦退距调整、电磁铁行程调整、主弹簧工作长度和制动力矩的调整。一般制动距离应符合下列数值：行走机构约为运行速度的 1/15，启升机构约为启升速度的 1/100。

（三）门式启闭机的修理

门式启闭机的起升机构和运行机构的修理与固定式卷扬机相同。门架为金属结构，防腐处理和连接部的修理与前述闸门与固定卷扬机的修理方法相近。

所不同的是门式启闭机有车轮和轨道。车轮踏面和轮缘如有不均匀磨损或磨损过度，应调整门架水平度，使各车轮均匀接触或对车轮作补焊修理，损坏严重时应更换新轮；轨道表面有啃轨及过度磨损时，应调整车轮侧向间隙并进行补焊。

（四）液压启闭机修理

液压启闭机分机械系统和油压系统。

1. 机械系统

如活塞环漏油量和磨损量均大于允许值，应调整压环拉紧程度，压环发生老化、变质和磨损撕裂时应更换；金属活塞环如有断裂、失去弹性或磨损过大也应更换；油缸内壁有轻微锈斑、划痕时可用零号砂布或细油石蘸油打磨洁净；油缸内壁和活塞杆有单向磨耗痕迹，应调整油缸中心位置；上述机械系统检修后应按规定进行耐压试验。

2. 油压系统

对高压油泵、阀组应定期清洗，其标准零件损坏时应当用同型号零件修配；泵体加工件有磨损或其他缺陷应送回厂家检修；阀组壁有裂纹、砂眼或弹簧失去弹性，应更换新件；高压管路的油箱、管路焊缝有局部裂纹而漏油时应补焊；弯头、管壁和三通有裂纹而漏油时应更换；油系统修理后应进行打压试验。

第六章 防 汛 抢 险

第一节 水 库 防 汛

防汛，是在汛期掌握水情变化和建筑物状况，做好调动和加强建筑物及其下游的安全防范工作。防汛工作内容包括：建立防汛领导机构，组织防汛队伍，储备防汛物资，检查加固工程，搞好洪水调度，做好工程检查和安排群众迁移等工作。以上各项工作根据其性质，可归纳为防汛准备和检查工作两部分。

一、防汛准备工作

防汛工作具有长期性、群众性、科学性、艰巨性和战斗性的特点，因此防汛准备工作应贯彻"安全第一、常备不懈，以防为主、全力抢险"的方针，立足于防大汛、抢大险的精神去准备。防汛准备工作是在防汛机构领导下，按照防御设计标准的洪水去做好各项准备工作。具体内容除了要加强日常工程管理和维修、清除阻水障碍外，在汛前还要着重做好以下几个方面的工作。

（一）思想准备

防汛抢险工作是长期的任务。防汛的思想准备是各项准备工作的首位。利用多种形式向广大群众普遍、反复地进行防汛安全教育，提高对水库安全重要意义的认识。通过认真总结历年防汛抢险的经验教训，从而使广大干部和群众切实克服麻痹思想和侥幸心理，坚定抗灾保安全的信心，树立起团结协作顾大局的思想。加强组织纪律性，做到严守纪律、听从指挥。同时也要加强法制宣传，增强人们的法制观念，以水法为准绳，抵制一切有碍防汛工作的不良行为。

（二）组织准备

防汛是组织动员社会上人力和物力向洪水作斗争的大事，必须有健全而严密的组织系统。每年汛前要做好各项组织准备工作，主要包括：

（1）健全防汛常设机构，各级政府有关部门和单位组建防汛指挥机构。

（2）各级负有防汛岗位职责的人员要做好汛期上岗到位的组织准备。同时水库管理单位要做好进入汛期运行的组织准备。

（3）各级防汛部门要做好防汛队伍的组织准备。

（4）做好水情测报和汛情通信准备。

（5）根据部门的行业分工，做好协作配合的组织准备，做到汛期互通信息、行动一致，共同做好防汛工作。

（6）进行防汛抢险技术训练和实战演习，熟悉工程环境、工程情况、防汛材料、设备操作和通信联络，避免防汛抢险时慌乱失措，造成不应有的损失。

（三）工程准备

汛前应全面对水库工程进行一次检查，摸清工程现状。发现问题要及时处理；暂时不能处理的，也应研究安全度汛措施。对溢洪道和输水洞的闸门和启闭设备，要进行试车。闸门、启闭设备、照明、通信、交通道路等如有问题，要及早检查维修。如水库存在病险，应制订计划进行除险加固，提高防洪标准，消除隐患，以利安全度汛，如因各种原因不能在汛前进行除险加固的，应严格限制蓄水。根据工程情况，还应制定水库防洪调度计划或控制指标，并报上级批准后，在汛期据以执行。

（四）物料准备

1. 防汛使用的主要物料

（1）防汛抢险土方用量很大，可采用机械备土，堤防两侧地势低洼取土困难堤段，汛前需做好备土工作。

（2）砂、石料物用量较大，可于险工、险段就近存储，以利使用。建材部门也需储备一定数量的防汛抢险砂石料物，以备急需。

（3）水泥、钢材、木料、无纺布、土工织物、备用电源、照明设备、报警设备、强排设备等由地方各级防汛指挥部门适当仓储。

（4）草袋、塑料编织袋、麻袋、铁线等是常备的物资，也是防汛抢险所需的主要物资。

2. 防汛物料的储备形式

（1）国家储备。由国家拨款购置的物资储存于国家建的仓库，或由地方管理单位为国家代储。这部分储存物资主要用于国家大江大河、重点水库的险工险段的防汛抢险，或特需调用。

（2）地方储备。地方各级防汛指挥部在各级中心仓库储存，或委托供销、物资部门代储。自储自用，也可调集使用。自己有防汛任务的电力、铁路、公路、邮电、石油、城建、林业、农牧等系统的单位，自己储存的防汛物资自己使用。

（3）群众自筹。受洪水威胁地区的群众，可根据当地防汛任务，按户或按劳力、职工下达数量进行自备，并登记造册，集中存储于临近堤防险工之处，也可暂存于各家待用，或集中于村待用。

草帘、席片、木杆、麻绳、秸料、柴捆等物资可就近征用，用后给予适当补偿。车辆、机械等可由有关部门组织调集。爆破器材由专门部门供应。要加强对物资储备的管理，每年要进行清仓查库，并根据消耗、报废情况进行更新。各种防汛器材、余料，用后应及时入库，妥善保存，不得擅自动用。各类防汛器材于每年、月、旬全部清点备齐。由供销、物资、商业等部门代储的物资和社会备料，每年、月、旬应全部落实。物资要设专垛保管，货位应便于装车，存放要整齐。并要搞好防腐、防锈、防虫、防火，以便确保质量及安全。物资储备由各级防汛指挥部物资部负责做储备计划，对储备网点进行全面检查。对不合格的单位要改换储备点，并将检查结果报告上级。防汛物资部每年汛前要将物料、器材、设备储存的品名、数量、质量、地点等逐项列表，连同物资储备网点布置图一并交报各级防汛指挥部指挥人员。

（五）雨情、水情测报准备

特别要注意掌握水位和降雨量两项水情动态，特别是暴雨、水位的测报，检查维护好测报的通信设施，做好暴雨和来水的测验工作。根据本地区水文气象资料进行分析研究，制定洪水预报方案。汛期根据水文站网报汛资料，及时估算洪水将出现的时间和水位，合理调度，做好控制运用工作。

（六）通信联络准备

汛前要检查维修好各种防汛通信设施，如有线电话的线路、手机、话机和报话机、通信电台等。对值班人员要组织培训，建立话务值班制度，规定相关防汛责任人、工程技术人员等 24 小时开手机制度，保证汛期通信畅通。

二、汛前工程检查

为确保水库汛期安全运用，必须在汛前组织检查各项工程设施，以便及时发现薄弱环节，采取除险措施。检查内容主要包括以下方面。

（一）水库特性检查

（1）水库规划设计的水文资料有无补充和修正；计算数据有无变更；水利计算成果如设计暴雨、设计洪水、调洪方式等有无修正和变更；运行中防洪调度执行情况，工程效益的实际效果。

（2）水库上游雨情、水情测报点是否齐备，精度是否符合要求。

（3）校对水库库容和库容曲线有无变化；位于多含沙量河流上的水库，应定期施测库区地形，修正库容曲线。当发生大洪水后，要检查泥沙对有效库容的影响，泥沙的淤积部位，回水线有无向上游延伸，增加淹没和浸没农田面积。

（4）水库如遭遇超标准洪水时，有无非常措施，其可行性如何。当允许非主体工程破坏时，有无防护主体工程的措施；有无减少对下游灾害损失的措施。

（5）水库库区有无浸没、塌方、滑坡以及库边冲刷等现象；坝址附近的地形地貌有无变化；坝区和上坝公路附近汛期有无可能发生塌方、滑坡、山洪泥石流等破坏路的迹象。

（二）坝体检查

（1）坝顶有无裂缝、异常变形、积水或植物滋生等现象。防浪墙有无开裂、挤碎、架空、错位、倾斜等情况。

（2）迎水坡有无裂缝、崩塌、剥落、滑坡、隆起、塌坑、架空、冲刷、堆积或植物滋生等现象，有无蚁穴、兽洞等；近坝坡有无漩涡等异常现象。

（3）背水坡及坝趾有无裂缝、崩塌、滑动、隆起、塌坑、堆积、湿斑、冒水、渗水或管涌等现象；排水系统有无堵塞、破坏；草皮护坡是否完好；有无蚁穴、兽洞等；滤水坝趾、集水沟、导渗减压设施等有无异常或破坏现象。

（4）坝基和坝区。

1）坝基：基础排水设施是否正常；渗漏水的水量、颜色、气味及浑浊度、温度等有无变化；坝下游有无沼泽化、渗水、管涌、流土等现象；上游铺盖有无裂缝、塌坑。

2）坝端：坝体与岸坡接合处有无裂缝、渗水等现象；两岸坝端区有无裂缝、滑坡、隆起、塌坑、绕渗或蚁穴、兽洞等隐患。

3）坝趾近区：有无阴湿、渗水、管涌、流土等现象；排水设施是否完好。

4）坝端岸坡：护坡有无隆起、塌陷或其他损坏现象；有无地下水出露。

（三）输、泄水洞（管）检查

（1）引水段：有无堵塞、淤积，两岸有无崩塌。

（2）进水塔（或竖井）：有无裂缝、渗水、倾斜或其他损坏现象。

（3）洞（管）身：洞壁有无纵横向裂缝、空蚀、剥落、渗水等现象；放水时间洞内声音是否正常。

（4）出口：放水期水流形态、输水量及浑浊度是否正常；停水期是否有渗流水。

（5）消能设施：有无冲刷、磨损、淘刷或砂石、杂物堆积现象；下游河床及岸坡有无异常冲刷、淤积和波浪冲击破坏等情况。

（四）溢洪道检查

（1）进水段（引渠）：有无坍塌、崩岸、堵淤或其他阻水现象；流态是否正常；糙率是否有异常变化。

（2）堰顶或闸室、闸墩、胸墙、溢流面：有无裂缝、渗水、剥落、错位、冲刷、磨损、空蚀等现象；伸缩缝、排水孔是否完好。

（3）消能设施：检查项目与输泄水洞（管）相同。

（五）闸门及启闭机检查

（1）闸门：有无变形、裂缝、脱焊、锈蚀等损坏现象；门槽有无卡堵、气蚀等情况；启闭是否灵活；开度指示器是否清晰、准确；止水设施是否完好；部分启闭时有无振动情况；吊点结构是否牢固；钢丝绳或节链、栏杆、螺杆等有无锈蚀、裂纹、断丝、弯曲等现象；风浪、漂浮物等是否影响闸门正常工作和安全。

（2）启闭机：运转是否灵活；制动、限位设备是否准确有效；电源、传动、润滑等系统是否正常；启闭是否灵活可靠。

（六）其他设备检查

（1）观测设施是否完好。

（2）通信和照明设施是否正常。

（3）交通道路有无损坏和阻碍通行的地方。

三、汛期查险

水库防汛检查中，需要做到如下几点要求：

（1）巡坝查险队的队员，首先必须挑选责任心强、有抢险经验、熟悉坝情的人担任，队员力求固定，全汛期不变。

（2）查险工作要做到统一领导、分项负责。具体确定检查内容、路线及检查时间（或次数），把任务落实到人。

（3）巡查交接班时，交接班应紧密衔接，以免脱节。接班的巡查队员提前上班，与交班的共同巡查一遍，交代情况，并建立汇报、联络与报警制度。

（4）当发生暴雨、台风、库水位骤升骤降及持续高水位时，应增加检查次数，必要时应对可能出现重大险情的部位实行昼夜连续监视。

（5）巡查时所带工具，一般常用到的几种巡查工具如下：记录本——备记载险情用；小红旗——供作险情标志；卷尺——丈量险情对某一显著目标的部位的尺寸；锯木屑——当堤身浸漏时用来抛于坝外坡水面以发现有小旋涡；手电筒、马灯——便于黑夜巡查照明。

第二节　土石坝险情抢护

抢险，是在建筑物出现险情时，为避免失事而进行的紧急抢护工作。水库大坝险情的抢护措施应根据具体情况而定，本节主要介绍土石坝在度汛中的常见险情及抢护方法。

一、漫顶的抢护

（一）出现漫顶的原因

土石坝坝体是散粒体结构，洪水漫顶极易引起溃坝事故。出现洪水漫顶的主要原因如下：

（1）上游发生特大洪水，或分洪未达到预期效果，来水超过堤坝设计标准，水位高于堤坝顶。

（2）在设计时，对波浪计算的成果与实际不符，致使在最高水位时漫顶。

（3）施工中坝顶未达到设计高程，或由于地基软弱，填土夯压不实，以致产生过大的沉陷量，使堤坝顶低于设计值。

（4）水库溢洪道、泄洪洞尺寸偏小或有堵塞。

（5）地震、潮汐或库岸滑坡，产生巨大涌浪而导致漫顶。

（二）抢护原则及方法

洪水漫顶的抢护原则是增大泄洪能力控制水位、加高坝增加挡水高度及减小上游来水量削减洪峰。

1. 加大泄洪能力，控制水位

加大泄洪能力是防止洪水漫顶，保证堤坝安全的措施之一。对于水库，则应加大泄洪建筑物的泄洪能力，限制库水位的升高。对于有副坝和天然垭口的水库枢纽，当主坝危在旦夕，采用其他抢险措施已不能保住主坝时，也有破副坝和天然垭口来降低库水位的，但它将给下游人民生命财产带来一定损失。同时，库水位的骤然下降可能使主坝上游坡产生滑坡，且修复的工程量可能较大，必须特别慎重。

2. 减小来水流量

上游采用分洪截流措施，减小来水流量。需在上游选择合适位置建库或设置分洪区进行拦洪和分洪，以减小下泄洪峰流量，保证下游堤坝的安全。

3. 抢筑子堤，增加挡水高度

如泄水设施全部开放而水位仍迅速上涨，根据上游水情和预报，有可能出现洪水漫顶危险时，应及时抢筑子堤，增加坝挡水高程。填筑子堤，要全段同时进行，分层夯实。为使子堤与原坝体结合良好，填筑前应预先清除坝顶的杂草、杂物，刨松表土，并在子堤中线处开一条深宽各为0.3m的结合槽。子堤迎水坡脚一般距上游坝肩约0.5～1.0m，或更小，子堤的取土地点一般应在坝脚 20m 以外，以不影响工程安全和防汛交通。

子堤形式由物料条件、原坝顶的宽窄及风浪大小来选择，一般有以下几种：

（1）土料子堤。采用土料分层填筑夯实而成。子堤一般顶宽不小于 0.6m，上下游坡度不小于 1：1，如图 6－1（a）所示。土料子堤具有就地取材、方法简便、成本低以及汛后可以加高培厚成为正式坝身而不需拆除的优点。但它有体积较大、抵御风浪冲刷能力弱、下雨天土壤含水量过大、难以修筑坚实等缺点。土料子堤适用于坝顶较宽、取土容易、洪峰持续时间不长和风浪较小的情况。

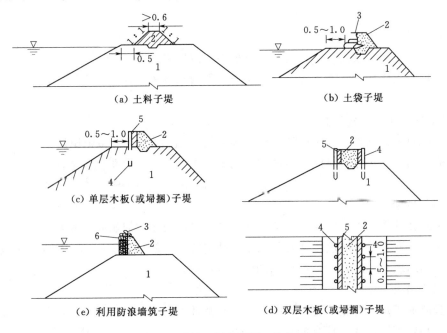

图 6－1 抢筑子堤示意图（单位：m）

1—坝身；2—土料；3—土袋；4—木桩；5—木板或埽捆；6—防浪墙

（2）土袋子堤。由草袋、塑料袋、麻袋等装土填筑，并在土袋背面填土分层夯实而成，如图 6－1（b）所示。填筑时，袋口应向背水侧，最好用草绳、塑料绳或麻绳将袋口缝合，并互相紧靠错缝，袋口装土不宜过满，袋层间稍填土料，尤其是塑料编织袋，以便填筑紧密。土袋子堤体积较小而坚固，能抵御风浪冲刷，但成本高，汛后必须拆除。土袋子堤适用于坝顶较窄和风浪较大的情况。

（3）单层木板（或埽捆）子堤。在缺乏土料，风浪较大，坝顶较窄，洪水即将漫顶的紧急情况下，可先打一排木桩，桩长 1.5～2.0m，入土 0.5～1.0m，桩距 1.0m，再在木桩后用钉子或铅丝将单层木板或预制埽捆（长 2～3m、直径 0.3m）固于木桩上，如图 6－1（c）所示。在木板或埽捆后面填土分层夯实筑成子堤。

（4）双层木板（或埽捆）子堤。在当地土料缺乏、堤坝顶窄和风浪大的情况下，可在坝顶两侧打木桩，然后在木桩内壁各钉木板或埽捆，中间填土夯实而成，如图 6－1（d）所示。这种子堤在坝顶占的面积小，比较坚固，但木料费、成本高、抢筑速度较慢。

（5）利用防浪墙抢筑子堤。当坝顶设有防浪墙时，可在防浪墙的背水面堆土夯实，或用土袋铺砌而成子堤。当洪水位高于防浪墙顶时，可在防浪墙顶以上堆砌土袋，并使土袋相互挤紧密实，如图 6-1（e）所示。

二、散浸的抢护

（一）险情及出险原因

在汛期高水位情况下，下游坡及附近地面土壤潮湿或有水流渗出的现象，称为散浸。散浸如不及时处理，有可能发展为管涌、滑坡，甚至发生漏洞等险情。出现散浸的主要原因如下：

（1）坝身修筑质量不好。

（2）坝身单薄，断面不足，浸润线可能在下游坡出逸。

（3）坝身土质多砂，透水性大，迎水坡面无透水性小的黏土截渗层。

（4）坝浸水时间长，坝身土壤饱和。

（二）抢护原则及抢修方法

散浸的抢护原则是"临水截渗，背水导渗"。切忌背水使用黏土压渗，因为渗水在坝身内不能逸出，势必导致浸润线抬高和浸润范围扩大，使险情恶化。下面讲述一般的抢护方法。

1. 临水帮戗

临水帮戗的作用在于增加防渗层，降低浸润线，防止背河出险。凡水深不大，附近有黏性土壤，且取土较易的散浸坝段可采用这种措施。前戗顶宽 3～5m，长度超出散浸段两端 5m，戗顶高出水面约 1m。断面如图 6-2 所示。

2. 修筑压渗台

坝身断面不足，背坡较陡，当渗水严重有滑坡可能时，可修筑柴土后戗，既能排出渗水，又能稳定坝坡，加大坝身断面，增强抗洪能力。具体方法是挖除散浸部位的烂泥草皮，清好底盘，将芦柴铺在底盘上，柴梢向外，柴头向内，厚约 0.2m，上铺稻草或其他草类厚 0.1m，再填土厚 1.5m，做到层土层夯，然后再按如上做法，铺放芦柴、稻草并填土，直至阴湿面以上，断面如图 6-3 所示。柴土后戗在汛后必须拆除。在砂土丰富的地区，也可用砂土代替柴土修做后戗，称为砂土后戗，也称为透水压渗台，其作用同柴土后戗。断面如图 6-4 所示。

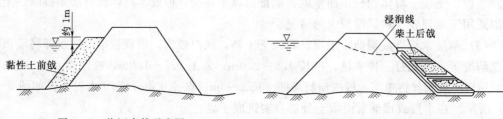

图 6-2 临河水戗示意图　　　　　图 6-3 柴土后戗示意图

3. 抢挖导渗沟

当水位继续上涨，背水大面积严重渗透，且继续发展可能滑坡时，可开沟导渗。从背水坡自散浸的顶点或略高于顶点的部位起到坝脚外止，沿坝坡每隔 6～10m 开挖横沟导

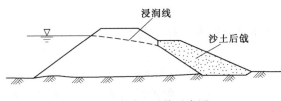

图 6-4　砂土后戗示意图

渗，在沟内填砂石，将渗水集中在沟内并顺利排走。开挖导渗沟能有效地降低浸润线，使坝坡土壤恢复干燥，有利于坝身的稳定。砂石缺乏而芦柴较多的地方，可采用芦柴沟导渗来抢护散浸险情。即在直径 0.2m 的芦柴外面包一层厚约 0.1m 的稻草或麦秸等细梢料，捆成与沟等长，放入背水坡开挖成的宽 0.4m、深 0.5m 的沟内，使稻草紧贴坝土，其上用土袋压紧，下端柴梢露出坝脚外。

4. 修筑反滤层导渗

在局部渗水严重、坝身土壤稀软、开沟困难的地段，可直接用反滤材料砂石或梢料在渗水坝坡上修筑反滤层，其断面及构造如图 6-5（a）所示。

在缺少砂石料的地区，可采用芦柴反滤层。即在散浸部位的坡面上先铺一层厚 0.1m 的稻草或其他草类，再铺一层厚约 0.3m 的芦柴，其上压一层土袋（或块石）使稻草紧贴土料，如图 6-5（b）所示。

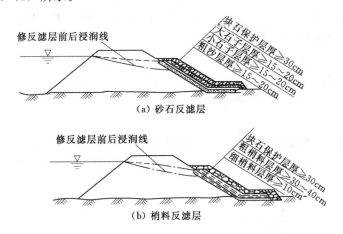

图 6-5　砂石、梢料反滤层示意图

三、漏洞的抢护

（一）险情及出险原因

背水坡或坝脚附近如果出现流水洞，流出浑水，也有时是先流清水，逐渐由清变浑，这就是严重的险情——漏洞。如果出现漏洞险情，不及时抢护往往很快就会导致堤坝的溃决。出现漏洞险情的主要原因如下：

（1）坝身质量差，渗流集中，贯穿了坝身。

（2）坝内存在隐患（如裂缝、洞穴、树根等），一旦水位涨高，渗水就会在隐患处流出。

（3）散浸、管涌处理不及时，逐渐演变成为漏洞。

（二）抢护原则及抢修方法

漏洞的抢堵原则是"临水堵截断流，背水反滤导渗，临背并举"。

1. 漏洞的探测

临河堵塞必须首先探寻漏洞的进水口，常用探寻进水口的方法如下：

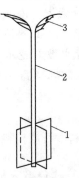

图 6-6 探漏杆
示意图
1—薄铁皮；2—麻
杆；3—羽毛

（1）观察水流。漏洞较大时，其进口附近的水面常出现漩涡。漩涡不明显时，可在比较平静的水面上撒些碎麦秸、锯末、谷糠等，若发生旋转或集中一处，进水口可能就在其下面。有时也可在漏水洞迎水侧的适当位置，将有色液体倒入水中，并观察漏洞出口的渗水，如有相同颜色的水逸出，即可断定漏洞进口的大致位置。当风浪较大、水流较急时不宜采用此法。

（2）探漏杆探测。探漏杆是一种简单的探测漏洞的工具，杆身是长1～2m 的麻杆，用白铁皮两块（各剪开一半）相互垂直交接，嵌于麻杆末端并扎牢，麻杆上端插两根羽毛，如图 6-6 所示。制成后先在水中实验，以能直立水中，上端露出水面 10～15cm 为宜。探漏时在探漏杆顶部系上绳子，绳的另一端持于手中，将探漏杆抛于水中，任其漂浮。若遇漏洞，就会在旋流影响下吸至洞口并不断旋转，此法受风浪影响较小，深水处也能适用。

（3）潜水探漏。当漏洞进水口处水深较大，水面看不见漩涡，或为了进一步摸清险情，确定漏洞离水面的深度和进口的大小时，可由水性好的人或专业潜水人员潜入水中探摸。此法应注意安全，事先必须系好绳索，避免潜水人员被水吸入洞内。

2. 堵塞漏洞进口

（1）软楔堵塞。当漏洞进水口较小，且洞口周围土质较硬时，可用网兜制成软楔，也可用其他软料如棉衣、棉被、麻袋、草捆等将洞口填塞严实，然后用土袋压实并浇土闭气，如图 6-7 所示。

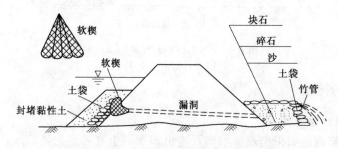

图 6-7 临水堵漏洞背河反滤围井示意图

当洞口较大时，可以用数个软楔（如草捆等）塞入洞口，然后应用土袋压实，再将透水性较小的散土顺坡推下，铺于封堵处，以提高防渗效果。

（2）铁锅、门板堵洞。在洞口不大、周围土质较硬时，可用大于洞口的铁锅（或门板）扎住洞口（锅底朝下，锅壁贴住洞缘），然后用软草、棉絮塞紧缝隙，上压土袋。

（3）软帘覆盖。如果洞口土质已软化，或进水口较多，可用篷布或用芦席叠合，一端卷入圆形重物，一端固定在水面以上的坝坡上，顺坝坡滚下，随滚随压土袋，用土袋压实并浇土闭气。

（4）临河月堤。当漏洞较多、范围较大且集中在一片时，如河水不太深，可在一定范围内用土袋修作月堤进行堵塞，然后浇土闭气。

堵塞进水口是漏洞抢护的有效方法，有条件的应首先采用。应当指出，抢堵时切忌在洞口乱抛块石土袋，以免架空，增加堵漏难度。不允许在进口附近打桩，也不允许在漏洞出口处用此法封堵，否则将使险情扩大，甚至造成堤坝溃决的后果。

3. 背水滤水围井减压

（1）滤水围井。为了防止漏洞扩大，在探测漏洞进口位置的同时，应根据条件在漏洞出口处做滤水围井，以稳定险情。滤水围井是用土袋把出口围住，内径应比漏洞出口大些。围井自下而上分层铺设粗砂、碎石、块石，每层 0.2～0.3m，组成反滤层。渗漏严重的漏洞，铺设反滤料的厚度还可以加厚，以使漏水不带走土粒，如图 6-7 所示。漏洞较小的可用无底水桶作围井，内填反滤材料。砂石料缺乏的地区，可用草、炉渣、碎砖等作反滤层。最后在围井上部安设竹管将清水引出。此法适用于进口因水急洞低无法封堵、进口位置难以找到的浑水漏洞，或作为进口封堵不住仍漏浑水时的抢护措施。有的围井不铺反滤层，利用井内水柱来减少漏洞出口处的流速，这样围井需做得较高，但因井内水深过大易破坏围井周围土层，造成新的险情，故仅适用于进出口水位差不大的情况。

（2）水戗减压。当漏洞过大，有发生溃决危险，或漏洞较多，不可能一一修做反滤围井时，可以在背水抢修月堤，并在其间充水为水戗，借助水压力减小或平衡临河水压力减缓漏洞威胁。

四、管涌的抢护

（一）险情及出险原因

在坝背水坡脚附近出现孔眼冒砂翻水的现象称之为管涌，又称泡泉。由于冒砂处往往形成"砂环"，故又称"土沸"或"砂沸"。管涌孔径小的如蚁穴，大的数十厘米，少则出现 1～2 个，多则出现管涌群。管涌的发展是导致堤坝溃决的常见原因。出现管涌险情的主要原因如下：

（1）坝为砂质地基，施工时清基不彻底，未能截断坝下的渗流，渗水经地基而在背河逸出。

（2）坝基础表层为黏性土，深层为透水地基，由于天然或人为因素破坏了上游天然铺盖，而下游取土过近过深，引起渗透坡降过大，发生渗透破坏，形成管涌。

（二）抢护原则及抢修方法

由于管涌发生在深水的砂层，汛期很难在迎水面进行处理，一般只能在背水面采取制止漏水带砂而留有渗水出路的措施稳住险情。它的抢护原则是"反滤导渗，制止涌水带出泥砂"。其具体抢险方法如下。

1. 反滤围井

当坝背面发生数目不多、面积不大的严重管涌时，可用抢筑围井的方法。先在涌泉的出口处做一个不很高的围井，以减小渗水的压力及流速，然后在围井上部安设管子将水引出。如险处水势较猛，先填粗砂会被冲走，可先以碎石或小块石消杀水势，然后再按级配填筑反滤层。若发现井壁渗水，可距井壁 0.5～1.0m 位置再围一圈土袋，中间填土夯实。

2. 减压围井

管涌的范围较大、多处泡泉、临背水位差较小时，可以在管涌的周围形成一个水池，

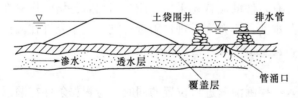

图 6-8 减压围井示意图

利用池内水位升高，减少内外水头差，以改善险情。围井的修筑方法可视管涌的范围、当地的材料而定。用土袋筑成的围井称为土袋围井；用铁筒直接做成的围井称为铁筒围井；也可用土料或土袋筑成月堤的形式。减压围井的布置如图 6-8 所示。

3. 反滤铺盖

在出现管涌较多且连成一片的情况下可修筑反滤铺盖。采用此法可以降低渗压，制止泥沙流失。管涌发生在坝后面的坑塘时，可在管涌的范围内抛铺一层厚约 15～30cm 的粗砂，然后再铺压碎石、小片石，形成反滤。在砂石缺乏地区可用柳枝扎柴排，厚 15～30cm，上铺草垫厚 5～10cm，再压以土袋或块石，使柴排沉入水内管涌位置。在抢筑反滤铺盖时，不能为了方便而随意降低坑塘内积水位。

4. 压渗台

用透水性土料修筑的压渗台可以平衡渗压、延长渗径，并能导渗滤水，阻止土粒流失，使管涌险情趋于稳定。此法适用于管涌较多、范围较大、反滤料不足而砂土料源丰富的情况。

五、风浪淘刷的抢护

(一) 险情及出险原因

汛期涨水以后，坝前水深增大，坝坡受风浪进退的连续冲击和淘刷而出现浪坎、坍塌、滑坡等现象，称为风浪险情。风浪险情如不及时控制，将引起坝体的严重坍塌而至溃决。出现风浪险情的主要原因如下：

(1) 无块石护坡的坝段断面单薄，筑坝土质不好，施工碾压不密实以及基础不良等，或者是块石护坡施工质量不好。

(2) 坝前水深大、堤距宽、吹程大、风速强以及风向指向坝体等。

(二) 抢护原则及抢修方法

风浪的抢险原则是"破浪固坝"。一般是利用漂浮物来消减风浪冲力，用防浪护坡工程在坝坡受冲刷的范围内进行保护，其具体抢护方法有如下几种。

1. 柴排护坡防浪

在风浪较小时，可用柳、苇、梢料捆扎成直径为 10cm 的柴把，然后扎成 2m 宽、3m 长的防浪排铺在坝坡上，并压上石块等重物，将其一端系在坝顶小桩上，随水的涨落拉下或放下，调整柴排上下的位置，如图 6-9 所示。

2. 浮排防浪

将梢径为 5～15cm 的圆木（或毛竹）用铅丝或绳子扎成排，圆木（或毛竹）间距

0.5～1.0m，排的宽度应等于或大于波浪长度，木排方向应与波浪传来的方向垂直。根据水面宽度和风浪的情况，同时可将一块或数块木排连接起来，放于坝防浪位置水面，并用绳子系牢，固定于坝顶的木桩上。

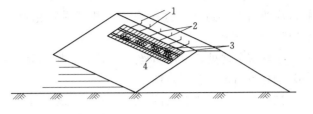

图6-9　活动防浪排
1—木桩；2—铅丝；3—大块石；4—柴把

3. 桩柳防浪

在坝身受风浪冲击的范围内打桩铺柳，直至超出水面1m左右，也能起到固坝防浪的作用。

上述三种措施都可以缓和流势、减缓流速、促淤防塌，起到破浪固坝的作用。

4. 土袋护坡防浪

在坝体临水坡抗冲性差，当地又缺乏秸、柳、圆木等软料，且风浪袭击较严重时，可用草袋或麻袋、塑料编织袋装土或砂石，放置在波浪上下波动的范围内，袋口用绳缝合，互相叠压成鱼鳞状。土袋能加固坝坡防止风浪冲击。

六、岸坡崩塌的抢护

崩塌是指坝体临水坡在水流作用下发生的险情。崩塌是常见险情之一。

（一）出险原因

因水流冲刷坝，浸泡后土体内部的摩擦力和黏结力抵抗不住土体的自重和其他外力，使土体失去平衡而坍塌。坝体发生坍塌有以下几种情况：

（1）坝基础为细粉沙土，不耐冲刷，常受溜势顶冲而被淘空；因地震使沙土地基液化，均可能造成严重坍塌。

（2）洪峰陡涨陡落，变幅大，水库大量泄水，水位急骤下降，坝坡失去稳定而崩塌。

（二）抢护原则和抢护方法

临水崩塌抢护原则是：缓流挑溜，护脚固坡，减载加帮。抢护的实质一是增强坝的稳定性，如护脚固基、外削内帮等；二是增强坝的抗冲能力，如护岸护坡等。其具体抢护方法有如下几种。

1. 外削内帮

先将水上陡坡削缓，以减轻下层压力，降低崩塌速度，同时在内坡坡脚铺沙、石、梢料或土工布做排渗体，再在其上利用削坡土内帮，临水坡脚抛石防冲。

2. 护脚防冲

坝坡受水流冲刷，坝脚或坝坡已成陡坎，必须立即采取护脚固基措施。护脚工程按抗冲物体不同可分为以下类型：

（1）抛石块、土（石）袋（草包、竹、柳、编织布）、柳树等。抛石使用最为广泛，原因是它具有施工简单灵活、易备料、能适应河床变形等特点。但要严格控制施工质量，关键是要控制移位和平面定位准确，水流紊乱的地方要另设定位船控制，力求分布均匀，达到设计要求。一般抛石加固应由远而近，但如崩岸强度大、岸坡陡峻，施工进度慢的守护段应改为由近到远，这样施工，既可固脚稳坡，又可避免抛石成堆压垮坡脚。如图 6-10（a）所示。

水深流急之处，可用铅丝笼、竹笼、柳藤笼、草包、土工布袋装石抛护，图 6-10（b）为铅丝石笼护脚示意图。

抛枕是一种行之有效的护脚措施。实践证明：沙质河床床沙粒径小，单纯抛石，床沙易被水流带走，不能有效地控制河岸崩塌。抛枕形状规则，大小一致，能较准确地抛护在设计断面上，并具有整体性、柔韧性和适应性，能适应岸坡变化，抗冲性强，且能有效地起到掩护河床的作用。为了更好地掌握工程质量，要求定位准确，凡抛枕断面，不得预先抛石，图 6-10（c）为沉柳护脚示意图，图 6-10（d）为常用的柳石枕。

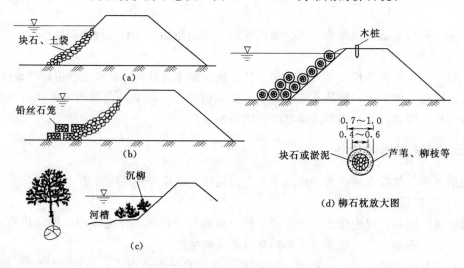

图 6-10　护脚防冲示意图（单位：m）

（2）编织布软体排抢护。如江苏省用聚丙烯编织布、聚氯乙烯绳网构成软体排，用混凝土块或土工布石袋压沉于崩岸段，效果较好。海河水利委员会用 PP12×10 或 PP14×14 编织滤布做成排体，用于崩塌抢护。

七、决口的抢护

坝体决口的抢堵是防汛抢险工作的重要组成部分。当坝体已经溃决时，应首先在口门两端抢堵裹头，防止口门继续扩大。对于较小的决口，可在汛期抢堵。但在汛期堵复有困难的决口，一般应在汛后水位较低或下次洪水到来之前的低水位时堵复。

堵口的方法，按抢堵材料及施工特点，可分为以下几种形式：

（1）直接抛石。在溃口直接抛投石料，要求石块不宜太小，溃口水流速度越大，进占所用的石料也越大，同时，抛石的速度也要相应加快。

（2）铅丝笼、竹笼装石或大块混凝土抛堵。当石料比较小时，可采用铅丝笼、竹笼装石的方法，连成较大的整体。也可用事先准备好的大块混凝土抛投体进行合龙，对于龙口流速较大者，也可将几个抛投体连接在一起同时抛投，以提高合龙效果。

（3）埽工进占。埽工进占是我国传统的堵口方法，用柳枝、芦苇或其他树枝先扎成内包石料、直径 0.1~0.2m 的柴把子，再根据需要将柴把子捆成尺寸适宜的埽捆。埽工进占适用于水深小于 3m 的地区。由于水头大小不同，在工程布置上又可分为单坝进占和双坝进占。

1）单坝进占。当水头差较小时，用埽捆做成宽约 2.0m 的单坝，由口门两端向中间进占，坝后填土料，其坡度可采用 1：3~1：5。

2）双坝进占。当水头差较大时，可用埽捆做两道坝，从口门两端同时向中间进占。两坝中间填土，宽 8~10m，与坝后土料同时填筑。

无论是单坝进占还是双坝进占，坝后土料都应随同同时填筑升高，防止埽捆被水流冲毁。最后合龙时可采用石枕、竹笼、铅丝笼，背水面以土袋或砂袋镇压。

（4）打桩进占。当堵口处为 1.5m 左右时，可采用打桩进占合龙。具体做法是先在两端加裹头保护，然后沿坝轴线打一排桩，其桩距一般为 1~2m，若水压力大，可加斜撑以抵抗上游水压力。计划合龙处可打三排桩，平均桩距 0.5m，桩的入土深度为 2~3m，用铅丝把打好的桩连接起来。接着在桩上游面填层草层土或竖立埽捆，同时后面填土进占。进占到一定程度，可只留合龙口门，然后将石枕、土袋、竹笼等抗冲能力强的材料迅速放进口门合龙，最后按反滤要求闭气封堵。

（5）沉船堵口。当堵口处水深流急时，可采用沉船抢堵决口，在口门处将水泥船排成一字形，船的数量应根据决口大小而定。在船上装土，使土体重量超过船的承载力而下沉，然后在船的背水面抛土袋和土料，用以断流。根据九江市城防堤决口抢险的经验，沉船截流在封堵决口的施工中起到了关键作用。沉船截流可以大大减小通过决口处的过流流量，从而为全面封堵决口创造条件。

在实现沉船截流时，由于横向水流的作用，船只定位较为困难，必须防止沉船不到位的情况发生。同时船底部难与河滩底部紧密结合，在决口处高水位差的作用下，沉船底部流速仍很大，淘刷严重，必须迅即抛投大量料物，堵塞空隙。

坝体决口抢堵，是一项十分紧急的任务。事先要做好准备工作，如对口门附近河道地形、地质进行周密勘查分析，测量口门纵横断面及水力要素，组织施工、机械力量，备足材料等；堵口方法要因地制宜；抢堵速度要快，一气呵成；注意保证工程质量和工作人员的人身安全。

第三节　输泄水建筑物险情抢护

输泄水建筑物往往是防汛中的薄弱环节。由于设计考虑不周、施工质量差、管理运用不善等方面的原因，汛期常出现水闸滑动、闸顶漫溢、涵闸漏水、闸门操作失灵、消能工冲刷破坏、穿堤管道出险等故障。通常采用的抢险方法简述如下。

（一）水闸滑动抢险

水闸下滑失稳的主要原因有：上游挡水位偏高，水平水压力增大；扬压力增大，减少了闸室的有效重量，从而减小了抗滑力；防渗、止水设施破坏或排水失效，导致渗径变短，造成地基土壤渗透破坏，降低地基抗滑力；发生地震等附加荷载。水闸滑动抢险的原则是：减少滑动力、增大抗滑力，以稳固工程基础。抢护方法如下。

1. 闸上加载增加抗滑力

即在闸墩、桥面等部位堆放块石、土袋或钢铁块等重物，加载量由稳定核算确定。加载时注意加载量不得超过地基承载力；加载部位应考虑构件加载后的安全和必要的交通通道；险情解除后应及时卸载。

2. 下游堆重阻滑

在水闸可能出现的滑动面下端堆放土袋、石块等重物。其堆放位置和数量可由抗滑稳定验算确定。

3. 蓄水反压减少滑动力

在水闸下游一定范围内，用土袋或土筑成围堤，壅高水位，减小上下游水头差，以抵消部分水平推力，如图 6 - 11 所示。围堤高度根据壅水需要而定，断面尺寸应稳定、经济。若下游渠道上建有节制闸且距离又较近时，关闸壅高水位，也能起到同样的作用。

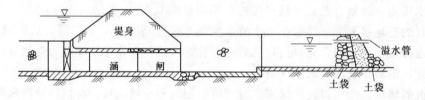

图 6 - 11　下游围堤蓄水反压示意图

（二）闸顶漫溢抢护

涵洞式水闸埋设于坝内，防漫溢措施与坝体的防漫溢措施基本相同，这里介绍的是开敞式水闸防漫溢抢护措施。造成水闸漫溢的主要原因是设计挡洪标准偏低或河道淤积，致使洪水位超过闸门或胸墙顶部高程。抢护措施主要是在闸门顶部临时加高。

1. 无胸墙开敞式水闸漫溢抢护

当闸孔跨度不大时，可焊一个平面钢架，其网格不大于 $0.3m \times 0.3m$，用临时吊具或门机将钢架吊入门槽内，放在关闭的闸门顶上，靠在门槽下游侧，然后在钢架前部的闸门顶分层叠放土袋，迎水面用篷布或土工膜挡水，亦可用 $2 \sim 4cm$ 厚的木板，拼紧靠在钢架上，在木板前放一排土袋压紧，以防漂浮，如图 6 - 12 所示。

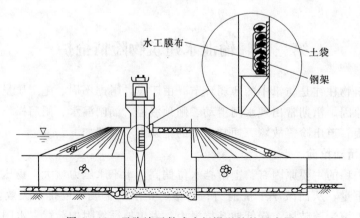

图 6 - 12　无胸墙开敞式水闸漫溢抢护示意图

2. 有胸墙开敞式水闸漫溢抢护

可以利用闸前的工作桥在胸墙顶部堆放土袋，迎水面要压篷布或土工膜布挡水，如图6-13所示。

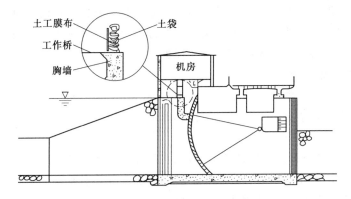

图6-13　有胸墙开敞式水闸漫溢抢护示意图

上述两种情况下堆放的土袋，应与两侧大坝相衔接，共同抵挡洪水。注意闸顶漫溢的土袋高度不宜过大。若洪水位超过讨大，可考虑抢筑闸前围堰，以确保水闸安全。

（三）闸门漏水抢护

如闸门止水橡皮损坏，可在损坏的部位用棉絮等堵塞。如闸门局部损坏漏水，可用木板外包棉絮进行堵塞。当闸门开启后不能关闭，或闸门损坏大量漏水时，应首先考虑利用检修闸门或放置叠梁挡水，若不具备这些条件，常采用以下办法封堵孔口。

1. 篷布封堵

若孔口尺寸不大、水头较小时，可用篷布封堵。其施工方法是：将一块较新的篷布用船拖至漏水进口以外，篷布底边下坠块石使其不致漂起，再在顶边系绳索，岸上徐徐收紧绳索，使篷布张开并逐渐移向漏水进口，直至封住孔口。然后把土袋、块石等沿篷布四周逐渐向中心堆放，直至整个孔口全部封堵完毕。切忌先堆放中心部分，而后向四周展开，这样会导致封堵失败。

2. 临时闸门封堵

当孔口尺寸较大、水头较高时，可按照涵闸孔口尺寸，用长圆木、角钢、混凝土电杆等杆件加工成框架结构，框架两边可支承在预备门槽内或闸墩上。然后在框架内竖直插放外裹棉絮的圆木，使其一根紧挨一根，直至全部孔口封堵完毕。如需闭浸止水，可在圆木外铺放止水土料。

3. 封堵涵管进口

对于小型水库，常采用斜拉式放水孔或分级斜卧管放水孔，若闸门板破裂或无法关闭，可采用网孔不大于 $20cm \times 20cm$ 的钢筋网盖住进水孔口，再抛以土袋或其他堵水物料止水。对于竖直面圆形孔，可用钢筋空球封堵。钢筋空球是用钢筋焊一空心圆球，其直径相当于孔口直径的 2 倍。待空球下沉盖住孔口后，再将麻包、草袋（装土 70%）抛下沉堵。如需要闭浸止水，再在土袋堆体上抛撒黏土。对于竖直面圆形孔，也可用草袋装砂石料，外包厚 $20 \sim 30cm$ 的棉絮，用铅丝扎成圆球，并用绳索控制下沉，进行封堵。

（四）闸门不能开启的抢护

由于闸门启闭螺杆折断，无法开启时，可派潜水员下水探清闸门卡阻原因及螺杆断裂位置，用钢丝绳系住原闸门吊耳，临时抢开闸门。

采用多种方法仍不能开启闸门或开启不足，而又急需开闸泄洪时，可立即报请主管部门，采用炸门措施，强制泄洪。这种方法只能在万不得已时才采用，同时尽可能只炸开闸门，不损坏闸的主体部位，最大限度地减少损失。

（五）消能工破坏的抢护

涵闸和溢洪道下游的消能防冲工程，如消力池、消力槛、护坦、海漫等，在汛期过水时被冲刷破坏的险情是常见的现象，可根据具体情况进行抢护。

1. 断流抢护

条件允许时，应暂时关闭泄水闸孔，若无闸门控制，且水深不大时，可用土袋堵塞断流。然后在冲坏部位用速凝砂浆补砌块石，或用双层麻袋填补缺陷，也可用打短桩填充块石或埽捆防护。若流速较大，冲刷严重时，可先抛一层碎石垫层，再采用柳石枕或铅丝笼等进行临时防护。要求石笼（枕）的直径约 0.5～1.0m，长度在 2m 以上，铺放整齐，纵向与水流方向一致，并连成整体。

2. 筑潜坝缓冲

对被冲部位除进行抛石防护外，还可在护坦（海漫）末端或下游做柳枕潜坝或其他形式的潜坝，以增加水深，缓和冲刷，如图 6-14 所示。

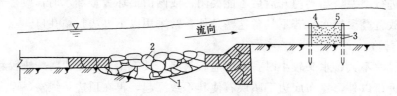

图 6-14　柳捆壅水防冲示意图
1—冲刷坑；2—抛石；3—木桩；4—柳捆；5—铁丝

（六）坝体管道险情抢护

管道一般多为铸铁管、钢管或钢筋混凝土管。易出现的问题是管接头开裂、管身断裂或管壁锈蚀穿孔，造成漏水（油），冲刷并淘空坝身，危及坝体安全。引起的主要险情有接触面渗流、堤内洞穴、坍塌等，因此要及时抢护。

1. 临水堵漏

当漏洞发生在管道进口周围时，可用棉絮等堵塞。在静水或流速很小时，可在漏洞前用土袋抛筑月堤，抛填黏土封堵。

2. 压力灌浆截渗

在沿管壁周围集中渗流的范围内，可用压力灌浆方法堵塞管壁四周孔隙或空洞，浆液可用水泥黏土浆（水泥掺土重的 10%～15%），一般先稀后浓，为加速凝结，提高阻渗效果，浆内可加适量的水玻璃或氯化钙等速凝剂。

3. 洞内补漏

对于内径大于 0.7m 的管道，最好停水，派人进入管内，用沥青或桐油麻丝、快凝水泥砂浆或环氧砂浆，将管壁上的孔洞和接头裂缝紧密堵塞修补。

4. 反滤导渗

如渗水已在背水坝坡或出水池周围逸出，要迅速抢修砂石反滤层导渗，或筑反滤围井导渗、压渗。涵闸下游基础渗水处理措施也是修砂石反滤层或围井导渗。

涵闸岸墙与坝体连接处极易形成漏水通道，危及坝体安全。它的处理方法也是上述的临水堵塞、灌浆和背水导渗。

第七章 规范化管理

第一节 概 述

为全面提高水利工程管理水平，确保工程安全运行，充分发挥工程综合效益，必须推进水利工程管理规范化建设，加强水利工程规范化管理。

一、加强水利工程规范化管理工作的重要性和紧迫性

水利工程是国民经济和社会发展的重要基础设施，是保障和服务民生的重要物质载体。加强水利工程规范化管理，有效提高水资源供给、水灾害防御和水生态保护三大安全保障能力，是贯彻落实党中央、国务院和水利部一系列重大决策部署的具体行动，是经济社会发展的迫切要求。当前我国水利工程管理仍存在不少困难和问题，与经济社会持续快速发展需要不相适应。水管体制改革后，各项政策措施真正落实到位的任务仍很繁重，改革仍需向宽领域、深层次方向推进；大量水利工程由于管理经费不足得不到正常的维修养护，工程老化损毁和效益衰减严重；工程综合管理措施和技术手段落后，制约工程效益的发挥。因此，必须从加强规范化管理入手，切实提高水利工程管理的能力和水平，最大限度地发挥水利工程的综合效益。

二、水利工程规范化管理的目标、任务和原则

1. 主要目标

建立"体制理顺、机构合理、权责明确、运行高效、良性发展"的水利工程管理体系。

2. 重点任务

通过加强规范化管理，努力实现水利工程管理常态化、标准化、专业化、目标化、现代化。

（1）加强日常管理，落实责任体系，实现管理常态化。

（2）制定管理标准，完善规章制度，实现管理标准化。

（3）健全组织机构，强化队伍建设，实现管理专业化。

（4）推行管理考核，建立激励机制，实现管理目标化。

（5）加强信息化建设，提高装备水平，实现管理现代化。

3. 基本原则

（1）坚持建管并重。要在水利工程规划设计、立项审批、施工建设、竣工投产等全过程，统筹考虑工程建成后运行管理保障措施，不断加大工程管理投入力度，为工程的良性运行和可持续发展奠定基础。

（2）坚持分步实施。要根据经济社会发展和工程管理现状，明确不同阶段的工作目标和具体措施，有计划、分步骤地组织实施，稳步推进水利工程规范化管理。

（3）坚持分类指导。要根据河道堤防、水库、拦河闸（坝）、泵站、灌区、供水（调水）工程等不同工程类别特点，制定相应的管理和考核标准，并严格实施，科学推进水利工程规范化管理。

（4）坚持严格考核。要实行管理考核制度，并将管理考核纳入绩效考核体系，建立与考核相适应的奖惩激励机制。

三、水利工程规范化管理具体工作措施

1. 深化改革，健全组织管理

进一步深化和扩大水管体制改革成果，全面落实"两项经费"，做到"机构、人员、经费"三落实。积极引入竞争机制，实行竞聘上岗，建立合理有效的分配激励机制。建立健全岗位责任制度、目标考核制度、请示报告制度、职工培训制度、工作总结制度、工作大事记制度、档案管理制度等规章制度。加强队伍建设，提高管理队伍整体素质和专业化水平。大中型灌区要在深化专管机构改革的同时，逐步健全完善行之有效的群管组织。

2. 落实责任，加强安全管理

加强工程治理加固和更新改造工作，不断提高工程标准、设施完好率和工程效能，为工程安全运行和效益发挥奠定基础。加强工程安全检查和监测，严格执行水库大坝、水闸注册登记、安全鉴定规定，加强病险工程安全隐患排查和处置，全面掌握工程安全状况，避免安全责任事故发生。强化依法管理，进一步完善工程确权划界，落实执法责任制，突出做好涉水建设项目和河道采砂管理工作，及时发现和制止危害工程安全和管理的不法行为。强化防洪安全管理，全面落实防汛责任制，健全防汛办事机构，做好汛前检查，编制和完善防洪预案，落实防汛物资储备和抢险队伍，建立健全防汛值班、预警预报、应急抢险、事后处置等各项制度，确保度汛安全。

3. 夯实基础，强化运行管理

加强工程运用和调度管理，制定用水计划，科学合理地进行蓄水、引水、提水、调水和分配水量。强化工程日常管理，有效落实管理责任，将工程管理各个时期、各个环节的工作逐项分解，明确管理内容和责任，确保各类工程和设施、设备有专人管理。建立健全各项管理技术操作规程，进一步建立完善检查巡查日志制度、工程运行记录制度、工程维修养护制度、重大事故报告和处理记录制度、关键岗位明示制度、资料整编归档制度等运行管理制度，做到操作规范、资料齐全、记录规范。建立和完善内部考核监督机制，严格内部检查通报制度，确保工程管理责任和日常管理工作得到落实。加强工程管理自动化、信息化建设，不断提高水利工程管理的现代化水平。

4. 多措并举，加强经济管理

积极协调有关部门，在水利工程规划设计、立项审批、施工建设、竣工投产等过程，统筹落实工程运行和管理保障措施，加大工程管理投入力度。按照水管体制改革要求，将人员经费、工程日常维修养护和运行管理等经费纳入各级财政年度预算安排计划，保障资金及时足额到位。依法收取水费、河道工程维护管理费、河道采砂管理费、水工程占用补

偿费等各项水利规费，增强水管单位经济保障能力。在确保防洪安全、用水安全和生态安全的前提下，制定水土资源开发利用规划，合理有序开发水土资源，充分发挥水利工程的综合效益，保障水利国有资产保值增值。

四、水利工程规范化管理考核办法及考核标准

（一）国家级水利工程规范化管理单位考核办法及标准

为推进水利工程管理规范化、法制化、现代化建设，提高水利工程管理水平，确保水利工程运行安全和充分发挥综合效益，水利部以水建管〔2008〕187号文印发了《水利工程管理考核办法》及其考核标准，包括《河道工程管理考核标准》《水库工程管理考核标准》和《水闸工程管理考核标准》。

取得"省一级水利工程规范化管理单位"（或"省一级水利工程管理单位"）的，可申报水利部考核验收。通过水利部验收，获得"国家级水利工程规范化管理单位"称号。

水利部水利工程管理考核的对象是水利工程管理单位（指直接管理水利工程，在财务上实行独立核算的单位，以下简称水管单位），重点考核水利工程的管理工作，包括组织管理、安全管理、运行管理和经济管理四类。水利工程管理考核，按河道、水库、水闸等工程类别分别执行相应的考核标准。

水利工程管理考核实行千分制。水管单位和各级水行政主管部门依据水利部制定的考核标准对水管单位管理状况进行考核赋分。

水利工程管理考核分水管单位自检和各级水行政主管部门考核验收两个阶段。考核结果达到水利部验收要求的，可自愿申报水利部验收。

通过水利部验收，考核结果总分应达到920分（含）以上，且其中各类考核得分均不低于该类总分的85%。通过省级及其以下考核验收，考核结果由各级水行政主管部门确定。

申报水利部验收的，需具备以下条件：

（1）完成水管体制改革并通过验收。

（2）水库、水闸工程按照《水库大坝注册登记办法》和《水闸注册登记管理办法》的要求进行注册登记。

（3）水库、水闸工程按照《水库大坝安全鉴定办法》和《水闸安全鉴定规定》的要求进行安全鉴定，鉴定结果达到一类标准或经过除险加固达到一类标准。河道堤防工程（包括湖堤、海堤）达到设计标准。

（4）新建工程竣工验收后运行3年以上；除险加固、更新改造工程完成竣工验收，且主体工程竣工验收后运行3年以上。

水利部建立水管单位考核验收专家库，水利部验收专家组从专家库抽取验收专家的人数不得少于验收专家组成员的2/3；被验收单位所在省（自治区、直辖市）或流域管理机构的验收专家不得超过验收专家组成员的1/3。

通过水利部验收的水管单位，由水利部通报。各级水行政主管部门及流域管理机构可对通过水利部验收的水管单位给予奖励，具体奖励办法自行制定。

通过水利部验收的水管单位，由流域管理机构每3年组织一次复核，水利部进行不定

期抽查；部直管工程和流域管理机构所属工程由水利部组织复核。对复核或抽查结果，水利部予以通报。

（二）省一级水利工程规范化管理单位（或"省一级水利工程管理单位"）考核办法及标准

为加强水利工程规范化管理，全面提高水利工程管理水平，确保水利工程安全运行，充分发挥水利工程综合效益，各省（自治区、直辖市）也制定印发了有关水利工程规范化管理的规范性文件，例如，2010 年山东省水利厅印发了《关于加强水利工程规范化管理工作的意见》、《山东省水利工程规范化管理考核办法》（鲁水管字〔2010〕10 号）、《山东省水利工程规范化管理考核验收细则》（鲁水管字〔2010〕59 号）、《山东省河道堤防、水库、拦河闸（坝）工程规范化管理考核试行标准》（鲁水管字〔2011〕11 号）等规范性文件，指明了规范化管理工作的目标原则和措施方法，为各地认真组织开展水利工程规范化管理提供了制度保障。2013 年山东省根据需要，结合实际情况，省水利厅对有关文件进行了修订完善，制定印发了《山东省水利工程管理绩效考核办法》、《山东省水利工程管理绩效考核验收细则》（鲁水管字〔2013〕19 号）、《山东省河道堤防、水库、拦河闸（坝）工程管理绩效考核标准》（鲁水管字〔2013〕24 号）。

1. 水利工程管理绩效考核办法

水利工程管理绩效考核（以下简称管理考核）的对象为具有独立法人资格、直接管理水利工程的单位（以下通称水管单位）。重点考核水管单位的管理工作，其中水库、河道堤防、拦河闸（坝）、泵站工程考核组织管理、安全管理、运行管理和经济管理；灌区、调水（供水）工程考核工程管理、用水管理、组织管理和经营管理。

管理考核实行年度考核与目标考核相结合、年度考核常态化、目标考核自愿申报的原则。

管理考核实行 1000 分制。各设区市（以下简称各市）水行政主管部门可根据当地水利工程管理情况，确定本市年度考核优秀、合格、不合格等次的相应分值。

年度考核分自查和考核两个阶段。对年度考核结果达到省级水利工程管理单位考核标准的，可自愿申报省水行政主管部门验收。

省级水利工程管理单位分为省一级水利工程管理单位和省二级水利工程管理单位。考核结果为 920 分以上（含 920 分），且各类考核得分均不低于该类总分的 85% 的，确定为省一级水利工程管理单位；考核结果为 850～920 分（含 850 分），且各类考核得分均不低于该类总分的 80% 的，确定为省二级水利工程管理单位。

申报省二级水利工程管理单位，须具备以下条件：

（1）具有独立法人资格、直接管理水利工程的单位。

（2）完成水管体制改革并通过验收。

（3）水库、水闸工程按照水利部《水库大坝注册登记办法》和《水闸注册登记管理办法》的要求进行注册登记。

（4）水库、水闸工程按照水利部《水库大坝安全鉴定办法》和《水闸安全鉴定规定》的要求进行鉴定，且鉴定结果达到二类以上标准或经过除险加固达到设计标准。

（5）河道堤防工程达到设计标准的，或虽未达到设计标准，但遇标准内洪水连续 5 年未发生重大险情。

（6）新建工程竣工验收后运行 3 年以上；除险加固、更新改造工程完成竣工验收，且主体工程竣工验收后运行 2 年以上。

申报省一级水利工程管理单位，须具备以下条件：

（1）除符合省二级水利工程管理单位规定的条件外，水库、水闸工程应符合鉴定结果达到一类标准或经过除险加固达到设计标准；堤防工程应达到设计标准。

（2）通过省二级水利工程管理单位考核验收后运行 1 年以上。

省级管理单位考核包括初验、申报、验收三个阶段。经验收达到省级水利工程管理单位的，省水行政主管部门颁发标牌和证书。

对通过水利部验收和达到省级水利工程管理单位的，省级采取一定的形式给予资金奖励，并作为评选省级以上先进水管单位的优先条件。

省级水利工程管理单位实行动态管理，管理期限为 3 年，每 3 年进行一次复核，并对复核结果予以通报。复核结果达不到原定等级的，取消其原定等级，并收回标牌和证书。

2. 河道堤防、水库、拦河闸（坝）工程管理绩效考核标准

例如，《山东省河道堤防工程管理绩效考核标准》包括 4 类 32 项标准，《山东省水库工程管理绩效考核标准》包括 4 类 30 项标准，山东省拦河闸（坝）工程管理绩效考核标准包括 4 类 29 项标准。其中，《山东省河道堤防工程管理绩效考核标准》包括 4 类 32 项标准，具体如下。

（1）组织管理共 5 项标准，150 分。

1）管理体制和运行机制（40 分）。

2）机构设置和人员配备（30 分）。

3）精神文明（20 分）。

4）规章制度（30 分）。

5）档案管理（30 分）。

（2）安全管理共 11 项标准，320 分。

1）工程标准（30 分）。

2）确权划界（30 分）。

3）建设项目管理（30 分）。

4）河道采砂与清障（30 分）。

5）依法管理（50 分）。

6）防汛组织（20 分）。

7）防汛准备（20 分）。

8）防汛物料（20 分）。

9）工程抢险（30 分）。

10）工程隐患及除险加固（30 分）。

11）安全管理（30 分）。

（3）运行管理共 12 项标准，430 分。

1）日常管理（70 分）。

2）堤身（50分）。

3）堤顶道路（30分）。

4）河道防护工程（40分）。

5）穿堤建筑物（40分）。

6）害堤动物防治（20分）。

7）生物防护工程（40分）。

8）工程排水系统（30分）。

9）工程观测（30分）。

10）河道供排水（20分）。

11）标志标牌（30分）。

12）管理现代化（30分）。

（4）经济管理共4项标准，100分。

1）财务管理（30分）。

2）工资、福利及社会保障（30分）。

3）费用收取（20分）。

4）水土资源利用（20分）。

第二节 管理体制改革

一、水利工程管理体制改革的目标和原则

1. 改革目标

通过深化水利工程管理体制改革，初步建立符合我国国情、水情和社会主义市场经济要求的农村水利工程管理体制和运行机制。

（1）建立职能清晰、权责明确的水利工程管理体制。

（2）建立管理科学、经营规范的水管单位运行机制。

（3）建立市场化、专业化和社会化的水利工程维修养护体系。

（4）建立合理的水价形成机制和有效的水费计收方式。

（5）建立规范的资金投入、使用、管理与监督机制。

（6）建立较为完善的政策、法律支撑体系。

2. 改革原则

（1）正确处理水利工程的社会效益与经济效益的关系。既要确保水利工程社会效益的充分发挥，又要引入市场竞争机制，降低水利工程的运行管理成本，提高管理水平和经济效益。

（2）正确处理水利工程建设与管理的关系。既要重视水利工程建设，又要重视水利工程管理，在加大工程建设投资的同时加大工程管理的投入，从根本上解决"重建轻管"问题。

（3）正确处理责、权、利的关系。既要明确政府各有关部门和水管单位的权利和责任，又要在水管单位内部建立有效的约束和激励机制，使管理责任、工作效绩和职工的切

身利益紧密挂钩。

（4）正确处理改革、发展与稳定的关系。既要从水利行业的实际出发，大胆探索，勇于创新，又要积极稳妥，充分考虑各方面的承受能力，把握好改革的时机与步骤，确保改革顺利进行。

（5）正确处理近期目标与长远发展的关系。既要努力实现水管体制改革的近期目标，又要确保新的管理体制有利于水资源的可持续利用和生态环境的协调发展。

二、水利工程管理体制改革的主要内容和措施

1. 明确权责，规范管理

水行政主管部门对各类水利工程负有行业管理责任，负责监督检查水利工程的管理养护和安全运行，对其直接管理的水利工程负有监督资金使用和资产管理责任。对国民经济有重大影响的水资源综合利用及跨流域（指全国七大流域）引水等水利工程，原则上由国务院水行政主管部门负责管理；一个流域内，跨省（自治区、直辖市）的骨干水利工程原则上由流域机构负责管理；一省（自治区、直辖市）内，跨行政区划的水利工程原则上由上一级水行政主管部门负责管理；同一行政区划内的水利工程，由当地水行政主管部门负责管理。各级水行政主管部门要按照政企分开、政事分开的原则，转变职能，改善管理方式，提高管理水平。

水管单位具体负责水利工程的管理、运行和维护，保证工程安全和发挥效益。

水行政主管部门管理的水利工程出现安全事故的，要依法追究水行政主管部门、水管单位和当地政府负责人的责任；其他单位管理的水利工程出现安全事故的，要依法追究业主责任和水行政主管部门的行业管理责任。

2. 划分水管单位类别和性质，严格定编定岗

（1）划分水管单位类别和性质。根据水管单位承担的任务和收益状况，将现有水管单位分为三类。第一类是指承担防洪、排涝等水利工程管理运行维护任务的水管单位，称为纯公益性水管单位，定性为事业单位。第二类是指既承担防洪、排涝等公益性任务，又有供水、水力发电等经营性功能的水利工程管理运行维护任务的水管单位，称为准公益性水管单位。准公益性水管单位依其经营收益情况确定性质，不具备自收自支条件的，定性为事业单位；具备自收自支条件的，定性为企业。目前已转制为企业的，维持企业性质不变。第三类是指承担城市供水、水力发电等水利工程管理运行维护任务的水管单位，称为经营性水管单位，定性为企业。水管单位的具体性质由机构编制部门会同同级财政和水行政主管部门负责确定。

（2）严格定编定岗。事业性质的水管单位，其编制由机构编制部门会同同级财政部门和水行政主管部门核定。实行水利工程运行管理和维修养护分离（以下简称管养分离）后的维修养护人员、准公益性水管单位中从事经营性资产运营和其他经营活动的人员，不再核定编制。各水管单位要根据国务院水行政主管部门和财政部门共同制定的《水利工程管理单位定岗标准》，在批准的编制总额内合理定岗。

3. 全面推进水管单位改革，严格资产管理

（1）根据水管单位的性质和特点，分类推进人事、劳动、工资等内部制度改革。事业

性质的水管单位，要按照精简、高效的原则，撤并不合理的管理机构，严格控制人员编制；全面实行聘用制，按岗聘人，职工竞争上岗，并建立严格的目标责任制度；水管单位负责人由主管部门通过竞争方式选任，定期考评，实行优胜劣汰。事业性质的水管单位仍执行国家统一的事业单位工资制度，同时鼓励在国家政策指导下，探索符合市场经济规则、灵活多样的分配机制，把职工收入与工作责任和绩效紧密结合起来。企业性质的水管单位，要按照产权清晰、权责明确、政企分开、管理科学的原则建立现代企业制度，构建有效的法人治理结构，做到自主经营、自我约束、自负盈亏、自我发展；水管单位负责人由企业董事会或上级机构依照相关规定聘任，其他职工由水管单位择优聘用，并依法实行劳动合同制度，与职工签订劳动合同；要积极推行以岗位工资为主的基本工资制度，明确职责，以岗定薪，合理拉开各类人员收入差距。

要努力探索多样化的水利工程管理模式，逐步实行社会化和市场化。对于新建工程，应积极探索通过市场方式，委托符合条件的单位管理水利工程。

（2）规范水管单位的经营活动，严格资产管理。由财政全额拨款的纯公益性水管单位不得从事经营性活动。准公益性水管单位要在科学划分公益性和经营性资产的基础上，对内部承担防洪、排涝等公益职能部门和承担供水、发电及多种经营职能部门进行严格划分，将经营部门转制为水管单位下属企业，做到事企分开、财务独立核算。事业性质的准公益性水管单位在核定的财政资金到位情况下，不得兴办与水利工程无关的多种经营项目，已经兴办的要限期脱钩。企业性质的准公益性水管单位和经营性水管单位的投资经营活动，原则上应围绕与水利工程相关的项目进行，并保证水利工程日常维修养护经费的足额到位。

加强国有水利资产管理，明确国有资产出资人代表。积极培育具有一定规模的国有或国有控股的企业集团，负责水利经营性项目的投资和运营，承担国有资产的保值增值责任。

4. 积极推行管养分离

积极推行水利工程管养分离，精简管理机构，提高养护水平，降低运行成本。

在对水管单位科学定岗和核定管理人员编制基础上，将水利工程维修养护业务和养护人员从水管单位剥离出来，独立或联合组建专业化的养护企业，以后逐步通过招标方式择优确定维修养护企业。

为确保水利工程管养分离的顺利实施，各级财政部门应保证经核定的水利工程维修养护资金足额到位；国务院水行政主管部门要尽快制定水利工程维修养护企业的资质标准；各级政府和水行政主管部门及有关部门应当努力创造条件，培育维修养护市场主体，规范维修养护市场环境。

5. 建立合理的水价形成机制，强化计收管理

（1）逐步理顺水价。水利工程供水水费为经营性收费，供水价格要按照补偿成本、合理收益、节约用水、公平负担的原则核定，对农业用水和非农业用水要区别对待，分类定价。农业用水水价按补偿供水成本的原则核定，不计利润；非农业用水（不含水力发电用水）价格在补偿供水成本、费用、计提合理利润的基础上确定。水价要根据水资源状况、供水成本及市场供求变化适时调整，分步到位。

除中央直属及跨省级水利工程供水价格由国务院价格主管部门管理外，地方水价制定和调整工作由省级价格主管部门直接负责，或由市县价格主管部门提出调整方案报省级价格主管部门批准。

（2）强化计收管理。要改进农业用水计量设施和方法，逐步推广按立方米计量。积极培育农民用水合作组织，改进收费办法，减少收费环节，提高缴费率。严格禁止乡村两级在代收水费中任意加码和截留。

供水经营者与用水户要通过签订供水合同，规范双方的责任和权利。要充分发挥用水户的监督作用，促进供水经营者降低供水成本。

6. 规范财政支付范围和方式，严格资金管理

（1）根据水管单位的类别和性质的不同，采取不同的财政支付政策。纯公益性水管单位，其编制内在职人员经费、离退休人员经费、公用经费等基本支出由同级财政负担。工程日常维修养护经费在水利工程维修养护岁修资金中列支。工程更新改造费用纳入基本建设投资计划，由计划部门在非经营性资金中安排。事业性质的准公益性水管单位，其编制内承担公益性任务的在职人员经费、离退休人员经费、公用经费等基本支出以及公益性部分的工程日常维修养护经费等项支出，由同级财政负担，更新改造费用纳入基本建设投资计划，由计划部门在非经营性资金中安排；经营性部分的工程日常维修养护经费由企业负担，更新改造费用在折旧资金中列支，不足部分由计划部门在非经营性资金中安排。事业性质的准公益性水管单位的经营性资产收益和其他投资收益要纳入单位的经费预算。各级水行政主管部门应及时向同级财政部门报告该类水管单位各种收益的变化情况，以便财政部门实行动态核算，并适时调整财政补贴额度。企业性质的水管单位，其所管理的水利工程的运行、管理和日常维修养护资金由水管单位自行筹集，财政不予补贴。企业性质的水管单位要加强资金积累，提高抗风险能力，确保水利工程维修养护资金的足额到位，保证水利工程的安全运行。

水利工程日常维修养护经费数额，由财政部门会同同级水行政主管部门依据《水利工程维修养护定额标准》确定。

（2）积极筹集水利工程维修养护岁修资金。为保障水管体制改革的顺利推进，各级政府要合理调整水利支出结构，积极筹集水利工程维修养护岁修资金。地方水利工程维修养护岁修资金来源为地方水利建设基金和河道工程修建维护管理费，不足部分由地方财政给予安排。

中央维修养护岁修资金用于中央所属水利工程的维修养护。省级水利工程维修养护岁修资金主要用于省属水利工程的维修养护，以及对贫困地区、县所属的非经营性水利工程的维修养护经费的补贴。

（3）严格资金管理。所有水利行政事业性收费均实行"收支两条线"管理。经营性水管单位和准公益性水管单位所属企业必须按规定提取工程折旧。工程折旧资金、维修养护经费、更新改造经费要做到专款专用，严禁挪作他用。各有关部门要加强对水管单位各项资金使用情况的审计和监督。

7. 妥善安置分流人员，落实社会保障政策

（1）妥善安置分流人员。水行政主管部门和水管单位要在定编定岗的基础上，广开渠

道，妥善安置分流人员。支持和鼓励分流人员大力开展多种经营，特别是旅游、水产养殖、农林畜产和建筑施工等具有行业和自身优势的项目。利用水利工程的管理和保护区域内的水土资源进行生产或经营的企业，要优先安排水管单位分流人员。在清理水管单位现有经营性项目的基础上，要把部分经营性项目的剥离与分流人员的安置结合起来。

剥离水管单位兴办的社会职能机构，水管单位所属的学校、医院原则上移交当地政府管理，人员成建制划转。在分流人员的安置过程中，各级政府和水行政主管部门要积极做好统筹安排和协调工作。

（2）落实社会保障政策。各类水管单位应按照有关法律、法规和政策参加所在地的基本医疗、失业、工伤、生育等社会保险。在全国统一的事业单位养老保险改革方案出台前，保留事业性质的水管单位仍维持现行养老制度。

转制为中央企业的水管单位的基本养老保险，可参照国家对转制科研机构、工程勘察设计单位的有关政策规定执行。各地应做好转制前后离退休人员养老保险待遇的衔接工作。

8. 税收扶持政策

在实行水利工程管理体制改革中，为安置水管单位分流人员而兴办的多种经营企业，符合国家有关税法规定的，经税务部门核准，执行相应的税收优惠政策。

9. 完善新建水利工程管理体制

进一步完善新建水利工程的建设管理体制。全面实行建设项目法人责任制、招标投标制和工程监理制，落实工程质量终身责任制，确保工程质量。

要实现新建水利工程建设与管理的有机结合。在制定建设方案的同时制定管理方案，核算管理成本，明确工程的管理体制、管理机构和运行管理经费来源，对没有管理方案的工程不予立项。要在工程建设过程中将管理设施与主体工程同步实施，管理设施不健全的工程不予验收。

10. 改革小型农村水利工程管理体制

小型农村水利工程要明晰所有权，探索建立以各种形式农村用水合作组织为主的管理体制，因地制宜，采用承包、租赁、拍卖、股份合作等灵活多样的经营方式和运行机制，具体办法另行制定。

11. 加强水利工程的环境与安全管理

（1）加强环境保护。水利工程的建设和管理要遵守国家环保法律法规，符合环保要求，着眼于水资源的可持续利用。进行水利工程建设，要严格执行环境影响评价制度和环境保护"三同时"制度。水管单位要做好水利工程管理范围内的防护林（草）建设和水土保持工作，并采取有效措施，保障下游生态用水需要。水管单位开展多种经营活动应当避免污染水源和破坏生态环境。环保部门要组织开展有关环境监测工作，加强对水利工程及周边区域环境保护的监督管理。

（2）强化安全管理。水管单位要强化安全意识，加强对水利工程的安全保卫工作。利用水利工程的管理和保护区域内的水土资源开展的旅游等经营项目，要在确保水利工程安全的前提下进行。

原则上不得将水利工程作为主要交通通道；大坝坝顶、河道堤顶或闸台确需兼作公路的，需经科学论证和有关主管部门批准，并采取相应的安全维护措施；未经批准，已作为主要交通通道的，对大坝要限期实行坝路分离，对堤防要限制交通流量。

地方各级政府要按照国家有关规定，支持水管单位尽快完成水利工程的确权划界工作，明确水利工程的管理和保护范围。

12. 加快法制建设，严格依法行政

完善水利工程管理的有关法律、法规。各省、自治区、直辖市要加快制定相关的地方法规和实施细则，各级水行政主管部门要按照管理权限严格依法行政，加大水行政执法的力度。

三、小型农村水利工程管理体制改革

小型农村水利工程管理体制改革的目标是：以明晰工程所有权为核心，全面完成现有小型农村水利工程管理体制改革，逐步建立适应社会主义市场经济体制和农村经济发展要求的工程管理体制和良性运行机制。

小型农村水利工程管理体制改革尊重农民意愿和维护农民用水权益的相关原则。在确保工程安全的前提下，充分引入市场竞争机制；坚持责、权、利相统一，实行"谁投资、谁所有，谁受益、谁负担"；坚持政府扶持与农民自主兴办相结合，鼓励社会各界参与工程建设和管理；坚持因地制宜、民主决策，积极稳妥地推进改革。

小型农村水利工程管理体制改革要明确不同类型工程的管理体制和产权归属。农户自用为主的小微型工程，产权归个人所有，由县级水行政主管部门统一监制，乡镇人民政府核发产权证；对受益户较多的工程，组建用水合作组织管理，国家补助形成的资产划归用水合作组织；对村镇集中供水工程，视工程规模组建工程管理委员会或用水合作组织管理；对经营性的工程，组建法人实体，实行企业化运作，国家补助形成的资产可由乡镇委托水管站等组织持股经营，也可卖给个人经营。

小型农村水利工程管理体制改革要根据市场经济的特点，引入科学的运行机制。以合同为纽带，通过用水合作组织管理、承包、租赁、股份合作、拍卖等形式，把小型农村水利工程管理体制纳入法制化轨道。严格规定涉及地方人民群众生命财产安全的工程的所有权不能拍卖。

小型农村水利工程管理体制改革要按照市场经济的要求，切实加强组织领导，规范改革运作程序。各级政府要继续加强引导、扶持、服务和监督职能，研究制定有关的政策和法规。各级水行政主管部门要在政府统一领导下，密切配合计划、财政、物价、国土、农业等部门严格执行国家水法规和有关政策，在对工程现状进行调查摸底和搞好宣传发动的基础上，按照划分范围、界定所有权、资产评估、确定方案、公开招标、签订合同、报批备案、建档立卡等步骤组织实施，规范化操作。

第三节 信息化管理

水利信息化就是在水利全行业普遍应用现代通信、计算机网络等先进的信息技术，充分开发应用与水有关的信息资源，实现水利信息采集、传输、存储、处理和服务的网络化

与智能化，全面提升水利事业各项活动的效率和效能的历史过程，为防洪抗旱减灾，水资源开发、利用、配置、节约、保护等综合管理，以及水环境保护、治理等决策服务，提高水及水工程的科学管理水平。水利信息化是计算机技术、微电子技术、通信技术、光电技术、遥感技术等多项信息技术在水利上普遍而系统应用的过程。水利作为一个信息密集化行业，水利信息化已成为世界各国特别是发达国家水利现代化的基本标志和重要内容。

一、水情自动测报与洪水预报调度系统

水库是防汛的重点部位，水库的安全涉及下游居民及工矿企业的生命财产安全。为改善水库水情监测和洪水调度状况，实现水雨情信息自动采集、自动传输和处理，及时准确做出洪水预报，迅速提出洪水调度方案，为水库和上级主管防汛部门提供决策支持，充分发挥防洪工程效益，科学利用洪水资源，减轻水库下游洪涝灾害，国家要求大型水库均需建立水情自动测报及洪水预报调度系统。水情自动测报系统建设内容主要包括水库上游雨量自动监测、水库入库及出库流域水位监测等。洪水预报调度系统主要根据水库上游情况和历史气象水文资料建立洪水预报模型，并结合水库调度预案建立调度模型，实现水库的科学管理，提高水库的抗洪减灾能力。

二、水闸自动化监控系统

闸门自动化监控综合管理系统主要是通过计算机监控系统检测所到达闸门的上下游水位、上游流域的来水流量、库区的库容、闸门荷重、闸门启闭状态与开度、图像信息自动化采集与传输，达到能够在监控中心远程控制闸门启闭以及闸门手自动控制；并通过实时图像监测可以直观了解闸门的运行工况以及周边环境。通过闸门开度仪实时采集闸门的开度，通过闸门荷重仪实时采集闸门荷重。操作员通过该软件系统直接控制闸门，提高了自动化控制程度，并减少了闸门动作过程中的人工误差。结合远程图像监控系统，将闸门现场的图像信息和数据信息在同一操作界面上直观地显示出来，互为印证。完成了在操作界面上的所见即所得，所得即所见的双重保证。通过设置上限水位或下限水位，可选择多种方式有效地提示操作员，操作员可在此时进行自主操作。

水闸自动化监控系统正在逐步被推广应用，新建的水闸或现行闸门的除险加固工程一般都要求包括水闸自动化管理部分。随着信息技术的不断发展，水闸自动化监控也被注入新的内容，主要表现在：采用GPS/GIS/RS技术，实现水利的"3S"化，从C/S体系转向B/S体系，实现多媒体化等。

三、大坝工程安全监测自动化系统

为保证大坝安全，混凝土坝和土石坝分别按照《混凝土坝安全监测技术规范》（DL/T 5178—2003）及《土石坝安全监测技术规范》（SL 60—94）规定的监测项目、观测设备和仪器的布置与埋设、观测方法和要求、观测频次等进行安全监测。

大坝或重要结构物的变形、渗流、渗透压力、应力应变等观测宜采用自动化监测系统来实现，近坝岸坡的安全监测也可纳入自动化监测系统。

大坝安全监测自动化系统包括数据自动采集、传输、存储和管理等几部分，一般由数

据采集系统、计算机系统、数据通信系统和大坝安全检测自动化信息管理系统等装置或子系统组成。

大坝安全监测自动化系统应具备以下基本功能：

（1）数据采集功能。能自动采集各类传感器的输出信号，把模拟量转换为数字量；数据采集能适应应答式和自报式两种方式，按设定的方式自动进行定时测量，接受命令进行选点、巡回检测及定时检测。

（2）掉电保护功能。在断电情况下，大坝安全监测自动化系统能确保持续工作 3d 以上。

（3）自检、自诊断功能。

（4）现场网络数据通信和远程通信功能。

（5）防雷及抗干扰功能。

（6）数据异常报警及故障显示功能。

（7）数据备份功能。

安全监测自动化软件系统结构示意图如图 7-1 所示。

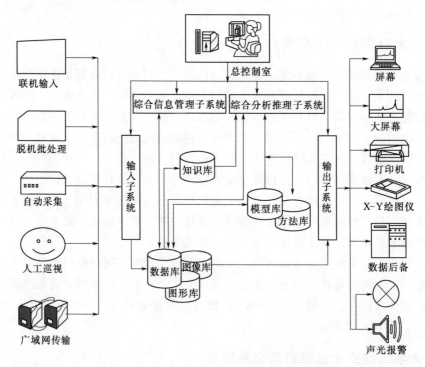

图 7-1 安全监测自动化软件系统结构示意图

第四节 环 境 管 理

水库能给国民经济各个方面带来综合效益，也会给周围环境产生一定的影响，如造成淹没、浸没、库区坍岸、气候和生态环境的变化等。

一、水库维护与环境保护的关系

水库最重要的资源是水资源（水量和水质），水资源保护措施主要有治理水库上游污染源，保护、改善水库水质，设立包括水域及其相关自然景观与人文景观在内的水利风景区，保护水库周边生态环境。

水库是人工湖泊，它需要一定的空间来储存水量和滞蓄洪水，因此将会淹没大片土地、设施和自然资源。水库建成蓄水后，周围地区的地下水位将会随之抬高，在一定的地质条件下，可能会使这些地区被浸没，发生土地沼泽化、农田盐碱化，还可能引起建筑物地基沉陷、房屋倒塌、道路翻浆、饮水条件恶化等问题。河道上建成水库后，进入水库的河水流速减小，水中挟带的泥沙便在水库淤积，占据了一定的库容，影响到水库的效益，缩短了水库的使用年限。通过水库下泄的清水，使下游河水的含沙量减少，引起河床的冲刷，从而危及下游桥梁、堤防、码头、护岸工程的安全，并使河道水位下降，影响下游的引水和灌溉。随着水库的蓄水，在水的浸泡下，水库两侧的库岸岩土的物理力学性质发生变化，抗剪强度减小；或者在风浪和冰凌的冲击和淘刷下，库岸丧失稳定，产生坍塌、滑坡和库岸再造。修建水库蓄水以后，特别是大型水库，形成了人工湖泊，扩大了水面面积，将会影响库区的气温、湿度、降雨、风速和风向。修建水库蓄水以后，原有自然生态平衡被打破，水温升高，对一些水生物和鱼类的生存可能有利，但却隔断了洄游类鱼类的路径，对其繁殖不利。水库能为人民提供优质的生活用水和美丽的生活环境，但水库的浅水区，杂草丛生，是疟蚊的潜生地；周围的沼泽地也是血吸虫中间宿主丁螺繁殖的良好环境。修建水库后，由于水库中水体的作用，在一定的地质条件下还可能诱发地震。

2002 年国务院颁布了《水利工程管理体制改革实施意见》，明确提出了应加强水库周边环境保护。包括：水管单位要做好水利工程管理范围内的防护林（草）建设和水土保持工作，并采取有效措施，保障下游生态用水需要；水管单位开办多种经营活动应当避免污染水源和破坏生态环境；要严格执行环境影响评价制度和环境保护"三同时"制度；环保部门要组织开展有关环境监测工作，加强对水利工程及周边区域环境保护的监督管理。

另外，《中华人民共和国水土保持法》中明确规定，在开发水库等时，应当尽量减少破坏植被；因建设使植被受到破坏的，必须采取措施恢复表土层和植被，防止水土流失；禁止在 25°以上陡坡地开垦种植农作物。

环境保护有助于实现水资源的可持续利用，目前在我国进行水库的建设与管理时，相关法律法规都对环境保护有严格的规定，如《中华人民共和国水污染防治法实施条例》《中华人民共和国水土保持法实施条例》《水利风景区管理办法》等，应严格遵守，并按要求执行。

二、水源地保护

水源地保护是指为防治水源地污染、保证水源地环境质量而要求的特殊保护。一般水源地保护应当遵循保护优先、防治污染、保障水质安全的原则。我国对水源地保护的法律法规很多，如《中华人民共和国水资源保护法》《中华人民共和国水污染防治法》《中华人民共和国水污染防治法实施细则》等。

为了充分发挥水库功能，水库修建阶段必须充分考虑水源地对策及移民生活重建问题。水库建设与其他公共项目相比，对周围区域造成的影响很大。水库建设时不仅会淹没大面积土地和房屋，还会对被淹没地区的社区设施造成严重损坏。

水库建设的防洪和兴利效益主要是使下游地区受益，上游被淹没地区的居民会感觉牺牲太大。为了得到当地居民的理解，水库修建阶段必须要帮助被淹没地区居民重建生活设施，采取各种措施，减少水库建设对周边水源地区的影响，消除被淹没居民的不满情绪和担忧。

通过有效发挥水库的功能，减轻下游的洪水灾害并稳定供水，使下游受益地区得到安全、放心的保障。通过采取水源地对策，对被水淹没、受影响的地区有效实施各种事业，激发水源地区的活力，使水库上、下游地区均得到可持续发展。

三、水质管理

水库水质管理单位不仅要充分掌握相关水系的水资源和用水的状况，努力创造和保护良好的水环境，还要致力于为民众生活、工业、农业等提供必需的用水量，并确保水质。水库下游水质和水环境也需要努力加以保护。要充分了解用水者和社会对水质的意见与要求，并与之达成共识；提出并实施水库使用和管理过程中水质恶化的处理措施；明确责任制和各部门责任分工，加强水质管理人才培养。

（一）水库水质保护的基本工作内容

水库水质保护的基本工作主要包括：

（1）确切掌握水库水质概况。

（2）收集和整理库区周边状况，掌握、更新污染源与水质的相关信息。包括生活污染、工厂等产业污染、废物的违法倾倒污染和农田施肥污染等污染负荷相关信息；流入河流、支流、下游流域的水质数据；自来水单位的原水数据、净水数据（实施深度处理等）、农业用水、水域周边空间利用等相关用水者信息；水文、气象、水质事故等其他相关信息。

（3）根据水库水质实际情况，确定水质问题的重点目标，并制定改善水质的具体措施。

（4）加强与相关单位的协调与合作。如：有效地推动流入流域污染负荷消减措施的实施；理解用水者和社会在水质问题上的态度和要求；保护和创造良好的水环境。

（5）制定从水质异常确认到相关人员联系等一系列应急行动的方针，以便水质事件发生时水库用水者迅速采取应对措施，将影响控制在最小限度。

（二）水质监测

水质监测是监视和测定水体中污染物的种类、各类污染物的浓度及变化趋势，评价水质状况的过程。随着社会的发展和人们对生活健康的关注，加上水资源的日益短缺和恶化，水质监测系统的使用备受关注。随着水质监测技术的逐步完善和成熟，水质监测技术已经成为环保管理部门对辖区水体水质、水体状况进行实时监测的主要手段。

1. 水质监测的对象、目的及程序

水质监测的对象包括：环境水体和废水污水。环境水体包括地表水和地下水。地表水是指流过或汇集在地球表面上的水，如海洋、河流、湖泊、水库、沟渠中的水；地下水是指埋藏于地面以下岩石孔隙、裂隙、溶隙饱和层中在重力作用下能自由运动的水。废水污水主要是指水污染源监测。

水质监测的目的包括:

(1) 对进入江、河、湖泊、水库、海洋等地表水体污染物质及渗透到地下水中污染物质进行经常性的监测,以掌握水质现状及其发展趋势。

(2) 对生产过程、生活设施及其他排放源排放的各类废水进行监视性监测,为污染源管理和排污收费提供依据。

(3) 对水环境污染事故进行应急监测,为分析判断事故原因、危害及采取对策提供依据。

(4) 为国家政府部门制订环境保护法规、标准和规划,全面开展环境保护管理工作提供有关数据和资料。

(5) 为开展水环境质量评价、预测预报及进行环境科学研究提供基础数据和手段。

一般水质监测与分析的程序为:实地调查和历时数据收集与分析、监测方案制定、监测点优化布置、样品采集与水质分析、数据处理与综合评价。其中采样断面、采样垂线、采样点的布设,采样的频次和时间,容器的选择,采样方式和方法,水样的保存与运输等均应按照《水环境监测规范》(SL 219—2013) 的要求进行。

2. 水质监测的项目和分析方法

水质监测项目数量繁多,受人力、物力、财力等各种条件的限制,不可能也没有必要一一监测。依据水体功能和污染源的类型不同,根据实际情况选择环境标准中要求控制的危害大、影响范围广,并已建立可靠分析测定方法的项目进行监测。

监测项目的选择原则如下:

(1) 国家与行业地表水环境、水资源质量标准中规定的监测项目。

(2) 国家水污染物排放标准中要求控制的监测项目。

(3) 反映本地区天然水化学特征与污染源特征的监测项目。

水质监测的主要监测项目可分为两类:一类是常规项目,包括温度、pH 值、溶解氧、高锰酸盐指数、化学需氧量、五日生化需氧量、氨氮、总磷、总氮、铜、锌、氟化物、硒、砷、汞、镉、六价铬、铅、氰化物、挥发酚、石油类、阴离子表面活性剂、硫化物、粪大肠菌群、氯化物、叶绿素 a、透明度;另一类是非常规项目,如矿化度、总硬度、电导率、悬浮物、硝酸盐氮、硫酸盐、碳酸盐、重碳酸盐、总有机碳、钾、钠、钙、镁、锰、镍。其他项目可根据水功能和入河排污口管理需要确定。

对于同一个监测项目,可以选择不同的分析方法,根据样品类型、污染物含量以及方法适用范围等确定。正确选用监测分析方法,是获得准确测试结果的关键所在。一般而言,选择水质分析方法的基本原则如下:①方法灵敏度能满足定量要求;②方法比较成熟、准确;③操作简便、易于普及;④抗干扰能力强;⑤试剂无毒或毒性较小。需要指出的是,并不是分析仪器越昂贵、越先进,就一定能获得更理想的测试结果。

水质监测的方法主要有:①国家标准分析方法、行业标准分析方法或统一分析方法;②水库应优先选用地表水环境质量标准、渔业水质标准和生活饮用水卫生标准规定的分析方法;③特殊检测项目尚无国家或行业标准分析方法或统一分析方法时,可采用 ISO 等标准分析方法,但应进行适用性检验,验证其检出限、准确度和精密度等技术指标均能达到质控要求;④当规定的分析方法应用于基体复杂或干扰严重的样品分析时,应增加必要的消除基体干扰的净化步骤等，并进行可适用性检验。

目前，虽然水质监测中各监测项目有仪器化、自动化的发展趋势，但水质常规分析还是以化学分析方法为主。

3. 水质监测方案的制订

监测方案是一项监测任务的总体构思和设计，制订时必须首先明确监测目的，然后在调查研究的基础上确定监测对象、设计监测网点，合理安排采样时间和采样频率，选定采样方法和分析方法，提出监测报告要求，制订质量保证程序、措施和方案的实施计划等。

监测方案的内容主要包括：监测目的，监测介质和监测项目，分析方法，采样地点、方法、时间和频次，排放特点，自然环境条件，居民分布情况，监测结果要求等。

其中，地表水质监测方案的制订主要包括以下几个方面：

（1）基础资料的收集。收集水体及所在区域的有关资料，主要有水文、气象、地质和地貌资料，污染源分布及城市供排水情况，饮用水源分布，水体沿岸资源现状和近期使用规划等。

（2）监测断面的设置。水库监测断面的设置，应按以下要求设置：

1）在水库出入口、中心区、滞留区、近坝区等水域分别布设监测断面。

2）水库水质无明显差异，采用网格法均匀布设，网格大小依据湖泊、水库面积而定，精度应满足掌握整体水质的要求。设在水库的重要供水水源取水口，以取水口处为圆心，按扇形法在 100～1000m 范围布设若干弧形监测断面或垂线。

3）河道型水库，应在水库上游、中游、近坝区及库尾与主要库湾回水区分别布设监测断面。

4）水库的监测断面布设与附近水流方向垂直，流速较小或无法判断水流方向时，以常年主导流向布设监测断面。

（3）采样点位的确定。设置监测断面后，应根据水面的宽度确定断面上的采样垂线，再根据采样垂线的深度确定采样点位置和数目。详见表 7-1、表 7-2。

表 7-1　　　　　　　　　　　　采样垂线的设置

水面宽/m	采样垂线	说　明
<50	1 条（中泓）	• 应避开污染带；考虑污染带时，应增设垂线；
50～100	2 条（左、右岸有明显水流处）	• 能证明该断面水质均匀时，可适当调整采样垂线；
100～1000	3 条（左岸、中泓、右岸）	• 解冻期采样时，可适当调整采样垂线
>1000	5～7 条	

表 7-2　　　　　　　　　　　采样垂线上采样点的设置

水深/m	采　样　点	说　明
<5	1 点（水面下 0.5m 处）	• 水深不足 1.0m 时，在水深 1/2 处采样；
5～10	2 点（水面下 0.5m 处、水底上 0.5m 处）	• 封冻时在冰下 0.5m 处采样，有效水深不足 1.0m 时，在水深 1/2 处采样；
>10	3 点（水面下 0.5m 处、水底上 0.5m 处、中层 1/2 水深处）	• 潮汐河段应分层设置采样点

（4）采样时间和采样频率。采样时间和采样频率的原则如下：

1）采集的样品在时间和空间上具有足够的代表性，能反映水资源质量自然变化和受人类活动影响的变化规律。

2）符合水功能区管理与水资源保护的要求。

3）充分考虑水工程调度与运行、入河污染物随水文情势变化在时间和空间上对水体影响的过程与范围。

4）宜以最低的采样频次，取得最具有时间代表性的样品。既要满足反映水体质量状况的需要，又要切实可行。

设有全国重点基本站或具有向城市供水功能的水库，每月采样一次，全年 12 次；一般水库水质站全年采样 3 次，丰、平、枯水期各一次；污染严重的水库，全年采样不得少于 6 次，隔月一次。

（5）采样及监测技术的选择。要根据监测对象的性质、含量范围及测定要求等因素选择适宜的采样、监测方法和技术。

（6）结果表达、质量保证及实施计划。科学地计算和处理，按要求报告；质量保证贯穿监测工作的全过程。

（三）水质资料整编

根据中华人民共和国水利部发布的《水环境监测规范》（SL 219—2013），对水质资料进行整编应符合以下要求：

（1）原始（纸质）记录的填写和电子记录的生成、修改、维护、发送、确认、验证和管理，数据记录的校核与审核，都应按《水环境监测规范》要求。

（2）检验数据应进行准确性、合理性检查，测定数据中如有可疑值，经检查非操作失误所致，可采用 Dixon 法或 Grubbs 法等检验同组测定数据的一致性后，再决定其取舍。可疑值与数据运算应符合国家相关标准的要求。数据审核发现偏离或异常，应立即向上级负责人报告，分析和查找原因。同时采用其他质量控制措施进行控制，启用副样进行复测时，应经上级负责人签字批准。

监测数据统计一般以监测断面（点）为统计单元，按日、旬、月、季、水期（丰、平、枯）、年，计算监测断面（点）浓度的算术平均值或中位值等。监测成果年特征值统计应符合《水环境监测规范》要求。

（3）原始资料整、汇编与审查应按地表水、地下水、大气降水、水体沉降物、水生态、入河排污口、应急和自动监测进行分类，并符合以下要求：

1）监测资料的整编由各级监测机构负责完成，监测资料汇编与复审由流域管理机构组织完成。

2）对原始监测资料应进行系统、规范化整理分析，按分级管理要求进行整、汇编，并报送成果。

3）按监测流程与质量管理要求对原始监测结果进行核查，发现问题应及时处理，以确保监测成果质量。

4）原始资料整、汇编内容包括样品的采集、保存、运送过程、分析方法的选用及检验过程，质控结果和各种原始记录（如基准溶液、标准溶液、试剂配制与标定记录、样品测试记录、标准曲线等），并对资料合理性进行检查。

5）全面、认真、及时检查原始资料，发现可疑之处，应查明原因。若原因不明，应如实说明情况，不得任意修改或舍弃数据。

6）经检查合格后，按时间顺序将原始资料、监测成果表与监测报告分类装订成册，妥善保管，以备查阅。

7）填制或绘制有关整编图表，编制整编说明书，说明监测工作（断面、测次、方法等）的变化情况、整编中发现的主要问题与处理情况等。

（4）监测资料汇编与复审应符合以下要求：

1）各级监测机构应按年进行监测资料整、汇编，并于次年4月底前，完成年度监测资料整编、审查工作。流域管理机构应于次年6月底前，完成本流域年度监测资料整汇编工作。

2）汇编单位负责对监测资料进行复审。复审不合格的整编资料退回整编单位重新整编、审查，并限期提交质量合格的整编资料。

3）提交汇编的资料图表，应经过校（初校、复校）、审，并达到项目齐全、图表完整、方法正确、资料可靠、说明完备、字迹清晰、规格统一等。

4）汇编单位抽审监测成果表和原始资料不应小于10%；如发现错误，另应增加10%的抽审比例。

5）监测成果大错误率不得大于1/10000，小错误率不得大于1/1000。

6）年度汇编成果应包括：资料索引表、编制说明、监测断面（点）一览表、监测断面（点）分布图、监测断面（点）监测情况说明表及位置图、监测成果表、监测成果特征值年统计表。

（5）监测成果资料计算机整、汇编，应采用统一规定的资料整、汇编程序；整、汇编的监测成果资料可利用移动硬盘（U盘、光盘）等载体存储与传递，或采用数据加密网络传输。

第五节　安　全　管　理

到2010年年末，我国共有各类水库87873万座，其中大型水库552座，中型水库3269座，居世界之最。大坝安全运行、发挥综合效益是至关重要的。2017年12月至2018年1月，水利部组织对全国水利系统管理的水库大坝开展了安全隐患排查，发现部分水库存在不同程度的病险问题和安全隐患，严重影响了水库大坝安全和效益的充分发挥。因此，要进一步加强水利系统水库大坝的安全管理，确保工程安全运行，充分发挥工程综合效益。

一、水库大坝的安全管理模式

（一）传统大坝安全管理

几十年来，我国一直贯彻传统大坝安全管理——"工程安全"管理的理念。绝大多数水库大坝的业主是政府，政府委托水行政主管部门来管理大坝的安全。水行政主管部门委派水库管理部门进行大坝安全管理。每年汛前，水行政主管部门派出检查组进行水库大坝的安全检查，防汛办公室负责汛期的安全度汛和洪水调度，水库管理部门负责日常安全检查，发现事故或隐患立即向主管部门报告，并逐级上报。接到事故报告后，上级主管部门将派检查组或工作组，领导或监督事故处理，严重时组织抢险，避免事故发展。政府部门根据资金情况，组织对大坝事故进行鉴定、加固、验收。

传统大坝安全的概念认为，只要大坝性态是好的，大坝就是安全的。大坝性态主要包括防洪、结构稳定、渗流等方面表现出来的状态。所谓防洪性态是指大坝在防御洪水过程中抵挡洪水的状态；结构稳定和渗流性态是指大坝在实现挡水功能时大坝变形、整体稳定和渗流方面的性态。因此传统大坝安全理念的核心就是使大坝工程处于良好的性态，体现在设计、施工、运行管理各个方面。

在设计阶段，为了保障防洪安全设计，必须确定大坝等级、防洪标准、设计洪水、各种特征水位，设计相应的溢洪道及其泄流能力，确定合理的坝顶安全超高，最终确定坝顶高程。为了结构稳定和渗流安全，采用安全系数方法，计算在正常和非常工况下大坝的整体结构稳定和渗流稳定性，并采用一些结构措施，使其处于安全范围。为了保障计算指标得以实现，设计坝体材料的填筑指标。

在施工阶段，为了保障大坝在上述几个方面均能具有良好的工程状态，使大坝安全，施工质量的监控成为重要内容。

在运行阶段，为了保障大坝能够在运行中具备良好的性态，事故控制成为大坝安全的核心。大家普遍认为，如果大坝在各种设计荷载工况下上述几个方面都没有表现出异常现象（事故），大坝就是安全的。反之，如果出现了事故，那就可能使大坝某一方面或某些方面的性态受到影响，可能影响到大坝安全，或者使大坝不安全。围绕着事故，需要检查、处理、抢险，甚至于进行安全鉴定。

可以看出传统大坝安全概念中没有考虑下游所存在的潜在的威胁。因此，传统大坝安全理念关注的是"工程安全"，没有关注下游公共安全。

（二）水库大坝风险管理

水库大坝风险管理，是指以大坝风险理念为指导，以事故和后果为核心，以预防和控制为主导的政府、业主职责明确的大坝安全管理模式。

大坝风险理念是国外先进国家于20世纪80年代提出的，近10年也被我国工程界普遍接受。国内外一致认为，大坝风险是大坝溃决的概率与溃坝后果的成绩，也就是说大坝风险包括了两个方面：一方面是大坝的工程状态，由于各种原因导致大坝破坏以致溃坝的可能性有多大；另一方面是大坝下游经济社会状况，如大坝溃决会影响到多少人口，导致多少生命和经济损失，发生多大社会环境影响。即使大坝溃决的可能性很小，但如果下游经济发达、人口集中，则风险可能仍然很大。

我国从1950年至今，已经发生了3500余起溃坝事件。这些溃坝事件基本都伴随着惨重的生命、财产损失。我国当初建设水库大坝的目的是为了取得灌溉、供水、防洪、发电等效益，当时生产力水平较低，大家的风险意识不强，没有清晰地认识到大坝建设的同时也给大坝下游带来了潜在的威胁和危险。但是，随着经济社会的迅速发展，我们已经清楚地意识到如果再发生溃坝事件，后果必将越来越严重，政府和公众的风险意识已经被激活，已经不能容忍严重的生命、经济损失后果。这就是水库大坝风险理念迅速被政府和公众所接受的原因。

水库大坝风险理念又被称为现代大坝安全理念，它不但关注大坝的工程安全，而且关注下游的公共安全——生命、经济损失与社会环境影响。

二、水库大坝安全管理工作的内容

目前，大坝安全管理主要包含以下工作：

（1）安全度汛。安全度汛是水库大坝运用中每年汛期的主要工作，保证水库运用的汛期安全。如何安全度汛，需要一套完善的、实用的安全调度技术来保证。

（2）安全检查。每年汛期，水库大坝将经受一次高水位甚至设计或校核水位的考验，大坝及其输泄水建筑和设施是否能够承受，是否存在会导致安全问题的隐患。水行政主管部门需要在汛期到来之前进行一次全面体检（检查），以期发现隐患，这就是汛前安全检查。经过一个汛期的考验，大坝是否经受住了高荷载的考验，性态是否正常，是否产生了新的问题或隐患。同时需要在汛期结束后进行一次体检（检查），这就是汛后检查。在两次安全检查中，如何能够查出大坝隐患，如何对大坝性态做出评价，往往需要大坝隐患检查和工程性态评价技术。

（3）安全监测（巡查）。安全监测（巡查）是为了了解大坝工程性态是否安全，通过埋设安装的仪器设备而进行的观测，是大坝安全的耳目。根据规范规定，监测大坝变形、渗流等状态，以便及时发现大坝在荷载下的不安全因素，及时采取相应措施。监测数据就是评价大坝安全的第一手资料。为了做好安全监测工作，监测技术、数据采集技术、资料分析技术、安全评价技术等都是十分重要的。在没有安全监测设施的条件下，巡查技术的重要性尤为突出。

（4）安全鉴定。就像人需要定期体检一样，大坝经过一定年限的运用，需要做一次全面的体检，检查大坝各方面是否正常，能否按设计正常运用。这是大坝安全管理中非常重要的环节，确定其是否有病，有什么样的病。大坝可能存在某些不足，运用中也可能产生新的隐患，也可能由于安全标准提高而不能满足先行规范要求，所以需要每6～10年全面鉴定一次，对大坝进行定级。为了提高安全鉴定的质量和准确性，鉴定中需要综合运用现场检查技术、安全分析技术、综合评价技术。

（5）水库大坝除险。如果安全鉴定将大坝定级为"三类坝"，即大坝存在影响安全的重大隐患，存在重大险情，不能按设计正常运用，则需要进行除险。通过工程与非工程措施，消除险情，降低其溃坝的可能性。这是工程风险管理的重要内容。

（6）突发安全事件的应对。编制突发事件应急预案，以提高各级政府和领导对水库大坝突发事件的应对能力，尽可能减少下游的生命、经济损失与社会环境影响，以降低水库大坝风险。这是水利部近年来才提出来的一项重要日常工作，也是我国从传统大坝安全管理向大坝风险管理发展的一个突出标志。

三、水库大坝的安全评价

由于水库的长期运行，工程存在老化、人为破坏、自然侵蚀等现象，为了水库的继续安全运行，需要对水库存在的问题及隐患进行排查、维修、加固。尤其是"大干快上"年代修的水库，由于技术不成熟和盲目抢工期，存在一些病险水库，为保证其继续发挥作用，就要对其除险加固。对水库大坝除险加固，首先要进行的是安全鉴定和评价。

为做好大坝安全鉴定工作，规范其技术工作的内容、方法及标准（准则），保证大坝安全鉴定的质量，水利部制定了《水库大坝安全鉴定办法》（水建管〔2003〕271号）及《水库大坝安全评价导则》（SL 258—2000），对大坝安全鉴定中的防洪标准、结构安全、渗流安全、抗震安全、金属结构安全以及工程质量和运行管理等的复核或评价的要求和方法作了规定。

大坝安全评价应复核建筑物的级别，根据国家现行有关规范，按水库大坝目前的工作条件、荷载及运行工况进行复核与评价。应查明大坝建筑物质量，所选取的计算参数应能代表大坝目前的性状，大型及重要中型水库大坝必要时可通过测试获得。

水库大坝安全评价要求做到全面评价，重点突出。对有安全监测资料的水库大坝，应从监测资料分析入手，了解大坝性状。对要求的项目应做出复核或评价，编写专项报告，再综合各专项报告编写大坝安全鉴定总报告。复核或分析所采用的资料和数据应准确可靠，结论应明确合理。

（一）工程质量评价

1. 工程质量评价的目的和任务

（1）评价工程地质及水文地质条件。

（2）复查工程的实际施工质量（含基础处理、结构形体和材料等）是否符合国家现行规范要求。

（3）检查工程投入运用以来在质量方面的实际情况和变化，能否确保工程的安全运行。

（4）为大坝安全鉴定的有关复核或评价提供符合工程实际的参数。

（5）为大坝除险加固提供指导性意见。

2. 工程质量评价需要的基本资料

（1）工程地质及水文地质资料。

（2）关于基础（含岸坡）开挖、基础处理等工程的设计、施工、监理及验收的有关图件和文字报告等。

（3）关于建筑物施工的质量控制、质量检测（查）、监理以及验收报告等资料。

（4）工程在施工期及运行期出现的质量事故及其处理情况的有关资料。

（5）竣工后历次质量检查及参数测试等资料。

3. 工程质量评价的基本方法

（1）现场巡视检查法。通过直观检查或辅以简单测量、测试，复核建筑物的形体尺寸、外部质量以及运行情况等是否达到了原设计的要求和功能。

（2）历史资料分析法。对有资料的大、中型水库主要是通过工程施工期的质量控制、质量检测（查）、监理以及验收报告等档案资料进行复查和统计分析；对缺乏资料的水库需与原设计、施工人员进行座谈收集资料，并与有关规范相对照，以评价工程的施工质量。

（3）勘探、试验检查法。当上述两种方法尚不能对工程质量做出评价，或者工程投入运用 6～10 年以上或运行中出现异常时，可根据需要对建筑物或坝基岩层进行补充勘探、试验或原位测试检查，取得原体参数，并据此进行评价。

（二）防洪标准复核

防洪标准复核是根据大坝设计阶段洪水计算的水文资料和运行期延长的水文资料，考虑建坝后上游地区人类活动的影响和大坝工程现状，进行设计洪水的复核和调洪计算，评价大坝工程现状的抗洪能力是否满足现行有关规范的要求。设计洪水包括设计洪峰流量、设计洪水总量和设计洪水过程线。

1. 水库大坝防洪标准复核需要收集的基本资料

（1）大坝设计文件中的设计洪水计算部分。

（2）运用期流域内相关雨量站降雨资料。

（3）运用期流域内相关水文（位）站历年实测洪水资料及人类活动对水文参数的影响资料。

（4）水位库容曲线。

（5）水位泄量曲线。

（6）下游洪水淹没区社会、经济、人口等资料。

（7）水库集水面积及其范围内的分、蓄、调水工程的有关资料。

（8）工程运行资料。

（9）大坝验收及前次安全鉴定资料。

2. 水库大坝防洪标准复核的基本内容

（1）由流量资料推求设计洪水。

（2）由雨量资料推求设计洪水。

（3）调洪计算。

（4）水库抗洪能力的复核。

（三）结构安全评价

结构安全评价的目的是按国家现行规范复核计算大坝（含近坝库岸）目前在静力条件下的变形、强度及稳定是否满足要求。结构安全评价包括应力、变形及稳定分析。

土石坝的重点是变形及稳定分析，稳定计算所得到的坝坡抗滑稳定安全系数，应不小于《碾压式土石坝设计规范》（SL 274—2001）规定的数值。

混凝土坝及泄水、输水建筑物的重点是强度及稳定分析。混凝土坝结构安全的评价标准如下。

（1）在现场检查或观察中，如发现下列情况之一，可认为大坝结构不安全或存在隐患，并应进一步监测分析：

1）坝体表面或孔洞、泄水管等削弱部位以及闸墩等个别部位出现对结构安全有危害的裂缝。

2）坝体混凝土出现严重腐蚀现象。

3）在坝体表面或坝体内出现混凝土受压破碎现象。

4）坝体沿基面发生明显的位移或坝身明显倾斜。

5）坝基下游出现隆起现象或两岸支撑山体发生明显位移。

6）坝基或拱坝拱座、支墩坝的支墩发生明显变形或位移。

7）坝基或拱坝拱座中的断层两侧出现明显相对位移。

8）坝基或两岸支撑山体突然出现大量渗水或涌水现象。

9）溢流坝泄流时，坝体发生共振。

10）廊道内明显漏水或射水。

（2）当利用观测资料对大坝的结构安全进行评价时，如出现下列情况之一，可认为大坝结构不安全或存在隐患：

1）位移、变形、应力、裂缝开合度等的实测值超过有关规范或设计、试验规定的允许值。

2）位移、变形、应力、裂缝开合度等在设计或校核条件下的数学模型推算值超过有关规范或设计、试验规定的允许值。

3）位移、变形、应力、裂缝开合度等观测值与作用荷载、时间、空间等因素的关系突然变化，与以往同样情况对比有较大幅度增长。

（3）当采用计算分析进行大坝的结构安全评价时，重力坝和拱坝的强度与稳定复核控制标准应满足《混凝土重力坝设计规范》（SL 319—2005）和《混凝土拱坝设计规范》（SL 282—2003）的要求。支墩坝的强度与稳定复核控制标准同重力坝。如不符合规范规定的要求，可认为大坝结构不安全或存在隐患。

影响大坝安全的溢洪道、隧洞、进水口和其他附属设施，以及挡土建筑物如翼墙、挡土墙等建筑物的结构安全评价可按照混凝土坝结构安全评价的方法进行，具体复核内容和方法可按照有关设计规范进行。

（四）渗流安全评价

1. 渗流安全评价的目的及内容

渗流安全评价的目的是复核原设计施工的渗流控制措施和当前的实际渗流状态能否保证大坝按设计条件安全运行。

渗流安全评价包括以下内容：

（1）复核工程的防渗与反滤排水设施是否完善，设计、施工（含基础处理）是否满足现行有关规范要求。

（2）检查工程运行中发生过何种渗流异常现象，判断其是否影响工程安全。

（3）分析工程现状条件下各防渗和反滤排水设施的工作性态，并预测在未来高水位运行时的渗流安全性。

（4）对存在问题的大坝应分析其原因和可能产生的危害。

2. 渗流安全评价的方法

渗流安全评价主要有现场检查法、监测资料分析法、计算分析（模型试验）与经验类比法及专题研究论证法。

对工程现场进行检查，当发生以下现象时可认为大坝的渗流状态不安全或存在严重渗流隐患：

（1）通过坝基、坝体及两端岸坡的渗流量在相同条件下不断增大，渗漏水出现浑浊或可疑物质，出水位置升高或移动等。

（2）土石坝上、下游坝坡湿软、塌陷、出水，坝址区严重冒水翻砂、松软隆起或塌陷，库内出现漩涡漏水、铺盖产生严重塌坑或裂缝。

（3）坝体与两坝端岸坡、输水管（洞）壁等接合部严重漏水，出现浑浊。

（4）渗流压力和渗流量同时增大，或突然改变其与库水位的既往关系，在相同条件下有较大增长。

（五）抗震安全复核

抗震安全复核的目的是按现行规范复核大坝工程现状是否满足抗震要求。

抗震安全复核的对象，包括永久性挡水建筑物及与大坝安全有关的泄水、输水等建筑物以及地基和近坝库岸。

各类水工建筑物的抗震安全复核计算的内容、方法及地震安全复核的判别标准详见《水库大坝安全评价导则》（SL 258—2000）。

（六）金属结构安全评价

金属结构安全评价的目的是复核水库大坝泄水、输水建筑物的钢闸门、启闭机与压力钢管等在现状下能否按设计条件安全运行。

钢闸门安全评价的重点是对其强度、刚度和稳定性进行验算；启闭机是对启闭能力进行复核；压力钢管是对其强度、抗外压稳定性进行计算。具体复核或验算内容，钢闸门遵照《水利水电工程钢闸门设计规范》（SL 74—2013）执行；启闭机遵照《水利水电工程启闭机设计规范》（SL 41—2011）执行；压力钢管遵照《水电站压力钢管设计规范》（SL 281—2003）执行。

现场检查或观测，如发现下列情况之一，认为金属结构破坏或存在安全隐患，应做进一步的安全检测与分析：

（1）钢闸门的承重构件产生超过设计允许的变形、裂纹或断裂，压力钢管管壁出现裂纹或破裂漏水。

（2）钢闸门的承重构件和压力钢管管壁严重气蚀、腐蚀、磨损。

（3）钢闸门的行走支撑严重变形，闸门槽出现过大的不均匀沉降或扭曲变形，以至闸门无法正常启闭；压力钢管的镇墩、支墩出现明显的沉降、水平位移或转动，超过伸缩节的调节能力。

（4）钢闸门的启闭装置或压力钢管进水口的快速闸阀或事故闸阀的操作装置不能正常工作。

（5）连接构件（如螺栓）遭到破坏。

（6）通气孔（井）通气不畅。

（7）止水装置失效，出现严重漏水或渗水。

（8）安全供电系统不能保证。

安全检测结果与计算分析的结果必须满足相应安全检测规程规定的要求，否则可认为金属结构不安全或存在隐患。

四、水库大坝安全管理

目前，水库工程在我国社会建设中起到的作用越来越大，水库工程事关社会民众生命财产安全以及社会经济的发展和稳定，因此，我国各级政府部门必须要加强对水库安全运行的管理。为切实落实大坝安全管理责任，确保水库安全运行，充分发挥水库效益，加强水库安全管理工作需满足以下要求。

（1）进一步提高对加强水库安全管理工作重要性的认识。进一步加强对水库安全管理工作的领导，强化各级水行政主管部门对水库大坝安全的监督管理职能，切实做好水库安全管理的各项工作，保证水库工程安全运行，充分发挥水库工程的综合效益，为确保防洪安全、供水安全和水生态安全提供坚实基础，进而为实现以水资源的可持续利用支持我国经济社会的可持续发展提供有力保障和支撑。

（2）全面落实水库大坝安全责任制。大坝安全责任制以地方政府行政首长负责制为核心，按照隶属关系，逐库落实同级政府责任人、水库主管部门责任人和水库管理单位责任人，明确各类责任人的具体责任，并落实责任追究制度。

（3）制定水库突发事件应急预案。按照国务院发布的《国家突发公共安全事件总体应急预案》要求，在水库防汛抢险应急预案的基础上，制定水库突发事件应急预案。水库突发事件指因超标准洪水、工程隐患、地震灾害、地质灾害、溃坝、水质污染、战争或恐怖袭击等因素导致的水库重大安全事件。应急预案应包括组织体系、运行机制、应急保障和监督管理等内容。应急预案原则上按管理权限由相应的政府审批并组织落实。

（4）建立水库安全事故报告制度。各地要结合实际建立健全水库突发事故报告制度。报告制度中要明确各类事故的报告主体、程序和时限，说明水库基本情况、发生事故的时间、地点、原因和发展趋势、危害程度、威胁对象和拟采取的措施及落实情况。

（5）落实水库大坝注册登记和安全鉴定等制度。要切实落实水库大坝注册登记和安全鉴定等各项安全管理制度。

（6）做好病险水库除险加固工作。除险加固在建工程，要严格按照施工组织设计和度汛方案的要求安排施工，处理好施工进度、质量与水库运用、安全度汛的关系，合理安排工期，确保施工期度汛安全。除险加固项目未验收的水库，不得按正常水库投入蓄水运行。尚未进行除险加固的病险水库，要对水库安全度汛进行专题研究，制定合理的调度运用方案并严格执行，并对病险部位加强巡视检查。有重大险情的水库，有必要的必须空库迎汛，确保水库安全。

各地在进行病险水库除险加固的同时，要结合当地实际，根据水利部颁发的《水库降等与报废管理办法（试行）》要求，论证通过降等、报废解决水库安全问题的可行性，将降等、报废作为解决水库安全问题的措施之一。

（7）加强小型水库安全管理。按照水利部《关于加强小型水库安全管理的意见》要求，在明确责任主体、落实安全责任、健全管理机构、落实管理经费、加强安全检查、加大培训力度和推进小型水库规范管理等方面重点突破，确保小型水库安全运行和效益发挥。

（8）加强水库管理队伍能力建设。各级水行政主管部门要加强水库管理队伍能力建设，加大教育培训力度，将学历教育与岗位证书培训相结合，将脱产学习与在职日常培训相结合，将长期培训与短期轮训相结合，注重职工素质教育和技能培养，不断提高管理人员的专业素质和综合素质，逐步建立起适应新形势要求的水库管理队伍。各类水库管理人员要逐步达到《水利工程管理单位定岗标准》要求，关键岗位要逐步探索并实行持证上岗制度。

（9）加快水库管理体制改革步伐。各地要按照国务院批准的《水利工程管理体制改革实施意见》（国办发〔2002〕45号）要求和本地对水利工程管理体制改革工作的总体安排，扎扎实实推进水库管理体制改革工作。

（10）积极推动水库管理法制化、规范化和现代化建设。各地要认真贯彻落实国家有关水库管理的法律法规和规章制度，结合本地实际，建立健全地方性法规规章，完善水库管理的各项规章制度。按照水利部《水利工程管理考核办法》（试行）及其考核标准，积极开展水库工程管理考核工作，进一步规范水库管理工作。加强大坝安全监测、水库通信预警、水雨情测报预报系统等设施建设，增强水库管理和科学调度的手段和能力，不断提高水库管理的信息化和现代化水平，确保水库安全，充分发挥水库综合效益。

水库的运行管理固然重要，水库的安全生产管理也不可忽视。水库安全生产管理主要是指水库在日常运行阶段，防止和减少操作运行、检查观测、维修养护等生产环节可能发生的安全事故，消除或控制危险和有害因素，保障水库运行及管理人员安全，保障水库大坝和设施免遭破坏。水库管理应当按照安全生产有关规定，明确安全生产责任机构，落实安全生产管理人员和相应责任，通过采取有效安全生产措施、开展安全生产培训、建立安全生产档案等，形成事故防控、报告与处置、责任追究的安全生产制度体系。水库管理单位应根据工程特点，制定水库运行管理及设备安全操作规程；对有关人员进行安全生产宣传教育；特种作业人员应经专业培训、考核并持证上岗；除防汛检查外，应定期进行防火、防爆、防暑、防冻等专项安全检查，及时发现和解决问题。发生安全生产事故后，应及时向上级主管部门报告并迅速采取措施，防止事故扩大。无专门管理机构的小型水库，地方人民政府应负责明确水库安全生产责任部门和责任人及其职责，组织实施安全生产检查，对管护人员进行必要的业务和技能培训，督促水库业主、租赁承包人和管护人员履行职责，组织和协调开展安全生产管理工作并加强监督指导。

参 考 文 献

［1］ 中华人民共和国电力行业标准. DL 5180—2003 水电枢纽工程等级划分及设计安全标准［S］. 北京：中国电力出版社，2003.

［2］ 中华人民共和国水利行业标准. SL 551—2012 土石坝安全监测技术规范［S］. 北京：中国水利水电出版社，2012.

［3］ 中华人民共和国电力行业标准. DL/T 5259—2010 土石坝安全监测技术规范［S］. 北京：中国电力出版社，2011.

［4］ 中华人民共和国电力行业标准. DL/T 5256—2010 土石坝安全监测资料整编规程［S］. 北京：中国电力出版社，2011.

［5］ 中华人民共和国水利行业标准. SL 601—2013 混凝土坝安全监测技术规范［S］. 北京：中国水利水电出版社，2013.

［6］ 中华人民共和国水利行业标准. SL 531—2012 大坝安全监测仪器安装标准［S］. 北京：中国水利水电出版社，2012.

［7］ 中华人民共和国水利行业标准. SL 530—2012 大坝安全监测仪器检验测试规程［S］. 北京：中国水利水电出版社，2012.

［8］ 中华人民共和国水利行业标准. SL 210—2015 土石坝养护修理规程［S］. 北京：中国水利水电出版社，2015.

［9］ 中华人民共和国水利行业标准. SL 230—2015 混凝土坝养护修理规程［S］. 北京：中国水利水电出版社，2015.

［10］ 中华人民共和国水利部. 小型农田水利工程维修养护定额（试行）［M］. 北京：中国水利水电出版社，2015.

［11］ 郑万勇，杨振华. 水工建筑物［M］. 郑州：黄河水利出版社，2003.

［12］ 杨邦柱，焦爱萍. 水工建筑物［M］. 北京：中国水利水电出版社，2005.

［13］ 程兴奇，王志凯. 水工建筑物［M］. 北京：中国水利水电出版社，2007.

［14］ 祁庆和. 水工建筑物［M］. 2 版. 北京：水利电力出版社，1986.

［15］ 祁庆和. 水工建筑物［M］. 3 版. 北京：中国水利水电出版社，1997.

［16］ 张光斗，王光伦，等. 水工建筑物［M］. 北京：水利电力出版社，1992.

［17］ 左东启，王世夏，林益才. 水工建筑物［M］. 南京：河海大学出版社，1996.

［18］ 郭宗闵. 水工建筑物［M］. 北京：水利电力出版社，1987.

［19］ 杜守建，周长勇. 水利工程技术管理［M］. 郑州：黄河水利出版社，2007.

［20］ 梅孝威. 水工监测工［M］. 郑州：黄河水利出版社，1996.

［21］ 梅孝威. 水利工程管理［M］. 北京：中国水利水电出版社，2005.

［22］ 胡昱玲，毕守一. 水工建筑物监测与维护［M］. 北京：中国水利水电出版社，2010.

［23］ 陈良堤. 水利工程管理［M］. 北京：中国水利水电出版社，2006.

［24］ 本书编委会. 中型水库除险加固研究与处理措施［M］. 北京：中国水利水电出版社，2014.

［25］ 庞毅，等. 中小型水库防洪减灾［M］. 北京：中国水利水电出版社，2014.

［26］ 闫滨. 病险水库除险加固技术［M］. 沈阳：辽宁科学技术出版社，2016.

［27］ 谭界雄，高大水，周和清，等. 水库大坝加固技术［M］. 北京：中国水利水电出版社，2011.

［28］ 胡昱玲，毕守一. 水工建筑物监测与维护［M］. 北京：中国水利水电出版社，2010.

［29］ 申明亮，何金平. 水利水电工程管理［M］. 北京：中国水利水电出版社，2012.

［30］ 薛建荣. 基层水利实用技术与管理［M］. 北京：中国水利水电出版社，2013.

［31］ 卜贵贤. 水利工程管理［M］. 郑州：黄河水利出版社，2014.

［32］ 李焕章. 小型水利工程管理［M］. 北京：中国水利水电出版社，2000.

［33］ 喻蔚然，傅琼华，马秀峰，等. 水库管理手册［M］. 北京：中国水利水电出版社，2015.

［34］ 庞毅，等. 小型水库管理手册［M］. 北京：中国水利水电出版社，2015.

［35］ 本书编委会. 水库管理指南［M］. 南京：河海大学出版社，2012.

［36］ 水利部建设与管理司，水利部建设管理与质量安全中心. 小型水库管理实用手册［M］. 北京：中国水利水电出版社，2015.

［37］ 宋萌勃，岳延兵，陈吉琴. 水库调度与管理［M］. 郑州：黄河水利出版社，2012.

［38］ 武鹏林，霍德敏，马存信，等. 水利计算与水库调度［M］. 北京：地震出版社，2000.